생명의 바른 모습, 물리학의 눈으로 보다

생명을 어떻게 이해할까?

장회익 지음

한울
아카데미

책을 내며: 내 만일 네가 무엇인지를 이해할 수 있다면

1970년대 중반의 것으로 추정되는 내 옛 비망록에는 영국 시인 앨프레드 테니슨Alfred Tennyson이 쓴 「갈라진 벽 틈에 피어난 꽃 한 송이」라는 짧은 시가 인용되어 있다. 그 전문은 이렇다.•

갈라진 벽 틈에 피어난 꽃 한 송이,
내 너를 벽 틈에서 뽑아냈구나,
여기 내 손안에, 너를 들고 있다, 뿌리까지 모두,
어린 꽃이여 — 내 만일 네가 무엇인지를 이해할 수 있다면,
뿌리까지 모두, 속속들이 모두, 이해할 수 있다면
나는 신神이 그리고 인간이 무엇인지를 알 수 있으련만.

• 시의 원문은 다음과 같다.
Flower in the crannied wall,
I pluck you out of the crannies,
I hold you here, root and all, in my hand,
Little flower — but if I could understand
What you are, root and all, and all in all,
I should know what God and man is.

그리고 그 아래에 다음과 같은 요지의 논평이 첨부되어 있다.

> 우주 속에 나타나는 현상들은 몹시도 다양하며, 이를 모두 이해하려는 것은 불가능하다. 그러나 과학이 추구하는 것은 이 모두를 통괄하는 일반적 원리를 발견하려는 것이며, 이 원리를 토대로 그 현상들을 설명하려는 것이다. 그러므로 만일 우리가 풀 한 포기를 완전히 이해할 만한 원리를 발견하고 이것의 모든 부분 및 기능을 완전히 설명할 수 있게 된다면, 곧 우주를 모두 이해하는 것과 별 차이가 없다.
>
> 그러면 현대 과학은 풀 한 포기를 어느 정도 이해하고 있는가? 현대 과학이 내세우는 제일원리는 무엇이며, 이것이 풀 한 포기의 현상을 어느 정도 설명하고 있는가?

이 기록을 볼 때 나는 적어도 이때부터 현대 과학을 통해 테니슨의 염원에 도전해보려는 마음을 지니고 있었음이 분명하다. 그리고 이제 40년 가까운 시간이 지났다. 그렇다면 그동안 나는 테니슨의 풀 한 포기에 대해 얼마나 이해했을까? 물론 이 기간을 통틀어 내가 이 한 가지 문제에만 집중했다고 말할 수는 없다. 그러나 내 뇌리 속에는 늘 이 문제가 들어 있었고, 그러다 보니 때때로 작지 않은 진전을 얻었던 것도 사실이다. 그리고 그 내용을 때로는 글로, 때로는 말로 표명하기도 했다. 하지만 그 모두를 적어도 나 자신에게 만족스러울 만큼 일관된 방식으로 펼쳐내지는 못했다. 그래서 이번에는 한 권의 책으로 새롭게 정리해보려 한다. 이는 일차적으로 나 자신을 위해서 내 생각을 정리하려는 것이지만, 같은 관심을 가지는 독자들에게도 도움이 되기를 희망한다.

그간 내가 걸어온 길

이야기를 본격적으로 시작하기 전에 그간 내가 걸어온 길을 조금 소개하는 것이 이 책의 이해에 도움이 될 듯하다. 언제부터인지는 모르겠으나 나는 앞에서 말한 테니슨의 시를 마음속 깊이 담고 있었다. 내가 이 시에 매우 공감했던 것은 풀 한 포기를 통해 생명이 무엇인지를 깊이 이해하고, 다시 이를 바탕으로 나 자신, 그리고 가능하다면 신의 세계까지 접근해보고 싶다는 갈망 때문이 아니었나 생각한다.

나는 비교적 일찍 자연의 바탕 원리에 해당하는 물리학에 관심을 가졌고, 결국 대학과 대학원에서 물리학을 전공했다. 그런데 이상하게도 '생물'이라는 과목은 내 적성에 전혀 맞지 않았다. 사실 내가 중학생이었을 때 '생물'은 가장 싫어하는 기피 과목이었다. 도무지 알아듣기 어려운 용어들만 넘쳐날 뿐 이해를 도모하는 것이라고는 아무것도 없어 보였다. 고등학교에 들어가서도 마찬가지였고, 대학을 다닐 때에도 생물학에는 아무런 관심을 가지지 않았다. 이것은 참으로 역설적인 일이다. 지금뿐만 아니라 그때에도 우리가 알아야 할 가장 중요한 것이 '생명'이라는 생각이 마음 한구석에 자리 잡고 있었기 때문이다. 게다가 내가 중학교 3학년이 되던 1953년은 이미 생물의 유전정보를 지닌 염색체가 이중나선 형태를 지닌 DNA 분자라는 사실이 밝혀지면서 생명 이해의 새로운 전기가 마련되던 때였다. 그러나 나뿐 아니라 당시 내 주변 사람들은 이러한 사실을 까맣게 모르고 있었다. 아마도 그 시절 우리나라 지성계의 어느 누구도 여기에 관심을 기울이지 않은 듯하다. 내가 뒤늦게나마 이런 사실을 접한 것은 1960년대 초반이었으나, 이때는 이미 물리학 공부에 쫓기는 상황이어서 관심을 깊게 기울일 여유가 없었다.

그러다가 물리학 박사 학위논문을 거의 마쳐가던 1968년에 이르러서야 비로소 간단한 소개 책자를 읽고 이러한 점들에 대한 기본적 이해에 이르게 되었다. 어떤 의미에서는 생명에 대한 학습의 시기를 이렇게 늦추게 된 것이 오히려 내게는 다행스러웠는지도 모른다. 생명 현상에 대해 내가 그 책자를 읽고 그 정도의 이해 수준에 도달하기 위해서는 그때까지 내가 알고 있던 물리학 지식이 필요했기 때문이다. 만일 내가 물리학에서 양자역학과 통계역학을 이해하고 이를 통해 물리학에 대한 구체적 연구를 해 본 경험이 없었더라도 당시 내가 도달한 정도의 생명 이해에 이를 수 있었을까 하는 점에 대해서는 지금도 많은 의문을 가지고 있다.

그리고 또 한 가지 늦게 공부한 데서 온 장점은 내가 매우 깊은 감명을 받았다는 것이다. 이것은 한순간에 놀라운 새 광경을 볼 때 얻게 되는 감명이다. 만일 내가 미처 깊은 이해도 없이 현상에 대한 친숙감만을 길러 놓고 있었더라도 이러한 감명을 받았을까 심히 의심스럽다. 그때 내 눈앞에는 가히 새로운 세계가 펼쳐지는 듯한 느낌이 들었는데, 바로 이 감명이 내 전문성과는 무관하게 생명에 대한 연구로 나를 이끈 동기라 할 수 있다.

내게 새로운 생명과학에 눈을 뜨게 해준 것은 지금은 저자와 제목조차 정확히 기억나지 않는 간략한 소책자였다. 이 책에는 오직 개략적인 소개만이 실려 있어서, 이 책이 미처 설명하지 않은 물리적 과정들은 기존에 내가 배운 물리학 지식을 동원해야 읽을 수가 있었다. 특히 내가 깊이 심취했던 것은 DNA 분자가 지니고 있다는 이른바 '정보'라는 것이 과연 무엇이며, 이것이 어떻게 하여 '정보 노릇'을 하게 되는가 하는 점이었는데, 나는 이것을 결국 의인적擬人的 비유로서가 아니라 물리학의 기본 법칙들에 따라 눈앞에 그려낼 수가 있었다. 이것이 바로 내게 '생명을 이해할 수도 있겠구나!' 하는 자신감을 주었고, 이 점에 대해 지금까지도 무척 다행스럽게 생각한다. 그러나 역설적으로 이러한 이해는 생명의 신비가 DNA 속에 들어 있지 않다는 점을 내게 말해주었으며, 따라서 나는 생명의 신비를 알아내기 위해선 이제 새롭게 출발해야 한다는 것을 깨닫게 되었다.

환상으로 떠올랐던 온생명

앞서 말했듯이 내가 생명 문제에 관심을 기울이기 시작한 때는 물리학 박사 학위논문을 거의 마칠 무렵이었다. 이 시기에 이르러 나는 물리학에서 말하는 문제 제기 방식과 이에 대한 문제 해결 방식이 대략 어떠한 것인지를 알아차리게 되었다. 그리고 이를 바탕으로 이전까지는 도무지 종잡을 수 없었던 생물학의 연구 내용들이 적어도 부분적으로는 납득이 되기 시작했다. 그러나 생물학에 대한 정규 학습 과정을 거치지 않은 상태에서 실험실 생물학에 접근하는 것은 처음부터 무리였기에, 그 대안으로 일부 사람들이 관심을 쏟고 있던 '이론생물학theoretical biology' 방향으로의 진출을 자못 진지하게 모색했다.

하지만 물리학에서든 생물학에서든 지엽적인 문제들을 붙들고 일생을 씨름하고 싶은 생각은 없었다. 내가 생물학에 관심을 기울인 것은 '생명'이라는 신기하고 중요한 현상에 대해 피상적인 접근을 넘어 그 어떤 본질적인 이해에 도달하고 싶은 욕구 때문이었지, 또 하나의 새로운 전문 분야로 들어가고자 함이 아니었다. 중요한 점은 내가 지닌 물리학의 배경지식을 통해 이러한 문제에 의미 있는 한 걸음을 내디딜 수 있을까 하는 것이었는데, 이 점에 대해서는 그저 막연한 기대만을 가지고 있었다. 마치 선가禪家의 화두話頭와 같이 내 머릿속에 항상 붙어 다니던 생각은 '물리학의 언어를 통해 생명이라는 것을 어떻게 규정할 수 있을까?'라는 물음이었다. 이런 생각을 가슴에 품고 슈뢰딩거Erwin Schrödinger의 저서 『생명이란 무엇인가What is life?』라든가, 보어Niels Bohr의 생명 이론, 그리고 특히 텍사스 대학에서 연구원으로 일하며 비교적 가까이에서 접할 수 있었던 프리고진Ilya Prigogine의 열역학적 접근법에 관심을 기울여보았다.

그러다가 한때는 베르탈란피Ludwig von Bertalanffy의 시스템 이론에 관심을 가지게 되었고, 로젠Robert Rosen, 패티Howard Pattee 등 이론생물학자들의 시스템 이론적 접근에 동조하여 한동안 그 방향으로 노력을 기울이기도 했다. 그러나 이러한 지속적인 노력에도 해결의 실마리는 좀처럼 떠오르지 않았다. 게다가 그때는 내가 이미 대학에서 물리학 교수로 활동하고 있었기에 이 문제에만 매달릴 형편도 아니었다.

그러던 가운데 연구라는 구실로 1년간의 말미를 얻어 미국 어느 곳에서 지내던 1977년 어느 날, 내 머릿속에는 어떤 영감과 같은 하나의 환상이 떠올랐다. 광막한 대지 위에 태양이 내리쪼이자 지표면에서 마치 아지랑이처럼 서서히 꿈틀꿈틀 피어오르는 그 무엇이 보였다. 그러다가 천천히 새로운 모습으로 변형되면서 살아 있는 생태계 전체의 모습이 그 안에 펼쳐지고 있었다. '아, 바로 이것이구나!' 지나간 40억 년의 역사가 짧은 순간에 재연되면서 살아 있는 전체의 모습이 내 눈앞에 펼쳐진 것이었다. 바로 '생명' 그 자체의 모습이었다. 그러고는 이 모습의 바탕에 흐르는 물리적 필연이 내 머릿속을 스쳐갔다. 이는 곧 생명이란 우연의 소산이 아니라 물리적 필연 위에 솟아나는 것이며, 이 필연을 밝히는 과정에서 생명의 바른 모습을 찾을 수 있으리라는 느낌이었다. 이와 함께 여기서 물리적 필연을 이루는 일차적 동인이 바로 태양의 에너지임을 직감했다. 화분에 물을 주니 화초가 피어나듯이, 지구라는 물질적 바탕 위에 태양의 에너지가 내리쪼이니 생명이 솟아오르는 것이었다.

온생명의 개념 정립

나는 이때 이후 어렴풋하게나마 '생명이란 바로 이런 것이다' 하는 느낌을 가지게 되었다. 이제 나는 적어도 심정적으로는 생명을 이해하게 된 것인데, 이는 내가 학문적으로 생명에 관심을 가진 지 10년 만의 일이었다. 그러나 이것을 다시 개념화해서 '온생명global life' 개념에 도달하기까지는 그 후 10년이 더 소요되었다. 여전히 이 전체를 하나의 생명으로 보는 관점과 '비평형 준안정계'를 구성하는 개체적 체계를 하나의 생명으로 보는 관점 사이의 관계를 명료하게 규정하지 못하고 있었다. 나는 언젠가 생명에 대해 내가 어렴풋이 이해하는 내용을 정리해야겠다는 생각을 품었지만, 시간만 흐를 뿐 이를 수행할 적절한 계기를 쉽게 포착하지 못했다. 그러던 가운데 1987년 여름, 다음 해에 있을 유럽의 국제과학철학 모임에서 생명 문제에 관한 글을 하나 발표해보라는 지인의 권고를 받고 이것을 논문의 형태로 다듬기 시작했다.

처음부터 '생명이란 무엇인가?'라는 주제로 글을 쓰고 싶었지만, 생각을 바꾸어 '생명의 단위'에 초점을 맞추기로 했다. 생명의 성격을 '단위'라는 하나의 새로운 관점에서 논의해보려는 것이었다. 이런 논의 과정을 통해 나는 생명의 진정한 단위를 우리가 흔히 생명체라 부르는 개체 생명들에서 찾을 것이 아니라 자족적 성격을 지닌 '온생명'에서 찾아야 한다는 확신에 이르렀다. 그동안 우리가 '생명'이라고 보았던 개체 생명, 곧 '낱생명'들은 온생명의 나머지 부분이 함께할 때라야 비로소 생명 노릇을 할 수 있는 조건부적 단위라는 것이다. 이렇게 다듬어진 글을 다음 해 봄 유고

슬라비아 두브로브니크에서 열린 국제과학철학 모임에서 발표했는데, 그 모임의 주제는 '생명'과 '분석철학'이었다. 나는 이 글을 "The Units of Life: Global and Individual"이라는 제목으로 발표했다.

그 후 이 글을 우리말로 번역하여 ≪철학연구≫(제23집, 1988)에 「생명의 단위와 존재론적 성격」이라는 제목으로 발표했고, 이어 1990년에 출판된 『과학과 메타과학』(지식산업사, 1990) 제9장에 거의 그대로 실었다. 이때까지만 해도 영문으로 쓴 'global life'를 적절한 우리말을 찾지 못해 '우주적 생명' 등 어색한 말로 표기했는데, 그 후 몇 년이 더 지나 '온생명'이라는 용어를 고안하면서 일관되게 이 용어를 쓰고 있다. 한편 온생명의 개념과 함께 온생명 안에서 인간이 지니는 위상을 논의한 글 "Human Being in the World of Life"를 1988년 여름 서울올림픽학술회의에서 발표했다. 이 글은 마침 이 모임에 참석했던 ≪자이곤Zygon≫ 편집인 칼 피터스Karl Peters가 다음 해에 나온 ≪자이곤≫에 게재해주어 국외에 좀 더 널리 소개되었다. 그 후 온생명의 여러 측면에 대한 단편적인 글을 써오다가 온생명 개념을 제안한 지 10년이 되는 1998년에 동양 사상에 대한 내 생각과 그간 온생명에 관해 생각해온 내용을 함께 묶은 『삶과 온생명』(솔출판사, 1998)을 출간하면서 이른바 온생명 사상이 세간에 좀 더 널리 알려지게 되었다.

그동안 온생명 개념은 국내에서 이런저런 방식으로 관심을 끌어 몇 차례 집중적인 조명을 받기도 했다.[1] 그러나 여전히 집중적인 학문적 토론과 이에 관련한 학문적 협동 연구가 부진한 것이 사실이다. 그 이유는 첫째로 온생명 개념 자체가 기존의 패러다임을 넘어서는 성격을 가졌다는 데 있을 것이고, 다른 하나는 아직도 이를 쉽게 수용할 수 있는 형태로 잘 다듬어내지 못한 데 있지 않을까 생각한다. 그래서 이 책에서는 그간의 논의들을 좀 더 체계적으로 정리하고 심화시켜 앞으로 이런 논의를 위한 기초 소재를 마련하는 것을 그 목적 중 하나로 삼고 있다.

나는 그간 내가 생명의 이해를 위해 애써온 과정에서, 그리고 특히 이 책을 집필하는 과정에서 생명에 대한 이해를 가능하게 하는 하나의 새로운 길을 찾아냈다. 그리고 이 길을 안내해보겠다는 취지로 책의 제목을 '생명을 어떻게 이해할까?'로 잡았다. 이것은 곧 나는 안내자의 입장에 서 있으며, 이 안내를 받아 진정 생명을 이해해야 할 사람은 바로 독자 자신이라는 의미이기도 하다.

하지만 이 책이 겨냥하는 것은 단순히 생명을 이해하는 작업에 머무르지 않는다. 그것은 "내 만일 네가 무엇인지를 이해할 수 있다면", 곧 우리가 생명이 무엇인지를 일단 이해한다면, 이를 통해 우리는 어떻게 살 것인가, 우리는 어떻게 살아가야 할 것인가에 대해 어떤 시사점을 얻을 수도 있으리라는 기대이다. 이것이 바로 "신이 그리고 인간이 무엇인지를 알 수" 있으리라는 기대에 해당하는 것일 수도 있다. 이 또한 독자가 더 깊이 생각하고 찾아내야 할 몫이지만, 이 책이 매개가 되어 필자와 독자 사이에 어떤 교감이 형성될 수 있다면, 그리하여 하나의 큰 지혜를 함께 나눌 수 있다면, 이것이야말로 바로 이 책을 쓰는 사람이 기대할 더없이 큰 보람이다.

차례

1-1 슈뢰딩거의 책『생명이란 무엇인가』

1-2 슈뢰딩거의 책에 담긴 내용

1-3 도킨스의 책『이기적 유전자』

1-4 DNA 분자는 정보를 담고 있는가?

1-5 생명은 어디에 들어 있는가?

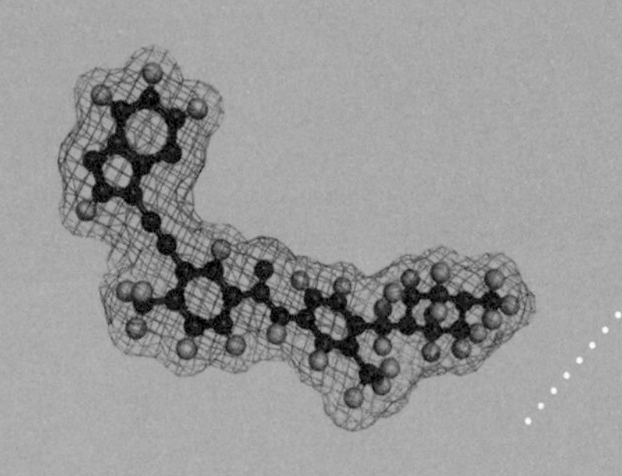

제 1 장

생명이라고 하는 물음

1-1
슈뢰딩거의 책 『생명이란 무엇인가』

인류 지성사에서 볼 때 지난 20세기는 격동의 시대였다. 물리학에서는 뉴턴Isaac Newton 이래 확고부동한 과학적 진리로 자리 잡아왔던 고전물리학이 그 토대부터 흔들렸고, 생명과학에서는 '생명이란 무엇인가' 하는 물음이 진지하게 제기되고 거기에 대한 여러 견해가 표출되었다. 흥미롭게도 이러한 격동의 중심에 슈뢰딩거가 있었다. 20세기 과학 혁명을 대표하는 양자역학의 창시자 중 한 사람인 그는 『생명이란 무엇인가』라는 책을 통해 생명에 관한 본질적 물음을 제기했다.[2] 그의 물음은 곧바로 생명 현상에 관한 많은 지적 성취로 이어졌다. 제임스 왓슨James Watson과 프랜시스 크릭Francis Crick에 의한 유전자의 DNA 구조 해명이 그 하나이며, 이렇게 성취된 주요 내용을 리처드 도킨스Richard Dawkins는 『이기적 유전자The Selfish Gene』라는 무척 흥미로운 책으로 널리 보급시키기도 했다. 여기서는 20세기에 제기된 생명이라는 물음을 대표해 슈뢰딩거의 『생명이란 무엇인가』와 도킨스의 『이기적 유전자』, 이렇게 두 권을 놓고 그 각각이 '기여한 바'와 '못 미친 바'가 무엇인지를 살피면서 앞으로 우리가 생각해 나갈 문제점들을 짚어보기로 한다.

흔히 20세기를 전후로 나누어 전반기를 물리학의 시대, 후반기를 생물학의 시대라 한다. 이는 20세기에 들어서면서 양자역학, 상대성이론 등을 통해 물리학의 혁명적 도약이 이루어졌으며, 이어서 20세기 중반기를 넘기면서 유전자의 DNA 구조 발견 등 분자생물학의 새 시대가 열린 것을 두고 하는 말이다. 그런데 이처럼 물리학의 시대에서 생물학의 시대로 넘어가게 된 것이 단순한 우연인지, 아니면 그렇게 되어야 할 역사적 필연이 존재했던 것인지에 대해 한번 생각해보는 것은 흥미로운 일이다.

우리가 물리학과 생물학을 서로 연관이 없는 독립적 학문으로 본다면 이러한 시대적 전환을 우연의 소산으로 보아야 할 것이다. 물리학은 그 발전의 경로를 따르다 보니 20세기 전반기에 중요한 혁명적 도약을 이루게 되었고, 생물학 역시 생물학으로서의 발전 경로에서 20세기 후반기에 중요한 발견들이 이루어졌다는 것이다. 그러나 물리학과 생물학 사이에 보이지 않는 내적 연관이 존재한다면, 물리학의 혁명적 도약이 하나의 중요한 원인이 되어 뒤이어 나온 생물학의 발전을 이끌어냈다고 말할 수 있다. 물론 이 점에 대한 명확한 해명은 이들 학문의 성격과 발전 과정에 관한 좀 더 깊이 있는 연구를 통해 이루어지겠지만, 이와 관련해 말할 수 있는 한 가지 흥미로운 사실은 1944년에 출간된 슈뢰딩거의 『생명이란 무엇인가』가 이 점에 관해 중요한 단서를 제공한다는 것이다. 결론부터 말한다면 이들 사이에는 결정적인 연관이 있으며, 슈뢰딩거의 책이 바로 이들을 이어주는 하나의 연결 고리가 된다고 할 수 있다.

슈뢰딩거는 1943년 2월 아일랜드의 수도 더블린에서 '생명이란 무엇인가?'라는 주제로 3회에 걸쳐 대중 학술 강연을 했다. 그 내용을 정리해 펴낸 것이 바로 이 책이다. 당시 아일랜드 수상이었던 데벌레라Eamon De Valera는 학문에 대한 소양이 깊은 사람이었다. 그는 그 얼마 전 미국에 설립된 프린스턴고등학술연구소Princeton Institute for Advanced Studies에 버금가는 연구소를 아일랜드에도 만들어야겠다는 생각으로 수도인 더블린에 더블린고등학술연구소Dublin Institute for Advanced Studies를 설립했다. 아일랜드로 말하자면 고전역학을 새로운 수학적 형태로 재구성해낸 19세기의 저명한 물리학자 해밀턴William Rowan Hamilton을 배출한 바 있는 높은 지적 전통을 가진 국가이니만큼, 격에 맞는 간판급 학자를 데려오려고 물색하고 있었다. 당연히 아인슈타인Albert Einstein이 가장 매력적인 영입 대상이었지만, 그는 이미 프린스턴고등학술연구소에 정착해버린 후였다. 그래서 대안으로 찾은 사람이 바로 슈뢰딩거였다.[3] 잘 알려졌다시피 슈뢰딩거는 양자역학의 골격을 이루는 '슈뢰딩거 방정식'의 제안자로서, 아인슈타인, 보어, 하이젠베르크Werner Karl Heisenberg와 함께 20세기 전반기 물리학의 혁명적 도약을 이끈 대표적인 물리학자였다.

19세기 이후 영국 지역에서는 과학자들의 대중 강연이 일상화되어 있었다. 그런데 영국에 대해 유독 강한 경쟁의식을 지녔던 아일랜드 사람들 사이에서는 이러한 큰 학자를 모셔다 놓았으니 이분의 강연을 듣고 싶어 하는 사회적 열기가 높았으리라는 것은 짐작이 되고도 남을 일이다. 드디어 슈뢰딩거의 대중 강연 일정이 잡혔고, 청중은 최첨단의 물리학 이야기를 들을 것으로 기대했다. 물리학이 학문적 관심사를 주도하던 이 시기에 특급 물리학자의 강연이니만큼 기대가 크리라는 것은 당연했다. 그런데 뜻밖에도 슈뢰딩거는 모처럼의 이 강연에 '생명이란 무엇인가?'라는 제목을 내걸었다.

당시 생물학계에서는 초파리에 엑스선X-ray을 쪼일 때 돌연변이가 얼마나 빈번하게 일어나는가 하는 문제에 대한 연구가 활발했다. 마침 슈뢰딩거는 이러한 실험 결과들을 분석하여 염색체 안에 있는 유전자들의 물리적 성격을 밝혀낼 수 있지 않을까 하는 생각을 떠올리고 있었다. 그러나 이 문제를 강연 소재로 삼기에는 몇 가지 부적절한 면이 있었다. 우선 이것이 설혹 학문적으로 매우 중요하고 흥미로운 내용을 담고 있다 하더라도 전문가가 아닌 일반 대중의 눈에는 사소한 지엽적 문제로밖에 비치지 않으리라는 점이 있었고, 다른 하나는 그가 이 문제에 대해 전문적인 연구 경험을 가지고 있지 않았다는 점이다. 그래서 슈뢰딩거는 여기에 약간 살을 더 붙이고 사변적인 내용을 대폭 추가하여 '생명이란 무엇인가?'라는 아주 저돌적인 제목을 내걸었던 것이다.

20세기 물리학 혁명을 이끌어내고 그 후 이를 기반으로 많은 문제에 성공적으로 접근하게 된 물리학자들의 한 가지 공통된 특징은 바로 그들의 오만함이다. 사실 슈뢰딩거의 강연 제목은 이러한 오만함의 극치라고 할 수 있다. 그가 왜 물리학에서의 자기 경험이나 물리학 자체 안에서의 수많은 관심사를 제쳐두고 굳이 생물학 분야에서 강연 주제를 택했는지 지금으로서는 확실히 알아낼 길이 없다. 굳이 추정해보자면, 그의 어떤 직관적 판단에 의해 이제는 물리학 지식을 바탕으로 생명 현상을 이해할 단계에 도달했으며, 이것이야말로 다음 시대의 가장 중요하고 생산적인 학문적 관심사가 되리라는 예감을 가졌던 것이 아닌가 생각된다. 설혹 이러한 점을 인정하더라도 그의 강연 내용과 이후에 발간된 책의 내용에 비추어볼 때, 여기에 과연 '생명이란 무엇인가?'라는 제목을 붙인 것이 적절했는가에 대해서는 의문의 여지가 있다.

그 일이야 어쨌든, 슈뢰딩거의 강연 제목은 청중을 모으는 데 크게 성공했다. 1943년 2월 5일, 더블린 대학교 트리니티 강당에서 개최된 슈뢰딩거의 금요 저녁 강연장에는 아일랜드 수상을 비롯한 내각 관료, 외교관, 예술가, 종교인 등 각계의 명사들이 수백 석에 이르는 강연장을 꽉 메웠고, 미처 좌석을 구하지 못한 사람들은 그다음 월요일에 강연을 다시 한 번 한다는 약속을 받고야 되돌아갔다. 이렇게 모여든 청중은 줄잡아 400명이 넘었으며, 슈뢰딩거 자신이 쉽지 않은 주제라고 거듭 경고했는데도 3회에 걸친 연속 강연 마지막에 이르기까지 참석자가 줄어드는 기미가 보이지 않았다.

청중이 이렇게 환호한 데에는 물론 학문 외적인 이유도 있었다. 당시 ≪타임Time≫의 보도에 따르면, "그의 부드럽고 유쾌한 언변, 그의 별난 미소가 청중을 사로잡았다. 더블린 사람들은 노벨상 수상자가 그들과 함께 살고 있다는 사실에 자부심을 느꼈다. …… 무엇보다도 그가 옥스퍼드를 제쳐두고 더블린고등학술연구소 자리를 택했다는 점이 아일랜드 사람들의 마음을 끌었다".[4] 오스트리아에서 나치의 박해를 피해서 온 슈뢰딩거가 아일랜드에 정착하고 아일랜드의 토착 언어와 문화에 각별한 관심을 가졌던 것도 그들의 호감을 사는 데에 한몫한 것으로 알려져 있다.

하지만 기본적으로는 강연 주제에 대한 관심이 그들을 끌어들였을 것이다. 특히 최상급 물리학자가 '생명이란 무엇인가?'라는 주제를 내걸었을 때에는 여기에 무언가 의미심장한 내용이 담겨 있으리라 생각했을 것이다. 그리고 좀 더 깊이 들여다보자면 사람들의 마음속에는 무의식적으로 생명이 과연 무엇일까 하는 문제의식이 잠자고 있었을 텐데, 슈뢰딩거의 강연 주제가 이러한 의식을 건드렸던 것으로 해석될 수 있다.

그런데 슈뢰딩거의 강연이 과연 청중의 이러한 욕구를 충족시켜주었을까? 아마도 그렇지 못했으리라는 것이 내 판단이다. 우선 내용이 대중 강연치고는 지나치게 전문적이라는 느낌을 주며, 반면에 이미 주제에 친숙한 사람들에게는 오히려 지루한 감을 가지게 한다. 그러나 이보다 더 중요한 점은 이 강연과 이후에 출간된 책에서 그가 내걸은 제목에도 불구하고 '생명이란 무엇인가?'라는 물음을 진지하게 파고들었다고는 보기 어렵다는 것이다. 어쩌면 강연의 마지막 순간까지 사람들이 진지하게 자리를 지킨 이유는 결론에서만이라도 어떤 참신한 내용이 나오지 않을까 하는 기대감에서였을지도 모른다. 그러나 그러한 기대마저 이 강연은 채워주지 못했다.

그럼에도 그의 강연은 다시 책으로 출판되었고, 이 책 또한 학술 서적으로는 전례를 찾기 어려운 큰 성공을 거두었다. 1989년에 출간된 슈뢰딩거의 한 전기에 따르면, 당시까지 이 책은 일곱 언어로 번역되었고 줄잡아 10만 부 이상이 판매되었다.[5] 우리나라에서도 비교적 늦게 번역되기는 했으나 현재 이미 두 가지 번역본이 나와 있을 정도로 높은 관심을 보이고 있다.[6]

그렇다면 슈뢰딩거의 책이 이토록 명성을 이어가는 이유는 무엇일까? 가장 중요한 이유는 이 책이 현대 분자생물학을 이끌어내는 하나의 도화선 구실을 했다는 점이며, 이러한 사실이 다시 이 책에 대한 관심을 지속적으로 증폭시키고 있다. 이 책 자체가 분자생물학 형성에 직접 기여했다고 보기는 어렵지만, 이것이 DNA의 이중나선 구조를 발견한 왓슨과 크릭을 비롯한 현대 분자생물학의 주역들에게 커다란 영감을 불어넣음으로써 이러한 방향의 연구를 지향하도록 만드는 데 결정적인 기여를 한 것은 사실이다.

대학 학부 시절인 1946년 봄에 이 책을 읽었다는 제임스 왓슨은 이렇게 말했다. "슈뢰딩거의 『생명이란 무엇인가』를 읽은 바로 그 순간 나는 유전자의 비밀을 발견하는 방향으로 내 진로를 못 박았다." 그리고 본래 물리학자였던 프랜시스 크릭 역시 이 책이 자신에게 '특별한 영향'을 주었으며, 이 책은 "이것 아니면 생물학을 전혀 하지 않았을 사람들을 이 길로 이끌었다"라고 말했다. 또 이 두 사람에게 중요한 엑스선 실험 결과를 제공함으로써 발견의 소재를 마련해주었고, 그러한 공로로 1962년 이들과 함께 노벨상을 받은 물리학자 출신의 모리스 윌킨스Maurice Wilkins도 "슈뢰딩거의 책은 내게 매우 긍정적인 영향을 주었다. 그 덕분에 나는 처음으로 생물학에 관심을 가지게 되었다"라고 증언했다. 이외에도 슈뢰딩거의 책이 감동을 주어 분자생물학의 길을 택했다고 말하는 학자들은 셀 수 없이 많다. 지금은 심지어 슈뢰딩거의 책이 어떤 점에서 그런 영감을 주었는지를 밝히기 위해 연구하는 학자들까지 있다.

이러한 사실을 통해 짐작할 수 있는 한 가지는 20세기 중반을 경계로 물리학의 시대에서 생물학의 시대로 넘어서게 된 데에는 그럴 만한 역사적 사유가 있지 않았을까 하는 점이다. 사실 물리학의 시대를 연 주역 중 한 사람인 슈뢰딩거가 생물학의 시대를 연 왓슨, 크릭, 윌킨스 등에게 직접적인 영향을 주었다는 것은 그것 자체로 커다란 상징적 의미가 있다. 여기서 우리는 이러한 외형적 사실의 바닥에 깔린 좀 더 근원적인 연관 관계에 주목할 필요가 있다. 왜 물리학의 혁명적 도약 반세기 만에 다시 생물학의 새 시대가 열리게 되었는가, 이 두 학문적 성취 사이에는 어떤 필연적인 연관 관계가 존재하지 않았겠는가 하는 점이다. '슈뢰딩거의 책'이라는 작은 역사적 사건을 통해 슈뢰딩거 자신은 바로 이러한 학문적 연계의 필연성을 알려준 것이고, 이후에 출현한 분자생물학의 주역들은 바로 이 점을 알아차리고 현실의 학문 세계에서 실현해낸 것이라 할 수 있다.

그렇다면 슈뢰딩거의 책을 통해 매개되었던 두 학문 사이의 연결 고리는 무엇일까? 여기서 우리는 20세기 전반기에 이루어진 물리학의 두 가지 중요한 성과를 말하지 않을 수 없다. 그 하나는 사물의 보편적 존재 양상에 대한 이론적 기반을 마련했다는 점이다. 일상적 경험 세계에 대한 이해의 틀인 고전역학의 제약을 넘어 원자 세계에 대한 이해를 가능하게 하는 양자역학이 구축되었고, 이를 통해 사물의 존재 양상을 원자론적 바탕과 연계하여 이해할 여건이 마련된 것이다. 그리고 또 한 가지 중요한 성과는 종래의 망원경, 현미경 등 광학적 관찰 수단을 넘어서 엑스선을 비롯한 광범위한 방사선 장비, 그리고 입자가속장치와 같은 정교한 관측 장치들이 개발되면서 원자 세계에 대한 정보를 구체적으로 파악할 수단이 갖추어졌다는 점이다. 물리학을 통해 마련된 이 두 가지 성과는 생물학의 대상이 되어온 생명체의 구성과 기능에 대한 새로운 물음을 제기했으며, 이에 대한 의미 있는 대답을 가능하게 만들어주었다.

말하자면 슈뢰딩거의 책은 이 점을 일깨워주어 생명체 연구에 대한 새로운 가능성을 제시했던 것이다. 이 책은 그때까지 베일에 가려 있던 유전자의 물리적 실체를 상정하고 이것이 가지게 될 물리적 특성들을 논의하고 있다. 슈뢰딩거가 이 같은 이야기를 하기 전에도 이런 방향의 논의들이 없었던 것은 아니며, 슈뢰딩거 스스로 인정했듯이 그가 상세한 부분에까지 깊은 지식을 가진 것도 아니지만, 슈뢰딩거의 책이 지닌 가장 큰 특징은 이들을 모두 물리학의 기본 원리를 동원하여 논의했다는 점이다.

그런데 이러한 논의를 의미 있게 진행시키려면 한 가지 중요한 문제가 먼저 검토되어야 한다. 즉, 생명을 이해하는 데 물리학의 기본 원리들만으로 충분한가, 또는 물리학과 전혀 다른 새로운 차원의 원리가 필요하지는 않은가 하는 문제이다. 이 물음에 대한 답을 어떻게 하느냐에 따라, 현재의 물리학적 지식을 바탕으로 생명을 '이해될 수 있는 것'으로 보거나, 새 원리가 발견될 때까지는 생명을 '이해될 수 없는 것'으로 보게 된다. 한편 이 물음에 대한 답은 미리 주어질 수 있는 것이 아니다. 물리학의 원리만으로 생명 현상에 대한 이해가 만족스럽게 이루어진다면 전자를 택할 수 있을 것이고, 그렇지 않으면 후자를 택해야 할 개연성이 높아지는 것이다. 그렇기는 하나 생명 연구에 나서는 사람으로서는 최소한 이 물음에 대한 잠정적인 해답을 바탕에 깔고 출발하지 않을 수 없다. 생명이 현재 우리가 알고 있는 자연의 기본 원리만으로는 알 수 없는 것이라면, 이를 통해 생명을 이해하려는 노력은 전혀 무망할 것이기 때문이다.

슈뢰딩거가 그의 책에서 기여한 중요한 점이 있다면 이러한 물음을 진지하게 묻고 현재 우리가 알고 있는 자연의 기본 원리만으로 생명을 이해하는 것이 가능하리라는 확신을 높여주었다는 것이다. 그는 적어도 이러한 시도가 어떤 방향에서 어떻게 이루어져야 할지에 대해 매우 시사적인 이야기들을 하고 있다. 구체적으로 그는 "살아 있는 유기체라는 공간적 테두리 안에서 일어나는 시공간적 사건들이 물리학과 화학에 의해 어떻게 설명될 수 있는가?"[7]를 묻고, "현시점의 물리학과 화학이 이러한 사건들을 설명해내지 못하는 것은 사실이지만, 이것이 곧 이들이 이러한 과학에 의해 설명될 수 없음을 말하는 것은 전혀 아니다"[8]라는 전제 아래, 책의 대부분을 이러한 설명의 가능성을 제시하는 데 바치고 있다.

1-2
슈뢰딩거의 책에 담긴 내용

그러면 이제 슈뢰딩거의 책에 구체적으로 어떤 내용이 담겨 있는지 살펴보자. 슈뢰딩거는 이 책에서 염색체 안의 유전물질이 어떤 물리적 구조를 가져야 하는지에 대해 한 가지 중요한 제안을 한다. 그는 막스 델브뤼크 Max Delbrück 등의 연구를 인용하면서 '생명의 물질적 운반체material carrier of life'라고 할 어떤 유전물질이 염색체 안에 있을 것인데, 이것이 '비주기적 결정체aperiodic crystals'를 이룰 것이라는 의견을 제시한다. 이 무렵 일부 연구자들은 이미 이것이 DNA 분자들일 것이라는 증거를 찾아내고 있었지만, 슈뢰딩거는 아직 이 점에 대한 정보를 가지고 있지 않았거나 적어도 충분한 주의를 기울이지 않았다. 그러나 그 유전물질이 무엇으로 이루어졌건 간에 '비주기적 결정체'의 성격을 가져야 한다고 말하고, 이러한 성격 때문에 그 안에 '부호 기록code-script'이라 부를 매우 중요한 정보의 패턴이 담겨 있다고 주장한다.

실제로 유전물질이 슈뢰딩거가 이야기한 대로 '비주기적 결정체'라는 사실이 확인된 것은 그의 영향을 강하게 받은 왓슨, 크릭 등에 의해 DNA의 이중나선 구조가 밝혀지면서이다. 오늘날 누구도 DNA의 이중나선 구조를 '비주기적 결정체'라고 부르지는 않지만, 이것이 슈뢰딩거가 이야기한 비주기적 결정체의 성격을 지니고 있다는 것은 사실이며, 이러한 점에서 그가 물리학적 직관으로 이런 예측에 도달했다는 것은 매우 놀라운 일이다.

이와 더불어 우리가 이해해야 할 더욱 중요한 사실은 이후 분자생물학의 발전을 통해 생명 현상의 주요 부분들이 오로지 이미 알려진 물리학적 원리에 의해서만 이해될 수 있게 되었다는 점이다. 그러나 이 점은 슈뢰딩거에게 처음부터 그리 분명하지 않았던 것 같다.

그는 자기 책의 마지막 장에서 생명은 물리학 법칙에 기반을 두는가를 묻고, 여기에 대해 생명 현상이 정상적 형태의 물리학 법칙으로 환원되지 않을 수도 있음을 강하게 암시한다. 그렇다고 어떤 '새로운 힘'이라든가 단일 원자의 행위를 지시할 새로운 무엇이 있어서가 아니라 대상이 지닌 특별한 구성construction 때문이라고 말한다. 이는 지금까지 우리의 물리 실험실에서 접해온 어떤 것과도 다른 구성을 가졌기에 거기에 적용될 자연 법칙도 평범한 물리법칙과는 다를 수 있으리란 것이다. 그는 여기서 한 가지 비유를 제시한다. 열기관과 전기 모터는 모두 같은 물질과 같은 물리법칙을 준수하는데, 열기관에만 익숙한 한 공학자가 전기 모터를 보고 자신이 모르는 작동 원리로 이를 이해해야 하는 상황과 흡사하다는 것이다. 실제로 이 비유는 당시 슈뢰딩거가 상정했던 것 이상으로 생명을 이해하는 데 중요한 역할을 하게 되는데, 이 점에 대해서는 뒤에서 다시 설명하기로 한다.•

슈뢰딩거는 생명 현상이 세포 전체의 아주 작은 일부를 이루는 "기막히게 잘 정돈된 일군의 원자들supremely well-ordered group of atoms"에 의해 조정된다고 본다. 그런데 이것이 우리가 흔히 보는 물리적 세계의 결정체들과 다른 점은 그 안에서는 각각의 원자와 각각의 염기鹽基가 독특한 개별적인 역할을 한다는 것이며, 이것이 바로 슈뢰딩거가 말하는 비주기적 결정체의 의미이기도 하다. 그의 말을 직접 들어보자.[9]

• 이 비유는 낱생명과 온생명의 관계를 이해하는 데 매우 적절하다. 가전 기기들을 이해하기 위해서는 그 기기들뿐만 아니라 이미 가정에 들어와 있는 전원과 전기 배선도 함께 이해해야 한다. 실제로 집 안에 있는 사람들은 이미 설치된 배선에 별 이상이 없는 한 개별 전기기구에만 관심을 가지고 이것이 독자적으로 그 모든 작동을 하는 것으로 생각하기 쉽다. 그러나 이 가전 기기들을 제대로 이해하려면 발전소부터 연결된 배선 전체까지 이해해야 한다. 이때 발전소에 해당하는 것이 태양이고, 가내 배선이 생태계이며, 개별 가전 기기가 낱생명이다. 여기서 전기에 해당하는 것이 '생명'이다.

'질서의 흐름'을 자신에게로 집중시키고 그럼으로써 원자적 혼돈으로의 추락에서 벗어나는, 즉 적절한 환경으로부터 '질서를 들이키는' 유기체의 이 놀라운 능력은 '비주기적 고체', 즉 염색체 분자들의 존재와 연관이 있는 듯하다. 이들이야말로 이들을 구성하는 개별 원자와 염기가 각각 역할을 하게 된다는 점에서, 주기적으로 구성된 결정에 비해 월등히 잘 정돈된, 우리가 아는 가장 높은 정도로 잘 정돈된 원자 연합체이다.

그렇다면 도대체 이러한 '잘 정돈된 일군의 원자들'이 어떠한 원리를 바탕으로 이 놀라운 기능을 수행하게 될까? 여기서 슈뢰딩거는 이것이 우리에게 이미 친숙한 물리학의 '확률 메커니즘'과는 전혀 다른 어떤 '메커니즘'에 의해 나타날 것이라고 추정한다. 이것은 우리가 생명체 밖에서 알고 있는 정상적인 물리 현상과 너무도 다른 것이어서 아주 특별한 새로운 방식의 설명이 필요하다고 그는 보았다. 그의 말을 계속 들어보자.[10]

생물학에서는 전혀 다른 상황에 부딪힌다. 오직 한 사본copy만 존재하는 한 그룹의 원자 집단이, 서로 간에 그리고 환경과의 관계 속에서 기적과도 같은 조정을 이루어내면서 질서 있는 사건들을 연출한다. …… 여기서는 물리학의 '확률 메커니즘'과는 완전히 다른 어떤 '메커니즘'에 의해 선도되는 정상적이고 합법칙적인 사건들과 마주치게 된다. 각 세포 안에 있는 이러한 선도 원리guiding principle가 오직 한 사본만이 존재하는 단일 원자 구성 안에 구현되어 있다는 것이 분명한 관찰 사실이다. 바로 이것이 질서의 전형이라고 할 만한 사건을 일으킨다. 작지만 고도로 조직화된 원자 집단이 이런 식으로 행동한다는 사실은, 이를 놀라운 일로 생각하든 아니면 상당히 납득할 만한 일로 생각하든, 전례가 없는 일이며 살아 있는 물질 이외의 그 어디에서도 알려진 바가 없는 일이다. 생명이 없는 물질을 다루는 물리학자와 화학자는 이런 식으로 해석해야 할 현상을 본 적이 없다. 이러한 경우는 일어난 일이 없고, 따라서 우리가 가진 이론은 이를 담아내지 못한다.

이 문제와 관련하여 슈뢰딩거는 양자역학에 바탕을 둔 몇 가지 이론 모형을 제시했으나, 그 세부 사항은 지금 여기서 다시 거론할 필요가 없다. 이들은 모두 이후 발전한 분자생물학의 메커니즘들을 통해 매우 잘 설명이 되기 때문이다.

그러나 슈뢰딩거의 이러한 문제의식과 관련하여 여기서 생각하고 넘어가야 할 한 가지 중요한 사항이 있다. 슈뢰딩거가 앞에서 강조하듯이 비생명적 현상에 비해 생명적 현상이 지닌 근본적인 차이점이 과연 있는지, 있다면 그것은 어디에서 나타나는지에 관한 이야기이다. 이는 근본적으로 생명이란 무엇인가 하는 문제와 직결된다.

간단히 결론만 이야기한다면, 첫째로 생명체 및 이것의 활동을 가능하게 만드는 모든 물리적 여건만 갖추어진다면 그 안에는 이른바 비생명 현상에 적용되는 물리법칙 이외에 어떤 다른 것도 생각할 필요가 없다는 것이며, 둘째로는 이때 갖추어야 할 물리적 여건은 매우 광범위하면서도 매우 특수하다는 사실이다. 슈뢰딩거가 말하는 '기막히게 잘 정돈된 일군의 원자들'을 기준으로 이야기한다면, 이것 자체의 어떤 특별한 성격과 여기에 작용하는 어떤 '선도 원리'에 의해 생명 현상이 나타나는 것이 아니라, 이 '기막히게 잘 정돈된 일군의 원자들'과 이것과 '기막히게 잘 부합하는 주변의 물리적 여건'이 매우 놀라운 상호 부합 관계를 이루기 때문에 나타난다는 것이다. 여기서 앞의 것을 '작용체'라 부르고 뒤의 것을 이에 대한 '보작용자'라 부른다면, 생명이란 작용체와 보작용자 사이의 정합적 관계를 통해 나타나는 현상이라 할 수 있다.

우리가 이러한 사실을 인정한다면, 생명을 이해하기 위해 '작용체'와 이것이 함축하고 있는 '선도 원리'를 찾으려 할 것이 아니라 '작용체'와 그 '보작용자', 그리고 이들 사이의 관계를 찾아보는 것이 중요하며, 이러한 놀라운 관계가 어떠한 과정을 통해 가능하게 되었는지, 그 물리적 진화의 과정을 파악하는 것이 중요하다. 이는 이미 다윈Charles Darwin의 진화 메커니즘에 의해 암시되어 있었지만, 아쉽게도 슈뢰딩거의 책에는 이에 대한 고찰이 나타나지 않는다. 이러한 점에서 '작용체'와 이것이 함축하고 있는 별도의 '선도 원리'를 찾으려 한 슈뢰딩거의 노력은 다소 빗나간 것이며, 결과적으로는 이 때문에 '작용체', 곧 유전자의 기능을 지나치게 강조하는 경향을 보이게 된다. 이제 염색체 안의 부호 기록, 즉 DNA 분자들의 기능에 대한 슈뢰딩거의 말을 들어보자.[11]

> 염색체 속에는 일종의 부호 기록 형태로 개체의 장래 발육과 성숙된 상태에서 이것이 가질 기능에 대한 완전한 패턴이 포함되어 있다. 염색체의 섬유 구조를 부호 기록이라 부르는 것은, 한때 라플라스Pierre Simon Laplace가 상정한 바와 같은 만사를 투시할 수 있는 어떤 지능이 있어서 모든 인과관계를 파악할 수 있다고 하면 바로 이 구조만 보고도 이것이 장차 적절한 조건 아래서 검은 장닭이 될지 점박이 암탉이 될지, 혹은 파리, 혹은 옥수수, 혹은 철쭉, 혹은 딱정벌레, 혹은 생쥐, 혹은 한 여인이 될지를 예측할 수 있다는 것을 의미한다. …… 그러나 부호 기록이라는 용어 자체는 너무 폭이 좁다. 염색체 구조는 동시에 이것이 예견하는 발육을 이루어내는 일에도 기여하는 것이다. 이는 법규와 행정력 — 좀 다른 비유로 말하면 건축가의 설계와 시공자의 기술 — 이 하나로 뭉친 것에 해당한다.

이 글에서 보면 '적절한 조건 아래서'라는 단서를 붙이기는 했으나 염색체 안의 부호 기록, 요즘 말로 DNA 분자들이 거의 모든 것을 결정하는 듯한 인상을 준다. 더구나 부호 기록이라는 용어 자체가 그 기능을 충분히 나타내기에는 너무 폭이 좁다고 하면서, 이것이 법규와 행정력, 건축가의 설계와 시공자의 기술을 함께 나타내는 개념이라고 말하며 이것의 능동적 성격을 지나치게 강조한다. 잘 알려진 바와 같이 세포 안에서 유전자, 곧 DNA 분자들이 하는 기능은 거의 수동적이다. 그럼에도 유전자에 대한 이 같은 과잉된 의미 부여는 이후 많은 생물학자들에게 거의 무비판적으로 이어지고 있다. 이 점에 대한 가장 전형적인 사례가 바로 뒤에 논의할 도킨스의 책이다.

그렇다면 슈뢰딩거는 자신이 던진 질문, 즉 '생명이란 무엇인가?'에 대해 어떠한 대답을 하는가? 슈뢰딩거의 책이 출간된 지 60여 년이 지난 2008년 정확히 동일한 제목의 책을 낸 에드 레기스Ed Regis는 슈뢰딩거의 책이 지닌 결함을 지적하면서 다음과 같이 말한다.[12]

> 그러나 이 모든 명료성과 간결성, 그리고 놀라운 예견력에도 불구하고 슈뢰딩거의 책은 몇 가지 약점을 가지고 있다. 그 하나는 책 제목으로 주어진 물음, '생명이란 무엇인가?'에 대해 대답하지 않았고, 심지어 대답하려는 시도조차 하지 않았다는 점이다. 이 제목은 단지 겉에 내세운 영리한 마케팅 전략이었을까? 아니면 그 해답이 슈뢰딩거에게조차 너무 신비로운 것이었기 때문일까? 그는 여기에 대해 말이 없다.

레기스가 말한 것처럼 슈뢰딩거는 자신의 책에서 생명이 과연 무엇인가 하는 질문을 진지하게 제기하고 있지 않다. 오직 한 곳에서 그는 "무엇이 생명의 특징적 면모인가? 어떠할 때에 한 조각의 물질을 살아 있다고 할 수 있는가?"라는 질문을 던질 뿐이다.[13] 그리고 스스로 던진 이 물음에 대한 답은 더욱 실망스럽다. 그는 "이것이 무엇인가를 하고 있을 때, 즉 움직인다거나 주위 환경과 물질을 교환한다거나 할 때, 그리고 이것이 살아 있지 않은 물질이 유사한 여건 아래서 '지속되는 것'에 비해 훨씬 오랫동안 지속될 때"라고 말한다. 이는 우리 모두가 상식적으로 받아들이는 것과 별반 다르지 않다. 그리고 뒤에서 보겠지만 이런 상식적 생명 이해에는 많은 문제가 있다.

곧이어 슈뢰딩거는 이렇게 말한다. "살아 있지 않은 하나의 체계가 고립되어 있을 때 또는 균일한 환경 안에 놓여 있을 때에는 모든 운동이 각종 마찰의 결과로 흔히 짧은 시간 안에 정지되고 만다." 그런데 이 문장에서 '살아 있지 않은 하나의 체계'라는 말을 '살아 있는 하나의 체계'라는 말로 바꾸어놓아도 똑같은 이야기를 할 수 있다. 살아 있는 체계라고 해서 마찰을 받지 않는 것이 아니며, 더구나 '고립되어 있거나 균일한 환경 안에서' 활동을 지속할 수 있는 것이 아니다.

그러면 이것은 슈뢰딩거의 단순한 실수에서 비롯된 것인가? 그렇게 보기 어렵다. 이 안에는 '살아 있는 것'에 대한 어떤 깊은 선입감이 잠재되어 있기 때문이라고 보는 것이 옳다. 그렇다면 그 선입감은 무엇일까? 어떤 생명체든 그 안에 '살아 있음'이라고 하는, 다른 말로 '생명'이라는 어떤 고유한 속성을 지니고 있다는 생각이다. 그러니까 슈뢰딩거는 '생명'이라고 불리는 어떤 것이 살아 있는 대상 하나하나에 이미 들어 있다는 것을 인정하고 있으며, 그것의 정체가 무엇일까 하는 데에 대해서는 별다른 의문을 제기하지 않는다.

슈뢰딩거는 이러한 상식선에서 분명히 생명이라 할 어떤 실체가 있는 것으로 일단 인정하고, 이것이 어떤 물리적 성질을 가지고 있느냐에 초점을 맞춘다. 특히 그는 생명이 아닌 것과 비교하여 그 성질을 말하려고 한다. 그러면서 도달하는 가장 중요한 결론은 생명체라는 것이 내적 질서, 곧 낮은 엔트로피 상태를 유지하고 있으며, 열역학 제2법칙에 따라 이것이 가능하려면 이 생명체는 불가피하게 외부로부터 부負-엔트로피negative entropy를 받아들여야 한다는 것이다. 즉, 그는 생명체 자체가 열역학 제2법칙으로 대표되는 자연법칙을 거스르지 않으면서 생존하기 위해 외부로부터 부-엔트로피를 받아들여야 하는데, 이것이 바로 생명이 지닌 가장 중요한 특징이라고 본다.

그런데 여기서도 슈뢰딩거는 편견을 나타낸다. 그는 자연의 법칙들이 무질서를 지향하는 통계적 성격을 지녔음에도 매우 작은 크기를 가진 유전물질이 높은 수준의 지속성을 유지하기 위해서는 이런 경향을 회피할 수 있는 새로운 형태의 "분자가 발명되어야 한다"고 말한다.[14] 이는 곧 양자역학이라는 마법의 지팡이에 의해 보호되는, 아주 높은 질서의 초대형 분자가 이루어져야 함을 의미한다. 이러한 발명을 통해 우연의 법칙들이 무효화되는 것은 아니지만 그 결과는 수정되리라는 것이다.

그렇다면 살아 있는 유기체는 이러한 무질서로의 경향을 어떻게 피하는가? 이것은 먹고 마시고 숨 쉬고 (식물의 경우에는) 동화작용을 하기 때문인데, 이를 대사metabolism라 부른다. 이것의 희랍어 어원은 '교환'이라는 뜻이다. 그렇다면 이렇게 해서 얻는 것이 무엇인가? 이 점에 관련하여 슈뢰딩거는 다음과 같은 유명한 말을 한다.[15]

> 모든 과정, 사건, 행사 — 이것을 뭐라고 부르든 간에 — 한마디로 자연계에서 일어나는 모든 것은 이것이 일어나는 지점 주위의 엔트로피를 증가시킨

다. 그리하여 살아 있는 유기체는 지속적으로 그 엔트로피를 증가시키며 — 또는 정-엔트로피를 산출한다고 말할 수도 있다 — 따라서 최대 엔트로피 상태, 즉 죽음이라는 위험한 상태에 접근하는 경향을 지닌다. 이것은 오직 주변으로부터 지속적으로 부-엔트로피 — 이것은 사실상 매우 긍정적 의미를 지니는 양이다 — 를 끌어들임으로써 이러한 상태의 모면, 즉 생존을 취할 수 있다. 유기체가 먹고사는 것은 부-엔트로피이다.

슈뢰딩거의 이 말은 생명의 이해를 위한 핵심 내용을 담고 있지만, 아직까지도 많은 사람들이 여기에 충분한 관심을 기울이지 못하고 있다. 슈뢰딩거 또한 이를 언급해놓고도 더 이상 깊이 있는 논의를 진척시키지 않았다. 이러한 점들로 볼 때 슈뢰딩거는 생명의 이해를 위해 많은 긍정적 기여를 했으면서도 다른 한편으로는 시대의 한계에서 완전히 벗어나지 못한 측면이 있다. 오늘의 관점에서 아쉬운 점 두 가지만 지적한다면, 첫째로 슈뢰딩거의 추측과 달리 생명 현상은 정상적인 물리학만으로 이해할 수 있게 되었다는 점이며, 둘째로 DNA 분자들의 기능은 오히려 매우 수동적이며 생명의 주된 활동은 DNA 분자와 세포의 나머지 부분 사이의 긴밀한 협동을 통해 이루어진다는 점이다. 이러한 점은 한 개체 생명과 그 주변 여건 사이의 관계에도 마찬가지로 성립한다. 결론적으로 '살아 있음'을 나타내주는 내적 특성이 따로 있는 게 아니라 내부 구조와 외부 상황의 적절한 관계 맺음이 그 본질적 내용을 구성한다는 것이다. 그런데도 우리 사회에서는, 그리고 학자들 사이에서도 여전히 생명체 안에는 생명을 이루는 어떤 결정적인 핵심 부분이 있으며, 이것이 바로 DNA 분자들로 구성된 유전자일 것이라는 생각이 계속 위력을 떨치고 있다.

1-3
도킨스의 책 『이기적 유전자』

유전자에 대한 과잉된 의미 부여는 이미 슈뢰딩거에게도 나타났지만, 특히 유전자의 DNA 구조가 밝혀진 이후 많은 생물학자들에 의해 증폭되어 왔는데, 아마 그 정점에 도킨스의 유명한 책 『이기적 유전자』가 놓여 있지 않을까 생각한다. 사실 도킨스의 『이기적 유전자』는 그 자체로 매우 훌륭한 책이다. 이 책은 생명 현상 가운데 유전자라는 한 요소를 기반으로 하여 다윈의 진화 과정을 비롯한 많은 현상들을 설득력 있게 설명해준다. 특히 이야기를 흥미롭게 하고 우리의 시각 속에 그 상황을 생생하게 그려내기 위해 유전자를 의인화擬人化하여 '이기적'이라는 성품까지 부여한 점은 설명의 방식으로는 일품이 아닐 수 없다. 그러나 이것은 단지 설명을 위한 하나의 은유이며, 은유로 그쳐야 할 일이다.

그런데 이 책은 어떤 특징을 설명하기 위한 단순한 은유를 넘어선다는 점에 위험이 도사리고 있다. 우선 이렇게 함으로써 유전자의 역할을 지나치게 크게 보아 마치 이 안에 생명의 어떤 본질이 담긴 것으로 착각하게 만들 수 있다. 사실 이것은 단순한 과장의 문제가 아니라 생명의 이해를 오도하는 심각한 과오에 해당할 수도 있다. 또 다른 위험으로는(이것은 지금까지의 진화론 해석이 지닌 공통된 경향이기는 하나) 생명 현상을 지극히 이기적인 생존경쟁의 장으로 오도한다는 점이다.

좀 더 구체적으로 도킨스의 몇 가지 서술을 살펴보자. 도킨스는 시카고 갱단의 사례를 예로 들어 다음과 같은 설명을 한다.[16]

만약 어떤 남자가 시카고의 갱단에서 오랫동안 순조롭게 살아왔다고 할 때 그 사람이 어떤 종류의 사람일지에 대해 어느 정도 짐작이 가능하다. 아마도 그는 굉장히 빠른 총잡이이고 의리의 친구를 많이 거느릴 수 있는 능력의 사나이라고 생각된다. 이것이 확실한 추론은 아닐지라도 그가 생존했고 성공해온 조건에 관해 무엇인가를 알게 되면 그 사람의 성격에 대해 약간은 추론을 할 수 있다. 이 책이 주장하는 바는 사람과 기타 모든 동물이 유전자에 의해 창조된 기계에 불과하다는 것이다. 성공한 시카고의 갱과 마찬가지로 우리의 유전자는 경쟁이 격심한 세계에서 때로는 몇백만 년이나 생을 계속해왔다. 이 사실은 우리의 유전자에 어떤 특별한 성질이 있다는 것을 말하고 있다. 내가 이제부터 말하는 것은, 성공한 유전자에게 기대되는 특질 중에서 가장 중요한 것은 '무정한 이기주의ruthless selfishness'라는 것이다. 이런 유전자의 이기성은 이기적인 개체 행동의 원인이 되기도 한다.

여기서 흥미로운 것은 도킨스가 생명의 세계를 굳이 시카고의 갱단과 같은 경쟁이 격심한 세계로 묘사했다는 점이다. 그가 유전자의 특질을 '무정한 이기주의'라고 규정하는 유일한 근거는 이것이 생명의 세계에서 몇백만 년이나 존속해왔다는 사실뿐인데, 이 생명의 세계를 임의적으로 갱단과 같은 경쟁이 격심한 세계로 스스로 규정하며 '무정한 이기주의'라고 말하는 것은 사실에 입각한 주장이라기보다는 자신의 선입감을 재천명하는 것에 가깝다. 우리가 만약 생명의 세계를 따뜻한 협동의 세계로 규정했더라면 이런 세계에서 몇백만 년이나 존속해온 유전자에 대해 이번에는 '따뜻한 온정주의'라고 말해야 할 것이다. 따라서 도킨스의 주장은 유전자에 대한 객관적 주장이 아니라 생명의 세계에 관한 자신의 의견을 말하는 것에 지나지 않는다. 그런데도 그는 다시 이를 뒤집어 "이런 유전자의 이기성은 이기적인 개체 행동의 원인이 되는 것"으로 논리를 돌린다.

여기서 굳이 도킨스의 논리적 모순을 지적하는 것은 이것이 생명에 대한 사실 자체를 크게 왜곡하기 때문이다. 뒤에서 상세히 이야기하겠지만, 생명의 세계는 그가 생각하는 것처럼 격심한 경쟁의 세계라기보다는 오히려 놀랄 만큼 정교한 협동의 세계라고 말하는 것이 더 적절한데, 도킨스는 이 점을 아예 간과하고 있다.

그리고 도킨스는 유전자의 역할을 너무 과장한다. 우선 우리는 유전자에 대해 '무정한 이기주의'니 '따뜻한 온정주의'니 하는 말을 전혀 할 수가 없다. 유전자는 이러한 성품을 절대로 가질 수 없는 다소 복잡한 대형 분자일 뿐이다. 우리가 과연 '무정한' 수소 원자라든가 '이기적' 산소 원자라는 말을 할 수 있을까? 그러므로 이러한 표현을 쓴다면 이는 오직 은유로서의 의미 이상을 지닐 수 없다. 그럼에도 도킨스는 이를 무분별하게 사용할 뿐만 아니라 이것을 유전자가 가지는 '가장 중요한 특질'이라고까지 말한다. 그는 한 걸음 나아가 "사람과 기타 모든 동물이 유전자에 의해 창조된 기계"라고 주장한다. 이 또한 "사람과 기타 모든 동물이 원자들로 구성된 기계"라든가, "사람과 기타 모든 동물이 자연법칙에 의해 창조된 기계"라고 말하는 것과 특별히 다를 것이 없는 일종의 은유인데, 만일 이 주장에 이러한 은유가 나타내는 것 이상의 의미를 부여한다면 상황을 크게 오도하게 된다.

사실 유전자에 대해 우리가 부여할 수 있는 가장 정당한 의미는 이것이 건축물의 설계도에 해당한다는 것이다. 단지 유전자와의 유비를 좀 더 가깝게 하기 위해 이 설계도는 건축물 안에 늘 보관되고 있으며, 새 건축물을 지을 때마다 꼭 이 설계도를 복사하여 공사를 수행해간다고 생각하자. 그럴 경우 현존하는 유전자는 오랜 건축의 경험과 기술이 축적된 결과 오늘날의 건축에 사용되는 현행 설계도에 해당한다. 우리가 이러한 상황에서 이 건축물들을 보고 '설계도가 만들어낸 창조물'이라고 말한다면, 이는 은유로서 얼마든지 받아들일 수 있는 이야기이다. 그러나 이 설계도가 능동적으로 나서서 건축을 수행한다는 이미지를 준다면 이는 크게 잘못된 것이다. 앞서 슈뢰딩거의 책에 이러한 과오가 있었음을 지적한 바 있는데, 도킨스의 책에도 여전히 이러한 오해의 소지를 지닌 표현들이 나타난다. 다시 몇 가지 문장을 인용해보자.

우리의 DNA는 우리의 몸속에서 살고 있다.[17]

DNA 분자는 두 가지 중요한 일을 하고 있다. 그 하나는 복제이다. 즉, DNA 분자는 스스로의 사본을 만든다. 이 작용은 생명의 탄생 이래 쉬지 않고 계속되어왔고, 현재 DNA 분자는 실제로 이 점에서 아주 우수하다.[18]

여기서 우리 몸을 건축물로 바꾸고 DNA를 설계도로 바꾸어 이 문장들을 다시 적어보자.

건축물의 설계도는 건축물 안에서 살고 있다.

설계도는 스스로의 사본을 만든다. …… 설계도는 …… 이 점에서 아주 우수하다.

누가 봐도 이 문장들은 어색할 뿐 아니라 설계도의 역할이 지나치게 과장되어 있음을 알 수 있다. 이처럼 도킨스는 생명 현상 안에서 유전자가 지니는 역할을 지나치게 과장하고 있다. 다른 모든 것은 다 가만히 있는

데, 오직 유전자들만이 나서서 능동적으로 활동하는 듯한 모습으로 보인다. 그러나 사실은 앞에서 지적한 바와 같이 그 반대에 가깝다. 유전자가 능동적으로 할 수 있는 것은 아무것도 없다. 도킨스 자신이 이 점을 스스로 인정하는데, 한두 쪽 뒤에서 그는 이렇게 말한다. "유전자는 선견지명이 없다. 그것들은 미리 계획을 세우지 않는다. 유전자는 그저 있을 뿐이다."[19] 물론 인간의 건축 활동과 세포의 생리 활동 사이에는 커다란 차이가 있다. 인간의 건축 활동에는 인간이란 존재가 있어서 인위적인 활동을 펼치지만, 세포의 생리 활동에는 그러한 존재가 없다. 그러니까 이러한 비유는 불완전할 수밖에 없다. 하지만 굳이 건축에서의 인간의 활동에 버금가는 그 무엇이 있다면 이는 주변과 세포 내 모든 물질들 간의 조화로운 질서이지 유전자 자체가 아니다(이러한 유사점과 차이점에 대해서는 뒤에서 다시 깊이 논의하기로 한다).

사실 유전자의 역할에 대한 과장, 그리고 이에 따른 잘못된 인식은 도킨스만의 것이 아니다. 이것은 '현대 생물학을 통해 생명을 이해하는' 사람들이 쉽게 범하는 만연된 잘못이다. 유전자의 DNA 구조 발견 이후에 등장한 분자생물학에 대해 나 자신이 느꼈던 놀라움에 관해서는 이미 앞에서 언급했거니와 이것이 이루어낸 성과는 진정 괄목할 만하다. DNA 분자 안에 각인된 특정의 염기 서열들이 구체적으로 어떻게 특정 형태의 단백질 형성에 기여하게 되며, 이러한 단백질의 구조적 성질은 다시 어떻게 특정의 생리 현상에 관여하는지에 대한 상세한 이해는 생명 현상을 이해하는 데 중요한 발판을 놓았다고 말해도 부족함이 없다. 단지 여기서 상대적으로 덜 강조되었던 점은 DNA 분자 안에 각인된 염기 서열 못지않게 이것이 놓이는 세포 안의 물리적 여건과 이 세포가 놓인 주변 여건의 중요성이다. 많은 사람들은 DNA 분자가 지닌 정보적 측면에 지나치게 매료된 나머지, 이것이 정보로서의 기능을 나타내기 위한 상보적 여건에 대해서는 충분한 주의를 기울이지 못했던 것이다.

생명 이해의 측면에서 보자면, 동일한 형태의 DNA 분자들을 지닌 세포 중에서 왜 어떤 것은 두뇌를 형성하게 되고 왜 어떤 것은 몸통을 형성하게 되는가 하는 문제는 서로 다른 DNA 분자들을 지닌 세포들이 왜 어떤 것은 개구리가 되고 왜 어떤 것은 고양이가 되는가 하는 문제 못지않게 흥미롭고 중요한 것이다. 후자가 DNA 분자들이 간직한 유전정보의 차이에 의해 이해되는 문제라면, 전자는 동일한 정보를 지닌 DNA 분자들이 그 놓이는 여건에 따라 달리 기능하는 현상이라고 봐야 한다. 우리는 지금 유전정보 자체의 차이에 의해 나타나는 현상에 대해서는 개략적인 이해에 도달하고 있으나, 이것이 놓이는 여건에 따라 다르게 기능하는 현상에 대해서는 아직 상응하는 진척을 이루지 못하고 있다.

물론 이는 생명과학에 관여하는 연구자들이 이러한 점의 중요성을 의식하지 못해서 빚어진 결과는 아니다. 사실상 생물학자들은 이미 오래전부터 이 점에 관심을 기울였으며 또 이 문제를 해명하려고 노력해왔지만, 이것이 대부분의 생물학자들에게 익숙한 최근의 분자생물학적 방법론으로는 해명하기가 매우 어려운 문제여서 이 방면에 대한 가시적인 성과를 얻어내지 못하고 있을 뿐이다. 그러므로 만일 이들이 이러한 문제가 왜 어려운가에 대해 좀 더 깊은 관심을 기울였더라면 생명 현상에서 유전자의 역할이 그들이 무의식적으로 받아들였던 것처럼 그렇게 결정적인 것은 아니었음을 알았을 것이다. 그러나 대다수 생물학자들은 이러한 편견을 시정하고 생명에 대한 좀 더 본질적인 이해를 추구하는 대신 어려운 문제는 회피하면서 가시적 성과를 얻어내는 일에만 몰두했다.

그렇다고 이 같은 생물학자들의 자세를 마냥 탓할 수는 없다. 극히 예외적인 소수를 제외한 대다수 학자들이 추구하는 것은 사물에 대한 통합적 이해가 아니라 구체적 사항에 대한 가시적 성과이며, 이러한 점에서 가시적 성과를 얻기 어려운 본질적 문제에 매달려 비생산적 학자라는 오명을 뒤집어쓸 이유는 없을 것이다. 그러나 학문의 최전선에서 한발 물러서서 그것이 가지는 의미를 읽어내고 이를 좀 더 폭넓은 독자에게 전달하려는 도킨스와 같은 학자는 경우가 다르다. 사실상 그가 시도하는 것은, 내가 바로 이 책에서 시도하고 있는 것과 같이, 하나하나의 현상에 대한 새로운 발견을 추구하거나 이들을 구체적으로 설명해내기보다는 생명 현상 전체를 관통하는 이해의 틀을 제시하는 것이다. 이러한 작업에서 중요한 것은 일선 학자들이 지니는 편견에서 벗어나 더 넓은 시각에서 사물의 본질을 꿰뚫어야 하며 이렇게 하여 파악된 결과를 중심으로 사물을 설명해 나가는 일이다. 그런데 바로 이 점에서 도킨스의 작업에는 심각한 문제가 있다. 그는 단순히 대부분의 현행 생물학자들이 지닌 유전자 결정론적 편견을 수용할 뿐 아니라 이를 극단으로 확대하여 생명에 대한 본질적 이해의 길을 차단하기 때문이다.

1-4
DNA 분자는 정보를 담고 있는가?

그렇다면 생명의 본질이라는 것은 도대체 무엇을 말하는가? 이것이 바로 이 책 전체를 통해 추구할 내용이지만, 우선 이 맥락에서 이야기하자면 유전자와 함께 이를 둘러싸고 있는 주변의 여건이 유전자 못지않게 중요하다는 사실이다. 진부해보이리 만큼 평범한 이 사실에 대한 부주의가 학자들과 그리고 우리 모두의 눈과 귀를 가리고 있다. 이러한 과오는 유전자가 정보를 담고 있다고 말하는 데서 이미 나타난다. 마치 상자가 구슬을 담고 있듯이 DNA 분자가 정보를 담고 있는 것으로 생각할 수 있으나, 그렇지 않다. 아마도 DNA 분자가 무엇인지 잘 모르는 사람들은 그러한 착각을 할 수도 있을 것이다. 그러나 적어도 물리학적 시각을 다소라도 지닌 사람이라면 그러한 착각을 할 수 없다. 우리는 DNA 분자가 무엇으로 구성되어 있는지, 그리고 그 구성 요소 하나하나는 무엇인지 거의 완벽하게 이해하고 있다.* 그런데 이러한 시각을 통해 DNA 분자가 생명 또는 정보로서의 어떤 성격을 가졌다는 이야기는 전혀 할 수 없는 것이다.

그렇다면 DNA 분자가 정보를 지녔다는 말은 어떻게 할 수 있을까? 이것이 특정한 성격의 세포 안에 놓일 때에 한해 그러한 말을 할 수 있다. 즉, 정보라는 것은 DNA 분자 안에 있는 것이 아니라 DNA 분자와 세포의 나머지 부분이 만날 때 비로소 우리가 정보라고 부르는 성격이 나타나는 것이다. 이를 이해하기 위해서 H_2O라는 물 분자를 생각해보자. 우리는 H_2O를 물이라고 하지만 O 원자만을 떼어놓고 물이라고 부르지는 않는다. 당연히 O 원자가 물을 이루는 데 필수적인 기능을 하지만, 그렇다고 O 원자가 물이라든가, 물을 담고 있다는 말은 할 수가 없다. 오직 O 원자가 H 원자 두 개를 만나 결합을 이룰 때라야 물 분자의 성격을 지니게 되는 것이다. 마찬가지로 DNA 분자의 경우에도 이것이 특정한 성격의 세포 안에 놓일 때라야 정보로서의 구실을 하게 된다.

이는 책과 독자 사이의 관계와도 비슷하다. 책은 이를 해독할 수 있는 독자를 만나야 정보로서 기능을 한다. 그런데 이제 지구상의 인간이 모두

* 여기서 완벽하다는 표현에 오해가 없기를 바란다. 이는 현대 과학이 원자 및 이를 구성하는 기본 입자를 이해하는 수준의 이해를 말하는 것인데, 예컨대 현대 과학이 다이아몬드를 이해하는 수준이라고 생각해도 좋다.

절멸해버렸다고 생각해보자. 그래도 이 책이 정보를 가졌다고 할 것인가? 이는 오직 검은 잉크 선들이 묻어 있는 종이 다발에 지나지 않을 것이다. 우리가 책이 정보를 담고 있다고 말하는 것은 책을 읽을 사람들이 존재하며 이들이 책을 읽어 적절히 해독할 수 있음을 암묵적으로 전제하는 이야기이다. 이 경우에 중요한 점은 책에 적혀 있는 글자들 못지않게 오히려 이보다 한층 더 정교한 인간의 두뇌 기능과 언어에 대한 사전 학습이 필요한 것이다. 마찬가지로 DNA 분자에 대해서도 이를 읽어낼 해독 장치가 필요한데, 이것이 바로 이들을 품고 있는 세포 안의 매우 정교한 물질적 구성과 온도를 비롯한 이것이 놓인 주변의 물리적 여건이다.

우리가 DNA 분자 밖에 놓인 이러한 여건들의 중요성을 이해하기 위해서는 DNA 분자가 이른바 '죽은' 세포 안에서는 아무런 기능도 하지 못한다는 사실만 생각해보면 된다. 이 경우 DNA 분자 자체에 어떤 이상이 생겨서 기능을 못하는 것이 아니다. 사실상 죽은 세포 안에서도 DNA 분자는 상당한 기간 동안 거의 완전한 구조를 그대로 보존하고 있다. 그런데도 이것이 기능을 전혀 할 수 없다는 것은 생명이라는 활동이 본질적으로 유전자에 의존한다기보다는 이를 둘러싸고 있는 주변에 더 크게 의존하고 있음을 말해주는 것이다.

여기서 이러한 점을 특별히 강조하는 것은 생명의 본질적 성격과 밀접하게 관련이 있기 때문이다. 즉, 생명의 어떤 본질을 추구하기 위해서는 DNA 분자만을 들여다보아선 안 된다는 것이다. 물론 DNA 분자가 제외된 세포의 나머지 부분만 들여다보아도 안 되는 것은 마찬가지다. 생명의 본질적 특성은 이를 구성하는 각각의 성분 속에서 찾을 것이 아니라 이들이 함께하는 만남 속에서 찾아야 한다. 이는 예컨대 '교회'라는 개념과 비슷하다. 아이들이 흔히 잘못 알듯이 교회라는 것은 십자가가 달린 어떤 건축물을 의미하는 것이 아니다. 또는 목사나 특정의 인물을 의미하는 것도 아니다. 교회를 이루는 각각의 요소 하나하나도 교회가 지닌 어떤 특징을 말해주지 않는다. 오직 이들이 모여 하나의 기능하는 조직이 될 때 교회라는 이름을 붙일 수 있는데, 생명이라는 것도 이와 비슷하다.

이러한 점에서 유전자에 대해 '자기 복제자'라고 부르는 것은 적합한 표현이 아니다. 이른바 '자기 복제' 기능을 포함하여 유전자가 세포 안에서 하는 역할은 인쇄소에서 인쇄공이 책을 찍어내는 역할에 해당하는 것이 아니다. 오히려 유전자의 역할은 새로운 책을 더 찍어내기 위해 마련된 책의 원본이 지닌 기능과 비슷하다. 이때 이 책의 복제 작업을 하는 것은 인쇄공이지 책 자신이 아니다. 그러므로 유전자가 '자기를 복제한다'고 말하는 것은 책 자신이 자신의 복제를 만든다고 말하는 것만큼 부적절한 표현이 된다.

그렇다면 세포 안에서 유전자를 복사해내는 인쇄공은 누구인가? 대체로 말하면 세포 안의 나머지 부분이다. 더 정확히는 세포의 이 나머지 부분과 DNA 분자의 협동적인 작업이다. 이때 DNA 분자의 활동은 상대적으로 미약하여 거의 수동적으로 자신의 몸을 내맡기는 정도라 할 수 있다. 이를 좀 더 엄격히 말한다면, 이 모든 것들이 이 상황에 적용되는 물리법칙에 자신들의 몸을 내맡기고 이 법칙이 이끌어가는 대로 따라가는 것이다. 이러한 점에서 유전자의 성격을 '자체촉매적autocatalytic'이라고 부르는 것이 훨씬 더 적절하다. DNA 분자로서는 자신의 존재 자체가 자신과 동일한 존재를 형성하는 과정에서 촉매적 기능을 하기 때문이다.

이러한 상황에서 굳이 '자기 복제'라는 말을 쓰는 것은 암암리에 생명활동의 주체를 유전자로 보는 현행 생물학계의 만연된 편견이 작용한 결과라고 할 수 있다. 이런 맥락에서, 이보다 한층 더 심각한 오류로 지적받아야 할 언어 구사가 바로 유전자에 대해 '이기적'이라는 수식어를 붙이는 일이다. 만에 하나 이러한 언어 사용이 용납된다면, 이는 오직 우리가 외형적으로 볼 때에 그것의 활동이 마치 자신의 심정 속에 '이기적 성품'을 지녔기 때문에 하는 행위와 유사한 행위를 보일 경우일 것이다(도킨스는 물론 이러한 의미에서 이 표현을 쓰고 있다). 그러나 우리가 설혹 유전자가 능동적인 역할을 하고 있고 그 안에 성품이라 불릴 어떤 것을 감추고 있다고 보더라도, 여전히 '이기적' 유전자라는 표현은 매우 잘못된 것이다. 유전자가 하는 행위는 오히려 놀랄 만큼 '협동적'이기 때문이다. 이미 말한 바와 같이 세포 안의 나머지 부분의 결정적인 도움 아래서만 기능이 가능하므로 이들 모두에 대해 지극히 협조적이 되지 않을 수 없으며, 심지어 자신이 아닌 여타의 유전자들에 대해서도 이기적이라기보다는 오히려 매우 협동적인 방식으로 공존의 형태를 취하고 있는 것이다. 유전자들 사이에 나타나는 이러한 협동의 결정적 증거는 유전자들이 단독 또는 소수로 존재할 수 없고 수천 또는 수만 종이 함께 존속해간다는 사실에서도 잘 드러난다.

이 점에 대해서는 도킨스 자신도 기꺼이 인정한다. 그는 "현대의 자기 복제자에 관해 우선 이해하지 않으면 안 될 것은 떼 지어 사는 성질이 대단히 강하다는 것이다. 하나의 생존 기계는 단 하나만이 아닌 수만이나 되는 유전자를 가진 하나의 운반체vehicle이다"라고 말한다.[20] 그럼에도 그가 이기적 유전자라고 말하는 것은 다음과 같은 극단적인 해석에 따른 것이다. 즉, 이렇게 협동하는 일 자체도 그렇게 하지 않으면 존속이 불리하니까 하는 행위라 할 수 있으며, 따라서 이것도 결국 이기적 행위로 봐야 한다는 것이다. 그러나 이야기를 이렇게 확대해서 말한다면 자살행위 이외의 모든 행위는 이기적 행위가 되고 만다. 자살 이외의 모든 행위는 삶을 가능하게 하는 행위인데, 삶을 가능하게 하는 행위를 하지 않으면 존속이 불가능하니까 이것도 결국 이기적 행위가 되는 것이다.

그러나 우리가 지니는 언어의 의미에 좀 더 충실한 표현을 따라 유전자의 '성품'을 굳이 규정하자면, 이를 '이타적'이라고까지 부르기는 어렵더라도 대단히 '협동적'이라는 말은 할 수 있을 것이다. 그리고 협동적으로 생존해가는 어떤 개체들에 대해 단지 이것이 생존해간다는 이유만으로 '이기적'이라는 수사를 쓰는 것은 매우 부적합하다. 그럼에도 이러한 시각으로 생명을 보려는 관행은 다윈의 진화론 이래 생명 현상을 '약육강식'의 입장에서 보아온 그릇된 인식의 결과이다.

예컨대 시인 테니슨의 유명한 어구 "이빨도 발톱도 피범벅이 된 자연 Nature, red in tooth and claw"이라는 표현이 이를 잘 말해준다.[21] 이 표현에 대해 도킨스는 다음과 같이 말하면서 적극적인 찬성 의사를 펴고 있다.[22]

> 나는 "이빨도 발톱도 피범벅이 된 자연"이라는 표현이 자연선택의 현대적 이해를 아주 잘 요약하고 있다고 본다.

그러나 최근에 '생명이란 무엇인가?'라는 주제를 내걸고 진지한 해답을 추구하는 마굴리스Linn Margulis와 세이건Dorion Sagan은 다음과 같이 말한다.[23]

> 자연이 언제나 '잔혹'하거나, 시인 앨프레드 테니슨의 표현처럼 "이빨도 발톱도 피범벅"이 되어 있는 것은 아니다. 살아가는 존재들은 물과 탄소, 수소 등에 대한 요구에 따르는 모습에서 보듯이 무도덕적이며 기회포착적이다. 그들은 긴 역사를 통해 물질과 에너지와 정보로 구성되는 구조를 프랙털적

으로 반복하고 있다. 그러나 그들은 본성적으로 피에 굶주리고 경쟁적이며 살육적인 성격을 가지기보다는 이에 못지않게 평화적이고 협조적이며 해를 끼치지 않는 성격을 가진다. 테니슨 경이 자연을 "줄기도 잎도 푸르디푸른green in stem and leaf" 것으로 그렸어도 좋았으리라 생각한다.

1-5
생명은 어디에 들어 있는가?

생명체를 구성하는 기본적인 정보가 DNA라는 분자 속에 들어 있다는 유명한 발견이 있은 후 많은 사람들은 우리가 드디어 생명의 정체를 밝혀냈다고 생각했다. 그러나 이 위대한 발견이 기여한 가장 큰 공적은 생명의 정수精髓라고 할 만한 그 어떤 것도 유전자 안에 들어 있지 않다는 사실을 보여주었다는 것이다. 이미 말한 것처럼 DNA 분자들은 생명의 정수라고 할 만한 그 무엇도 담고 있지 않을 뿐 아니라 그 자체만으로는 정보의 구실도 하지 못한다. 심지어 어떤 생명체가 죽었다고 우리가 분명히 판정하는 경우에도 그 안에 들어 있는 DNA 분자들은 대부분 아무런 손상도 받지 않고 멀쩡하게 남아 있지 않은가?

그렇다면 생명이라는 것은 도대체 어디에 들어 있을까? 여기에 대한 하나의 가능한 해답은 생명이 세포 안에 들어 있으리라는 것이다. 우리는 '살아 있는 DNA 분자'라는 말은 하기가 매우 어렵지만 '살아 있는 세포' 또는 '죽은 세포'라는 말은 훨씬 쉽게 할 수 있다. 만약 그렇다면 이 '살아 있는 세포'가 생명을 담고 있으리라는 생각을 곧 할 수 있다. 사실 세포를 연구 대상으로 다루는 생물학자들은 대부분 은연중에 이러한 관점을 취하며, 또 이를 무척 자연스럽게 생각한다. 그러나 조금 더 깊이 생각해보면 여기에도 문제가 따른다.

우선 살아 있다고 하는 기준을 어떻게 정하느냐 하는 문제이다. 이것이 적절한 주변 여건 아래에서 정상적인 기능을 나타내고 있을 때에는 아무런 문제가 없다. 그러나 이것의 주변 여건이 크게 달라져 정상적인 기능을 할 수 없게 되었을 때, 이것이 과연 살아 있다고 봐야 할 것인가 하는 문제가 발생한다. 여기에 대한 비교적 단순한 대답은 이것이 다시 정상적인 주변 여건 아래에 놓일 때 본래 가졌던 그 기능이 회복될 것이냐의 여부로 판단한다는 것이다. 그러나 이것 또한 우리가 어떤 조작을 가하느냐에 따라 달라질 수 있다. 가령 세포 내의 대부분 물질을 빼내버리면 이것은 생존이 가능하지 않은 상태이지만 여기에 다시 적절한 대체 물질을 투입하면 그 후에 살아날 수도 있을 것이다. 이렇게 될 때 대체 물질 투입 이전의 세포는 살아 있는 것인가, 죽은 것인가? 혹은 죽었다가 다시 살아나는 것인가? 이렇게 될 때 세포가 가졌던 생명은 지속하고 있는 것인가, 없어지는 것인가? 아니면 없어졌던 생명이 다시 발생하는 것인가? 이러한 물음들이 끝없이 이어진다.

이러한 사례를 통해 분명해지는 것은 세포의 생사 판정을 주변의 여건과 무관하게 그 자체만으로 규정할 수 없다는 점이다. DNA 분자의 경우에서 보았듯이 세포의 경우에도 세포 하나만을 고립시켜놓는다면 이것이 지속적으로 생존해갈 수 없을 뿐 아니라 어느 시점에서 이것이 살아 있다거나 죽었다거나 하는 말조차 하기가 어렵다. 그렇기 때문에 생명이라는 것은 적어도 고립된 세포 안에 들어 있지 않은 것이 분명하다. 그렇다면 이것은 어디에 있는가? 이를 굳이 세포와 관련하여 이야기하자면 생명이라는 것은 세포와 이것의 생존을 가능하게 해주는 주변 여건의 적절한 만남 속에 있다고 보는 것이 더 적절할 것이다.

이러한 이야기는 다시 사람이나 다람쥐, 참나무와 같은 이른바 유기체 organism라는 생물체들에게까지 연장해서 생각할 수 있다. 이제 '생명은 이러한 유기체 속에 들어 있는가?' 하는 물음을 던져보자. 이 물음에 대해 우리는 그렇지 않다고 대답하기가 매우 어렵다. 만일 생명이 이러한 유기체 안에도 들어 있지 않다고 한다면 이는 곧 '내 안에도 생명이 없다'는 말이 되는데, 누가 이 말을 쉽게 받아들이겠는가? 그러나 우리는 세포에 대해 적용했던 논리를 여기에서라고 면제시킬 수는 없다. 동물의 경우에는 생사의 문제가 비교적 선명하지만, 가령 꺾인 버드나무 가지의 경우에는 이것이 살아 있는 것인지 죽은 것인지를 가리기가 그리 간단하지 않다. 이것을 땅에 잘 꼽으면 살아날 수도 있고 그렇지 않을 수도 있기 때문이다. 그런데 동물의 경우에도 정도의 차이가 있을 뿐 그 자체로 '살아 있다, 살아 있지 않다'를 말하기가 매우 어렵다. 관례적으로는 그것이 '정상적인 상황 여건' 아래 놓일 때 생존을 유지할 수 있느냐에 따라 생사를 구분한다. 예를 들어 사람의 신체를 고립시켜 우주 내의 임의의 한 위치(우주 공간의 99% 이상이 영하 수백 도의 거의 완벽한 진공 상태임)로 옮겨놓는다면 불과 몇 분 이내에 회복 불능의 사태에 빠지고 말 것이다. 이 경우에 여전히 회복 가능한 상태이면 살았다고 말하고 그렇지 않으면 죽었다고 말한다. 그런데 그 회복 가능성이라는 것 자체가 신체 내적 조건에만 의존하는 것이 아니다. 정상적인 상황에 다시 놓여야 함은 물론이고 어떠한 형태의 외적 도움이 마련되느냐에 따라 그 회복이 가능할 수도 있고 그렇지 않을 수도 있다. 따라서 어떤 대상이 살아 있다는 말을 하는 것은 적어도 암묵적으로 그것의 생존에 적절한 주변 여건과 함께 살아 있다고 하는 것이지, 결코 그 신체만을 고립시켜놓고 말할 수는 없다.

그러므로 설혹 사람의 경우에조차 생명이란 우리의 신체 안에 있는 것이 아니라 우리의 신체와 적절한 주변 여건의 만남 속에서만 가능한 것임을 인정해야 한다. 사실 우리의 신체 자체를 정확히 정의하는 것도 쉬운 일이 아니다. 우리의 신체 안에는 이를 구성하는 세포들 외에도 수액과 공기가 흐르고 있는데, 이것들도 신체의 부분이라고 봐야 할지 말지 하는 문제가 발생한다. 그리고 이들을 우리 신체의 부분이라고 본다면 몸 밖에 접하고 있는 공기와 수분은 어떻게 봐야 할지, 그리고 이들 사이의 경계는 어떻게 취해야 할지 하는 문제들이 꼬리를 물고 나타난다. 흥미롭게도 사람의 신체 안에는 박테리아, 바이러스 등 1만여 종의 미생물이 함께 살고 있는데, 세포 수로는 사람 세포보다 10배나 많은 대략 100조 개가 되며, 유전자 수로는 인간 유전자의 360배에 해당하는 800만 개나 되고, 그 무게만도 0.9~2.3kg에 이르는 것으로 알려지고 있다.• 이들은 인간과 단순히 공존하는 것이 아니라 서로 도움을 주고받으며 인간 생존에 결정적인 역할을 한다. 이렇게 볼 때 어디까지가 사람의 몸이고 어디까지가 그 주변 여건에 해당하는지 구분하기가 매우 어려워진다.

그래도 확실한 것은 살아 있음이라는 현상이 존재한다는 것이고, 따라서 '생명'이 어딘가에는 있어야 할 것임에 틀림이 없다. 그렇다면 이 생명이라는 것은 도대체 어디에 있을까? 우리는 과연 생명이라는 것을 규정할 수나 있을까?

• 이는 2012년 6월 14일에 발표된 '인체 미생물 군집 프로젝트(Human Microbiome Project)'의 연구 결과가 말해주는 이야기이다. 이 프로젝트는 미국 국립보건원이 세계 80개 연구소에서 연구자 200여 명을 동원해 미국인 지원자 245명을 대상으로 5년 동안 진행한 연구 사업이다.

생각해볼 거리

➲ 〈쥐라기 공원〉을 어떻게 보아야 할까?

영화 〈쥐라기 공원〉에서는 6,500만 년 전에 멸종한 공룡의 화석에서 DNA를 추출하여 살아 있는 공룡들을 소생시킨다는 이야기가 나온다. 이것이 가능하다고 보는가? 이러한 이야기가 생명 문제에 던지는 함의는 무엇인가?

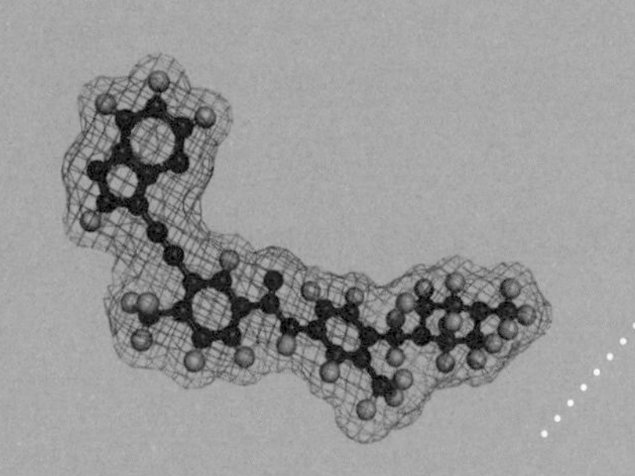

제 2 장
사람들은 생명을 어떻게 이해해왔나?

2-1
우리의 일상적 '생명' 개념

'사람들은 생명을 어떻게 이해해왔나?' 이 질문에 대답하기 전에, 또 이 질문에 대답하기 위해, 우리가 지닌 생명이라는 개념이 도대체 어떻게 해서 만들어졌는지를 좀 더 깊이 살펴볼 필요가 있다.

우리는 누구나 생명이라는 말을 알고 있다. 생명이 무엇인지를 누구에게 배워본 일은 없지만, '생명' 하면 머릿속에 떠오르는 이미지를 가지고 있다. 이것이 우리가 가지고 있는 생명 개념이다. 우리는 이것을 가지고 있기에 생명이 무엇인지를 안다고 생각하며, 많은 경우 생명에 대해 더 깊이 알아야 할 이유를 찾지 못한다.

비단 생명뿐 아니라 우리에게는 누구에게 직접 배우지 않고도 우리가 성장하면서 스스로의 지적 활동을 통해 알게 된 중요한 여러 개념들이 있다. '시간'이나 '공간' 같은 것이 그 대표적인 예이다. '자득적 개념'이라 부를 수 있는 이러한 개념들은 누구에게 직접 배운 것은 아니지만 성장 과정을 통해 우리 관념의 틀 안에 자연스럽게 자리 잡게 된다. 그리고 이것이 일단 우리 안에 자리 잡으면 설혹 이것이 잘못되었다 하더라도 그 잘못되었음을 찾아내기가 무척 어렵다는 특징이 있다.

예를 들어 우리가 지닌 '시간'과 '공간'이라는 개념은 매우 정교하고 기본적인 것이어서 철학자 칸트Immanuel Kant는 아예 이것이 인간 이성의 바탕에 선천적으로 주어진 것으로 인정했다. 이것은 우리의 경험을 통해 얻어지는 것이 아니라 우리의 경험이 이것을 통해 얻어지는 것이기에, 이 개념이 잘못된다는 것은 원천적으로 있을 수 없다고 칸트는 생각했다. 그런데 놀랍게도 아인슈타인의 상대성이론에 의해 우리의 시간·공간 개념이 부적절한 것으로 밝혀졌고, 따라서 좀 더 적절한 4차원 시간·공간 개념이 이를 대치하게 되었다. 이처럼 자득적 개념도 잘못될 수 있으며 좀 더 적절한 개념으로 수정될 수 있다는 것이 20세기 물리학이 우리에게 전해 준 중요한 교훈이다. 여기서 흥미로운 점은 자득적 개념으로서의 시간·공간은 누구나 거의 의식조차 하지 않고 습득할 수 있는 데 비해 이것의 수정 작업은 월등하게 더 어려우며, 심지어 이를 수용하는 것도 결코 쉽지 않다는 사실이다. 상대성이론이 처음 발표되었을 때 많은 일급 물리학자들조차 이 이론을 맹렬히 반대했다는 것이 이러한 사실을 잘 말해준다.

'생명'이라는 개념 역시 우리가 의식적으로 학습하지 않고 얻게 되는 자득적 개념이며, 따라서 우리도 모르는 사이에 이것이 우리의 관념 안에 깊숙이 자리 잡고 있다. 그리고 이것 또한 시간·공간 개념과 마찬가지로 잘못될 수 있으며, 따라서 좀 더 적절한 개념으로 수정될 수 있다. 그런데 여기서 주목해야 할 점은 생명과 같이 중요한 개념이 잘못될 경우 이 때문에 우리가 엄청난 과오를 저지를 수 있다는 사실이다. 생명의 개념은 우리의 가치관과 직결되는 것이어서, 만일 이것이 잘못되는 경우에는 가치관에 혼란이 오며, 이는 다시 무분별한 행위로 이어질 수 있기 때문이다. 실제로 현대 문명 안에 나타나는 많은 문제가 바로 여기에 기인한다.

그렇다면 우리가 자득적 과정을 통해 지니게 된 생명의 개념은 무엇이며, 그것이 어떤 점에서 문제를 일으키는 것일까? 여기에 대해 누구도 깊이 생각해본 일이 없겠지만, 우리의 자득적 생명 개념이 대략 다음과 같은 과정을 통해 얻어졌으리라 추측해볼 수 있다. 즉, 우리는 거의 무의식적으로 우리가 접하는 여러 대상들을 '살아 있는 것'과 '살아 있지 않은 것'으로 구분하며, 이 '살아 있는 것'들이 공통적으로 나타내는 성격, 곧 '살아 있음'에 해당하는 성격이 있다고 보아 이를 '생명'이라 부르게 된다는 것이다. 아마도 대부분 사람들이 이 점에 동의할 것이고, 이러한 생명 개념에 대해 어떠한 문제의식을 느끼지 못할 것이다.

하지만 언뜻 별 탈이 없어 보이는 이 생명 개념은 실제로 수많은 문제들을 지니고 있다. 우선 대상의 범위를 어느 정도로 놓고 생명을 말해야 하느냐 하는 문제가 있다. 버드나무 한 그루를 대상으로 말해야 하느냐, 아니면 이 나무를 구성하는 세포 하나하나를 놓고 말해야 하느냐 하는 점이다. 우리에게는 버드나무가 살아 있고, 따라서 이 안에 생명이 있다는 것이 하나의 상식이지만, 이 나무는 세포들로 구성되어 있고 이 세포들 하나하나가 모두 살아 있다는 것도 현대 과학의 상식이다. 그렇다면 버드나무 안에는 도대체 생명이 몇 개나 들어 있느냐 하는 문제가 발생한다. 생명이 하나 있다는 것이 우리의 상식이지만, 이를 구성하는 세포 수에 해당하는 수천억 개가 있다고도 할 수 있다. 또는 '수천억(세포의 수) + 1' 개가 있다고 해야 할지도 모른다.

사실 이와 관련된 문제는 이미 200여 년 전, 진화론의 창시자 찰스 다윈의 할아버지인 이래즈머스 다윈Erasmus Darwin이 제기한 바 있다. 그는 1794년에 쓴 『동물학Zoonomia』이라는 책에서 다음과 같이 말했다.[24]

불완전한 언어 때문에 새끼offspring는 새 동물이라고 불린다. 그러나 이것은 사실 어미의 한 가지branch이거나 돌출 부분elongation으로 보아야 한다. 왜냐하면 태 안에 들어 있는 동물은 어미의 한 부분이거나 한 부분이었기 때문이다. 그렇기에 엄밀히 말하자면 이것이 출생할 때에는 완전히 새로운 개체라 할 수 없으며, 따라서 어미 체계의 일부 기질을 그대로 지니고 있다.

이것은 어미와 새끼를 언제부터 분리된 것으로 봐야 하는가 하는 문제에 해당한다. 많은 경우 출생 이후 분리된 것으로 보지만, 현대의 관점에 따르면 태 안에 들어 있는 새끼를 이미 분리된 것으로 보기도 한다. 그런데 과연 어미 몸의 일부인 태로 연결된 존재를 독자적인 생명으로 봐야 할까? 이래즈머스 다윈은 태어난 새끼조차 새로운 개체라고 보기 어렵다는 입장을 취한다. 그는 이 문제를 일단 '불완전한 언어'의 탓으로 돌리지만, 이것은 사실 생명의 본질과 관련된 훨씬 더 근원적인 문제에 닿아 있다.

다음으로 무엇을 놓고 살아 있다고 볼 것이냐 하는 문제가 있다. 이 문제는 앞(1-5절)에서 살펴본 '생명은 어디에 들어 있는가?'라는 문제와 밀접히 연관된다. 이미 보았듯이, '꺾인 나뭇가지는 살아 있는가?' 하고 묻는다면, 우리는 이것을 땅에 심었을 때 정상적인 나무로 자라느냐, 자라지 않느냐를 기준으로 판단할 수밖에 없다. 그런데 그 결과는 어떤 여건의 땅에 어떤 방식으로 심느냐에 따라 크게 다르다. 따라서 그 무엇이 살아 있는지, 살아 있지 않은지를 말하기 위해서는 그것 자체뿐 아니라 그것이 놓이는 외적 여건을 함께 말해야 한다는 문제가 발생한다.

이러한 문제를 해결하기 위해 우리는 생명의 '정수'라고 할 만한 것을 찾아 나설 수도 있다. 만일 이런 것이 찾아진다면, 이것을 기준으로 생명이냐 아니냐를 판가름할 수 있다. 이것을 그 안에 온전히 간직하고 있으면 그 안에 생명이 있는 것이고, 이것을 가지고 있지 않거나 잃어버리면 그 안에는 생명이 없다고 말할 수 있다. 또 이것이 그 안에 하나 있으면 생명이 하나 있는 것이고, 두 개가 있으면 생명이 그 안에 두 개 들어 있다고 해도 될 것이다. 그러나 아직까지 이런 생명의 '정수'는 발견되지 않았다.

굳이 이것에 가장 가까운 것이 있다면 아마 생명체를 구성할 설계도에 해당하는 유전자, 곧 DNA 분자들이 될 텐데, 앞에서 보았듯이 이들은 생명체를 구성하는 주요 부분은 되지만 그 자체만으로는 '생명'이 지닌 어떤 성격도 나타내지 못한다. DNA 분자들을 세포에서 추려내어 따로 분리시킨다면 이들은 심지어 자신의 고유 기능인 설계도로서의 기능조차 하지 못한다. 사실 우리는 현재 생명체에 대해 그것의 구성 요소들인 분자 단위뿐 아니라 원자 단위까지 모두 파악하고 있지만, 그 안에 생명의 '정수'라고 할 어떤 물질적 단편도 찾아내지 못하고 있다.

그렇다면 생명체의 '살아 있음'이라고 하는 성격은 도대체 어디에서 연유하는 것일까? 이것은 결국 어떤 특정한 물질 단편 속에 들어 있는 것이 아니라, 여러 종류의 많은 물질들이 함께 모여 정교한 어떤 '동적 체계'를 이룰 때 가능하리라는 말을 할 수밖에 없다. 그렇다면 이제 남은 문제는 다음과 같은 물음으로 귀착된다. 즉, "어떤 물질들이 어떤 성격의 모임을 이루어야 그 안에 '살아 있음'이라고 할 특징적 면모가 나타나는가?"이다.

그 후보로 우리는 '살아 있는 세포'를 떠올릴 수 있겠지만, 이미 앞에서 본 바와 같이 그 대답은 부정적이다. 세포 주위에 이것을 살아 있게 해줄 특정한 여건이 형성되지 않는 한 세포의 생명 활동은 유지될 수 없으며,

따라서 '세포'만으로는 그 안에 '살아 있음'이라고 할 특징적 면모가 나타나지 않기 때문이다. 마찬가지로 '살아 있는 유기체', 예컨대 강아지나 소나무, 사람의 몸 역시 아무것도 없는 진공 속에 놓아두면 그 안에서 생명이라 부를 어떤 활동도 지속될 수가 없다. 이들은 모두 외부로부터 매우 정교한, 그리고 결정적인 지원을 받는 경우에 한해 '살아 있음'이라고 할 특징적 면모를 발휘하게 된다.

그렇다면 어떤 물질들이 어떤 성격의 모임을 이루어야, 더 이상 외부에서 결정적인 도움을 받지 않고 그 안에서 '살아 있음'이라고 할 특징적 면모를 나타낼까? 즉, 무엇까지 구비되어야 더는 외부의 도움을 받지 않고도 생명 현상이 이루어지고 또 유지될까? 이것이 바로 앞(1-5절)에서 우리가 제기한 '생명이란 것이 어딘가에는 있어야 할 것인데, 이것이 도대체 어디에 존재하는가?' 하는 물음에 해당한다.

그런데 이 물음의 해답은 의외로 간단하다. 우리가 살아가기 위해 반드시 필요한 것이 무엇인지를 생각하여, 이 모든 것을 다 갖추고 있는 체계의 모습을 그려보면 되는 것이다. 우리가 만일 이 모습을 제대로 그려낼 수만 있다면, 이것이야말로 우리의 생명이 지닌 바른 모습이자 우리가 생존해가기 위해 알아야 할 가장 중요한 내용이 될 것이다. 이러한 것이 구비되어 그 안에서 '살아 있음'이라 불릴 현상이 출현할 때, 우리는 비로소 '그 안에' 생명이 있다고 말할 수 있다. 그러므로 진정한 생명의 모습은 서로 긴밀히 연결되어 이것만으로 생명 현상을 이루어내게 될 그 전체를 묶어 하나의 실체로 파악할 때 비로소 나타난다. 이것이 바로 생명의 진정한 단위이다. 이러한 실체는 생명 현상이 자족적으로 유지되기 위한 기본 단위에 해당하는데, 여기에 못 미치는 것은 생명이 될 수 없다는 의미에서 이것은 생명이 갖추어야 할 최소 단위이기도 하다.

이는 기존의 생명 개념, 곧 우리의 일상적 생명 개념과 달리 생명의 참모습을 나타낼 새로운 개념이다. 그래서 이러한 새 개념을 적시할 새 명칭이 필요한데, 필자는 이미 오래전부터 이를 가리켜 '온생명global life'이라 부르고 있다.* 그리고 기존에 세포, 유기체 등 개별 생명체에 속한 것으로 보아온 생명 개념을 이 개념에 대비해 '낱생명'이라 지칭한다. 즉, 낱생명이란 개별 생명체들의 '살아 있음'을 지칭하는 것으로, 이들 생명체가 온생명과 적절한 관계를 유지한다는 전제 아래 생명으로서의 성격을 부여받는 '조건부적 생명'에 해당한다. 이러한 관점에서 보자면 생명의 참모습은 온생명이며, 그 안에 있는 많은 낱생명들은 모두 온생명의 나머지 부분과 적절한 관계를 맺어 개별적 생존을 유지하고 있다. 그러나 종래의 관점에서는 이 전체 생명의 모습을 보지 않고 오직 그 안에 나타나는 낱생명들만을 보아 이를 '생명'이라 여겨왔던 것이다.

그러나 우리는 아직 온생명의 범위가 어디에 이르는지, 그리고 이것이 어떠한 것들을 갖추어야 나타나는지에 대해서는 논의하지 않았다. 하지만 이 점에 대해 논의하기 전에, 지금까지 생명에 관해 깊은 생각을 해온 다른 학자들은 생명을 어떻게 보았는지, 그리고 이들의 생각이 어떤 선구적 혜안을 담고 있는지, 그러면서도 어떤 면에서 부족함이 있는지를 잠깐 살펴보기로 한다.**

* 이 개념 형성의 역사적 과정에 대해서는 이 책의 머리말('책을 내며: 내 만일 네가 무엇인지를 이해할 수 있다면')을 참조하기 바란다.

** 여기서 미리 분명히 해두어야 할 점은 이러한 사람들의 생각이 생명에 대한 내 관점에 그 어떤 의미 있는 영향을 미친 것은 아니라는 것이다. 사실 이들에 대해 내가 알게 된 것은 내 생각이 정리된 훨씬 뒤의 일이며, 이들 상당수에 대해서는 최근에야 알게 되었다. 그러나 독자의 입장에서는 이들의 생각에 대해 개략적 이해를 가지는 것이 온생명에 대한 논의를 수용하기에 도움이 될 것으로 보아 간략하게나마 이들의 생각을 먼저 소개한다.

2-2
베르나드스키의 생물권 이론

먼저 러시아 과학자이자 과학사상가였던 베르나드스키Vladimir I. Vernadsky의 생명 사상에 대해 생각해보자. 그는 제정 러시아와 소련 시대에 걸쳐 활약한 러시아의 대표적인 과학자였지만, 서구 쪽에서는 뒤늦게 알려져 최근에 이르러 주목을 받고 있다. 예를 들어 그의 대표 저작인 『생물권The Biosphere』은 1926년에 러시아어판으로, 1929년에 프랑스어판으로 발간되었지만, 제대로 된 영어 번역본은 1998년에 이르러서야 출간되었다.[25]

이 저작의 제목이 말해주듯이, 베르나드스키는 우리의 생명 이해를 위해 중요한 기여를 했을 뿐만 아니라 요즘 날로 관심이 높아지는 '생물권biosphere' 개념의 실질적 창시자이기도 하다.• 그는 누구보다도 앞서 생물권의 의미와 성격에 대해 구체적인 설명을 제공했으며, 특히 지구 구조의 주요 부분에서 '살아 있는 물질'과 '살아 있지 않은 물질' 사이에 나타나는 결정적인 관련성에 주목함으로써 생명 이해를 위한 새로운 차원을 개척한 사람으로 알려지고 있다. 마굴리스와 세이건은 그들의 책 『생명이

• '생물권'이라는 용어는 오스트리아 지질학자인 에두아르트 쥐스(Eduard Suess)가 1875년에 출간한 『알프스의 기원(Die Entstehung der Alpen)』이라는 책에서 처음 사용했고, 다시 좀 더 널리 알려진 책 『지구의 표면(Das Antlitz der Erde)』에서 지구의 층위를 여러 권역으로 나누면서 더 세련화한 것인데, 이 용어에 구체적인 내용을 담아 의미 있는 개념으로 다듬어낸 사람이 베르나드스키이다. 이 개념은 테야르 드샤르댕(Pierre Teilhard de Chardin)에 의해 "지구를 둘러싼 생명화된(vitalised) 물질의 실제 층위"라는 의미로 계승되면서 지질학적·생물학적 요소들 사이의 상호작용 관계를, 전체로서 그리고 대규모로, 살펴야 할 주요 대상으로 인정되었다. Pierre Teilhard de Chardin, *The Future of Man*, translated by Norman Denny (New York: Harper & Low, 1964), p.163. 또 이것은 항상성(homeostasis) 유지라는 주요 기능을 지닌 하나의 유기체로 보는 제임스 러브록(James Lovelock)의 '가이아' 개념의 선구라고 할 수 있다.

란 무엇인가』에서 베르나드스키의 업적에 대해 다음과 같이 말한다.[26]

> 실제로 베르나드스키는 다윈이 시간에 대해 했던 일을 공간에 대해 했다. 다윈이 모든 생명이 먼 하나의 시조로부터 내려왔다는 것을 보였듯이, 베르나드스키는 모든 생명이 물질적으로 결합된 한 장소, 곧 생물권 안에 거주한다는 것을 보였다. 생명은 하나의 단일한 실체single entity로서, 태양으로부터 오는 우주적 에너지를 지구의 물질들에게 전환시켜주는 일을 하고 있다. 베르나드스키는 생명을 그 안에서 태양에너지가 전환되는 전일적인 현상global phenomenon으로 그려내고 있다.

이 서술의 내용을 받아들일 경우, 생명 이해에 대한 베르나드스키의 업적은 다윈의 업적에 버금가는 중요성을 가지는 것으로 생각할 수 있다. 그런데 과연 그러할까? 그리고 그렇다고 하면 어떤 점에서 그럴까? 이 점을 생각하기 위해 베르나드스키가 과연 '생명'을 어떻게 보는지에 대해 좀 더 자세히 살펴볼 필요가 있다.

사실 베르나드스키는 '생명life'이라는 개념을 의식적으로 기피한다.[27] 이 안에는 이미 철학적 · 민속적 · 종교적 · 심미적 관념들이 혼합되어 있어서 이를 과학의 용어로 활용하기에는 부적절하다는 것이다. 그리하여 그는 생명 개념 대신에 '살아 있는 물질living matter'이라는 개념을 즐겨 사용한다. 이것을 그는 지구상에 살아 있는 유기체의 총량the Earth's sum total of living organisms으로 규정한다.• 그리고 여기에 대비되는 개념으로 '살아 있

• 여기서 그는 무엇이 살아 있는 유기체이고 무엇이 살아 있는 유기체가 아닌지에 대해 명확하게 밝히지 않았다. 예를 들어 바이러스를 어느 쪽으로 넣을 것인가 하는 문제가 발생하는데, 아마도 그의 관점에서는 이것 또한 생명 활동을 하는 것으로 간주되어 살아 있는 물질에 속할

지 않은 물질inert matter'을 말하면서, 자연계의 모든 물질을 일단 이 두 가지로 구분한다. 이와 함께 그는 생명의 매체medium of life로서 '생물권' 개념을 도입한다. 이는 살아 있는 유기체가 놓이게 되는 전체 공간 영역과 그 안에 포함된 모든 것을 지칭하는 개념이다. 따라서 살아 있는 물질은 당연히 생물권 안에 있게 되지만, 이 안에는 살아 있지 않은 물질도 함께 놓이게 된다. 그런데 일단 생물권이 형성되면 이 안에서 '살아 있는 물질'과 '살아 있지 않은 물질'의 구분은 그리 중요하지 않다. 이들 사이에는 분리될 수 없는 상호 관계가 형성되어 있어 이들을 분리해 생각하는 것 자체가 부적절하다. 그는 1922~1923년에 했던 어느 강의에서 이렇게 말했다.[28]

> 살아 있는 유기체들을 연구하는 생물학자들의 대부분은 주변 매체와 살아 있는 유기체 사이의 분리할 수 없는 연관 관계를 무시한다. 버나드Benard가 말했듯이, 연구하고 있는 유기체를 주변, 곧 우주적 매체와 구분되는 어떤 것으로 생각하는 한, 그들은 자연계의 대상을 연구하는 것이 아니라 순전히 자기 생각의 산물을 연구하는 것이다.

또 다른 곳에서 그는 이렇게 말했다.[29]

> 살아 있는 유기체들이 생물권의 정규 기능이라는 사실이 흔히 잊히곤 한다. 생물학에서도 마찬가지로 주로 철학적 사변에서, 살아 있는 유기체는 그 매체와 ─ 마치 이 둘이 독립적인 대상인 양 ─ 대조되는 경향이 있는데, 이는 크게 잘못된 일이다.

것으로 보인다. 그런데 그의 관점에서 중요한 것은 이러한 구분이 아니라 이들 사이의 밀접한 관계이다.

여기서 보다시피 베르나드스키는 '살아 있는 유기체'를 이야기하면서도 이 유기체에 대해 이것이 놓인 매체를 떠난 독자적 존재성을 결코 부여하지 않는다. 이 점은 베르나드스키의 생명 사상을 이해하는 데 매우 중요하다. 그의 관점에서 중요한 것은 하나의 분리될 수 없는 생물권이며 이것이 지니는 놀라운 여러 성질들이다.

지구 생물권의 성격과 관련하여 베르나드스키가 특히 강조하는 점은 두 가지이다. 하나는 우주로부터의 에너지, 특히 태양 방사선의 작용이며, 다른 하나는 이로 인해 나타나는 물질적 조성의 변화이다. 그는 태양 방사선의 작용으로 보아 생물권은 지상뿐 아니라 우주의 메커니즘으로 봐야 한다면서, 생물권을 이 방사선의 산물이라고 말한다.[30] 그는 이 방사선을 자외선, 적외선, 가시광선, 이렇게 세 가지 영역으로 나누어 이들 에너지가 생물권 안에서 수행하는 기능을 설명하는데, 특히 녹색식물의 중요성을 다음과 같이 강조한다.[31]

> 생물권의 메커니즘 안에서는 모든 살아 있는 물질이 하나의 단일한 실체로 인정되지만 그 가운데 오직 한 부분, 즉 엽록소를 가진 녹색식물만이 태양 방사선을 직접 활용하고 있다. …… 살아 있는 모든 세계는 이 녹색 부분과 직접적으로 끊어질 수 없는 연계를 맺고 있다. …… 오직 하나의 가능한 예외는 독립영양autotrophic 박테리아인데, 이들조차도 과거 유전적 연계를 통해 녹색식물과 연결되어 있다. …… 그러니까 살아 있는 유기체 전체, 곧 살아 있는 물질은 그 전체로서 태양 방사선의 전환을 통해 생물권에 화학적 자유에너지를 축적하는 유일한 체계이다.

그리고 베르나드스키는 생물권 안의 물질적 조성이 살아 있는 유기체

들의 활동과 어떻게 관련되는지를 다음과 같이 실감 있게 설명한다.[32]

> 모든 살아 있는 유기체의 호흡은 생물권 메커니즘의 한 부분으로 봐야 한다. 생물권의 기체는 다름 아닌 살아 있는 유기체들의 기체교환에 의해 창출된 것이다. 생물권 안에는 오직 산소, 질소, 이산화탄소, 수증기, 수소, 메탄, 암모니아만이 기체로서 비중 있게 들어 있는데, 이는 결코 우연이 아니다. 생명권 안의 자유 산소는 오로지 녹색식물의 기체교환을 통해 만들어졌으며, 이것이 생물권의 자유 화학적 에너지의 주된 근원이다. 마지막으로, 생물권 안의 자유 산소량은 대략 1.5×10^{21}g(약 1억 4,300만 톤)으로 여겨지는데, 이는 현존하는 살아 있는 물질의 총량(추정 방식에 따라 10^{20}g에서 10^{21}g으로 여겨짐)과 맞먹는 수치이다. 지구상의 기체와 생명 사이의 이런 근접한 일치는 유기체의 호흡이 생물권의 기체 시스템에서 일차적인 중요성을 가진다는 점을 강하게 시사해준다. 다시 말해 이는 곧 지구적 현상이라는 이야기이다.

베르나드스키의 이러한 주장, 특히 지구 대기 속의 산소가 오로지 녹색식물의 기체교환을 통해 만들어진 것이라는 주장은 지구와 흡사한 행성인 금성과 화성의 대기 조성과 비교해보면 확연히 드러난다. 다음의 〈표 2-1〉은 행성 대기의 구성 성분 및 압력과 온도를 금성, 지구, 화성에 대해 비교해놓은 것인데, 다른 행성들의 대기에는 자유 산소(O_2)가 거의 없는데 반해 지구 대기에만 전체의 21%가 존재한다. 반면 다른 행성들에서는 산소가 모두 탄소와 결합하여 이산화탄소(CO_2) 형태를 지니고 있다는 사실에 주목할 필요가 있다.

이처럼 베르나드스키는 생명에 관한 주요 사상가로서는 매우 예외적

표 2-1 행성 대기의 구성 성분 및 압력과 온도

	금성	지구	화성
이산화탄소(%)	98	0.03	95
질소(%)	1.7	79	2.7
산소(%)	흔적	21	〈 0.13
메탄(%)	없음	0.0000015	없음
물(m)*	0.0003	3000	0.00001
압력(atm)	90	1	0.0064
온도(K)	750	290	220

* 대기 안에 있는 모든 수증기가 액화되어 지면에 쌓일 때 만들어지는 물의 깊이.

자료: Paul R. Samson and David Pitt(eds.), *The Biosphere and Noosphere Reader* (Routledge, 1999), p.121; *GSA Today*, 1993.3.11.

으로 개체 생명, 곧 그가 말하는 유기체들의 개체적 성격보다는 이들의 총체로서의 살아 있는 물질, 그리고 이것이 기능하고 있는 생물권의 성격에 집중적인 관심을 나타냈다. 베르나드스키 자신이 이 점을 잘 의식하고 있으며, 경우에 따라서는 단일 유기체들의 개체성에 대해서도 관심을 기울일 필요가 있음을 시사한다. 다시 그의 말을 들어보자.[33]

> 흔히 생물권을 고찰할 때 모든 유기체들의 합, 곧 살아 있는 물질이 중요한 것으로 부각되고, 각각의 단일 유기체는 시야에서 벗어난다. 그러나 생물지구화학에서도 어떤 특별히 엄격하게 규정된 경우에는 단일 유기체의 개체성을 고려할 필요가 생긴다. 이는 특히 현대 인간의 활동이 관련되는 경우에 불가피해진다. 한 개인이 경우에 따라서는 엄청나게 중요한 지질학적 과정을 변형시키거나 가속시킴으로써 전 지구적 성격을 지닌 대규모 현상에 명백하게 관여할 수 있기 때문이다.

인간에 대한 이러한 주목과 함께 베르나드스키는 우리가 전례 없는 새로운 시대에 접어든다고 말한다. 인간은 자신들의 활동과 생명에 대한 의식적인 자세를 통해 생물권 안에서 이를 변형시켜 새로운 지질학적 상태인 정신권noosphere을 창조하고 있다는 것이다. 여기서 정신권이라는 것은 생물권 안에 다시 인간의 지적 활동이 미치는 영역을 권역화한 것으로, 이른바 문명에 의해 변형되고 있는 지구의 모든 상황을 총칭하는 것으로 볼 수 있다. 생물권이라는 용어도 그렇지만 정신권, 즉 'noosphere'라는 용어 역시 베르나드스키가 직접 창안한 것은 아니다. 이것은 정신 또는 마음을 나타내는 그리스어 'noos'에 권역을 의미하는 'sphere'를 붙여 합성한 것으로, 1920년대에 프랑스 철학자 르루아Édouard Le Roy가 고안했으며, 그 무렵 함께 학술적 접촉을 가졌던 베르나드스키와 테야르 드샤르댕 등이 이 용어를 채용하여 널리 보급시켰다. 그러나 정신권 개념은 사용하는 사람에 따라 상당히 다른 색채를 나타낸다. 예컨대 테야르 드샤르댕의 경우 이것이 생물권을 넘어 그 위에 올라서는 '인간'의 권역을 말한다면, 베르나드스키의 경우에는 인간과 기술에 의해 변형된 생물권의 새로운 양상으로 이해될 수 있다.[34]

2-3
라셰브스키의 생명 연구

생명의 이해를 위해 주목할 만한 또 다른 흥미로운 인물은 본래 이론물리학자로 활약하다가 후에 생명 연구에 본격적으로 뛰어든 니콜라스 라셰브스키Nicolas Rashevsky이다. 라셰브스키에 대해서는 이론생물학자 로젠의 책 『생명 그 자체Life Itself』에 비교적 상세히 언급되어 있으며, 여기에 소

개하는 내용도 대체로 이 책에 근거한 것이다.[35]

1899년 우크라이나 키예프에서 출생한 라세브스키는 "세계에서 가장 고집불통인 사람이 우크라이나인이고, 우크라이나에서 가장 고집불통인 사람이 자기 자신"이라고 말했을 정도로 우직하고 고집이 센 사람이었다. 그는 10대를 갓 벗어난 나이에 이론물리학에서 박사 학위를 받고 열역학, 상대성이론, 양자이론 등에 관한 논문들을 세계적으로 정평 있는 학술지들에 많이 발표하여 널리 명성을 얻었다.

그러다가 1920년대 후반에는 미국으로 건너가 피츠버그에 있는 한 연구소에서 물방울의 열역학적 성질에 대한 연구를 하게 되었다. 그는 특히 물방울이 생겨 점점 커지다가 일정한 단계를 지나면 둘로 갈라지는, 요즘 말로 '갈래 치기 현상bifurcation phenomenon'이라는 것에 대해 관심을 가지고 있었다. 그러던 어느 날 인근 대학의 한 생물학자를 만날 기회가 있었다. 라세브스키가 이 현상이 생물학에서 말하는 세포의 분열과 관계가 있지 않겠느냐고 묻자, 이런 대답이 돌아왔다. 세포가 어떻게 나뉘는지를 아는 사람도 없고, 또 알 수도 없는데, 이게 바로 생물학에 속하는 것이기 때문이라는 것이었다. 이 말을 들은 라세브스키는 크게 분개했다. 아무리 세포의 분열이라 하더라도 이것이 곧 물질 현상인 바에야 물리학의 경계 밖에 놓여 있다는 것이 말이 되느냐고 하면서, 곧바로 생물학 연구에 뛰어들었다.

생물학 연구로 전환한 라세브스키는 일단 생물 현상의 물질적 기반에 대한 기본적인 이론을 구축하는 일에 진력했다. 그 자신의 표현에 따르면, "수리물리학의 구조와 목표에 버금가는 체계적 수리생물학을 만들어 내는" 작업에 매달렸다. 그리하여 1930년대 중반에는 이미 표면surface, 세포분열, 들뜸excitability 문제 등에 대한 물질적 기반을 마련하는 데 크게 기여했고, 오늘날 '자체 조직self-organization', '신경 네트워크neural network', '인공지능artificial intelligence'이라 불리는 분야들에서 다른 사람들보다 몇십 년이나 앞선 선구적 작업을 수행해냈다. 로젠의 말에 따르면, 라세브스키는 1950년에 이르기까지 '수백 가지 방향'으로 작업들을 펼쳐 나갔고, 후대 사람들은 이를 거듭 재발견하고 재확인하기에 바빴다고 한다.

그러던 그가 1950년경에 돌연 '생명이란 무엇인가?'라는 기본적인 물음에 부딪혔다. 유기체들의 개별적 기능을 설명하는 이론과 모형들을 만들어가는 가운데 오히려 생명 자체를 상실했으며 이를 쉽게 되돌려낼 수 없다는 느낌을 가지게 되었던 것이다. 그는 결국 생명의 본질을 이해하는 가장 중요한 방식은 개별 현상에 대한 이해를 쌓아가는 것이 아니라 그 전체를 한 묶음으로 파악해낼 새로운 길을 찾아내야 한다는 자각에 이르렀다. 그리하여 그는 물리학적 원리를 활용하여 생명 안에 나타나는 여러 현상을 성공적으로 설명해낸 많은 사례들을 열거한 뒤, 다음과 같이 말했다고 전해진다.[36]

> 생명 이론을 구축할 목적으로 생물 현상의 수학적 모형에 사용되는 물리적 법칙들을 직접 적용하는 것은 …… 별로 유용하지 않다. 우리는 이에 관련되는 상이한 물리적 현상들을 연결하며 유기체organism와 유기적 세계 전체organic world as a whole의 생물학적 일체성biological unity을 나타내줄 원리를 모색해야 한다.

여기서 우리는 라세브스키가 도달한 결론이 앞에서 살펴본 베르나드스키의 관점과 매우 흡사하다는 것을 알 수 있다. 라세브스키가 말하는 '유기적 세계 전체'가 무엇인지 이 문맥에서는 분명하지 않지만, 베르나드스키가 말한 살아 있는 물질 또는 생물권과 흡사한 개념임에는 틀림없다. 요컨대 라셰브스키에 따르면 단순히 개별 유기체들만 생각할 것이 아니라 유기적 세계 전체를 함께 보고 이들을 하나의 생물학적 단위로 봐야 한다. 지금 우리로서는 라셰브스키가 베르나드스키의 이론을 접하고 나서 이러한 이야기를 한 것인지 전혀 알 길이 없다. 아마도 당시 상황으로 보아, 그리고 그가 베르나드스키에 대해 전혀 언급하지 않았다는 점으로 보아, 이들 사이에는 어떠한 소통의 길도 없었을 것으로 보인다. 그렇다면 전혀 다른 두 방향에서 접근했던 두 과학자가 거의 동일한 관점에 도달했다는 것은 단순한 우연이 아니며 그 안에 그럴 만한 어떤 이유가 있었으리라는 생각을 해볼 수 있다.

하지만 아쉽게도 이런 언급이 있은 이후, 라셰브스키가 어떤 연구를 더 이어갔는지에 대해서는 지금 우리에게 전해지는 바가 없다. 실제로 당대 학자들은 라셰브스키에 대해 놀랄 만큼 냉담했다. 사이버네틱스의 선구자인 노버트 위너Norbert Wiener가 라셰브스키의 공헌은 수학적 재능을 지닌 사람들에게 생물과학에 관심을 가지게 한 것에 있다는 정도의 언급을 했을 뿐, 폰노이만John von Neumann, 튜링Alan Mathison Turing, 프리고진 등 당시 학문적 성향이나 관심사로 보아 라셰브스키를 잘 알고 그의 업적에 관심을 가졌을 법한 사람 그 누구도 그에 대해 아무런 언급을 하지 않았다.

2-4
로젠의 관계론적 생물학

한편 라셰브스키의 주장을 소개한 로젠은 여기에 대해 자신의 의견을 다음과 같이 덧붙이고 있다.[37]

> 그가 여기서 말하는 것은, 유기체에 대한 분리된 서술들의 집합은 아무리 포괄적인 것이라 하더라도 이들이 엮어져 유기체 자체를 포착해낼 수는 없다는 것이다. 이런 종류의 분석은 유기체에 대한 올바른 접근 방식이 아니라는 것이며, 이를 위해서는 어떤 새 원리가 요구된다는 것이다.

이것은 분명히 바른 해석이다. 그런데 흥미롭게도 로젠은 앞에 제시된 라세브스키의 언명을 거의 그대로 재현해 설명하면서도, 이 중에서 '유기체'에 관련된 부분만을 언급하고 '유기적 세계 전체'의 생물학적 일체성에 대한 언급은 슬쩍 생략해버리고 있다. 이 점은 결코 고의나 실수에 의한 것이 아니라고 생각된다. 로젠뿐만 아니라 대다수 생물학자들이 지닌 관념 속에는 생명에 대한 이해가 '하나의 생명 개체', 즉 유기체의 수준을 결코 넘어서지 않기 때문에 유기체에 관한 언급만이 그의 눈에 잡혔을 것이다. 그리고 바로 이 점이 '유기적 세계 전체의 생물학적 일체성'을 주장했던 라세브스키의 주목할 만한 학설에 누구도 진지한 관심을 기울이지 않은 연유라고 생각된다.

실제로 생명의 본질을 이해하기 위해 본격적으로 나선 로젠은 생명의 본질이 분자생물학적 이해 수준을 넘어 생명 개체의 몸soma 수준에서 이해되어야 한다고 본다. 그리하여 그가 제시한 이론이 이른바 '관계론적 생물학relational biology'이다. 관계론적 생물학에서는 관심의 주된 대상이 물리적·화학적 성질을 지닌 생물체의 구성 요소들이 아니라 체계 안에서 체계의 여타 부분들과 일정한 관계를 맺고 있는 '성분component'들과 이들이 지닌 '기능function'이라고 본다. 여기서 '성분'이라는 것은 조직의 한 단위unit of organization로서 그 자체가 하나의 사물이라고 인정될 만한 정체성identity을 지니는 동시에 이것이 속한 모 체계와의 관련 아래 어떤 기능을

나타낼 성격을 지니는 존재를 말한다. 그는 성분과 그 기능에 대해 다음과 같이 설명한다.[38]

> 만일 우리가 성분을 고립시켜 그 자체를 한 사물thing로 보면, 이것은 그 기능을 상실한다. 다시 말해 기능적 서술은 절대적인 것이 아니라 상황의존적contingent이다. 기능적 단위를 서술할 때는 필연적으로 단위 자체의 외부적 상황이 관련된다.

이러한 점은 주로 물리학적 관심의 대상이 되는 '입자'의 경우와 크게 다르다. 입자의 경우에는 외부적 여건이 달라진다 하더라도 그 자체의 속성에 본질적인 변화가 나타나지 않지만, 기능적 단위, 즉 '성분'의 경우에는 그 기능을 초래할 본래적·불변적 속성이 따로 규정되지 않는다. 오히려 그 성격은 그것이 속해 있는 체계에 대해 상대적으로 규정되며, 이러한 점에서 이것은 이것이 속해 있는 모 체계로부터 새로운 속성을 부여받는 결과가 된다.

로젠은 이러한 단위들이 지닌 기능적 작용의 인과적 고리가 서로 맞물려 있어서 이들이 유한한 물리적 분석의 대상이 되기 어렵다고 본다. 그는 유기체가 지닌 이러한 성격을 '기계'가 지닌 성격과 대비시켜 '복잡성complexity'이라고 부르는데, 이런 복잡성을 지닌 체계를 이해하기 위해서는 물리적 서술의 범위를 넘어서는 새로운 원리의 설정이 요청될 것이라는 의견을 제시한다.

그러나 로젠의 논의는 앞서 지적한 대로 그의 관심 대상을 유기체 차원에 한정하고 있다. 그는 각종 유기체를 '생명의 표본들samples or specimens of life'이라고 하면서, 다른 연구자들과 마찬가지로 생명의 본질을 이러한 각종 유기체들이 공유하고 있는 그 무엇에서 찾으려 한다.[39] 즉, 그는 생명을 기능적 단위들이 모여 이루어진 체계로 보면서, 이 생명을 지닌 체계를 유기체로 국한시키고 있다. 그러나 앞에서 여러 번 강조했다시피 이러한 유기체들은 최종적 체계가 아니고 이보다 더 큰 체계의 구성원이 되고 있다. 즉, 이들 자체가 로젠이 말하는 기능적 단위가 되어 필연적으로 단위 자체의 외부적 상황에 의해 규정될 수밖에 없는 성격을 가진다. 그럼에도 로젠은 이 점을 애써 외면하고 생명을 가진 체계를 유기체 단위로만 국한시킴으로써 스스로가 내세운 원리를 거역하고 있다.

그렇다면 로젠은 왜 이러한 과오에 빠지는 것일까? 이는 생명의 담지자가 유기체이며, 따라서 생명은 바로 이 유기체가 가진 성질로서 이해되어야 한다는 무의식적 관념에 그 자신이 너무 깊이 젖어 있기 때문이다. 생명을 이해하기 위해서는 유기체뿐 아니라 '유기적 세계 전체'의 생물학적 일체성을 생각해야 한다는 라세브스키의 말을 애써 인용해놓고도 스스로는 자신의 함정에서 빠져나오지 못하는 로젠의 자세가 무척 안타깝다.

2-5
마투라나와 바렐라의 자체생성성

로젠의 시도 외에도 생명을 근본적으로 우리의 일상적 생명 개념인 유기체의 단위에서 이해해보려는 시도는 수없이 있었고 지금도 이어지고 있다. 이들은 대부분 실패했고, 또 실패할 수밖에 없는 성격을 가진다. 유기체의 성격 자체가 유기체의 내부 조직에서뿐 아니라 유기체를 포괄하는 더 큰 체계에 의해 규정되기 때문이다. 그렇지만 우리가 처음부터 이러한 시도들을 외면하기보다는 이들 가운데 비교적 정교하며 어느 의미에서 설득력을 가졌다고 인정되는 몇몇 시도들을 좀 더 깊이 검토하여, 이러한 시도가 그 자체로서 어떤 문제점을 지니는지를 좀 더 명료하게 드러낼 필요가 있다.

생명을 이해하기 위해 우리의 일상적 관점에 비교적 충실하면서도 어느 정도 개념적 정교화를 꾀하려는 몇몇 시도 가운데 요즘 들어 많은 사람들에게서 지지를 받는 것이 마투라나Humberto R. Maturana와 바렐라Francisco J. Varela의 생명 이론이다. 이 이론은 기본적으로 '자체생성성autopoiesis'이라는 다분히 의인적인 개념에 바탕을 두고 있다.[40] '자체생성성'이라는 용어는 '자체auto'라는 말과 '생성poiesis'이라는 말의 합성어로 제안된 것이다.[41] 그 제안자인 마투라나와 바렐라는 이것을 "물질을 자기 자신 속으로 변형시킴으로써 그 작동의 산물이 곧 자신의 조직이 되게 하는 체계"로 규정하면서, 이것이 생명체가 지닌 가장 중요한 특성이라고 본다.

이들은 특히 '조직organization'이라는 말과 '구조structure'라는 말을 애써 구분하려 한다. 이들이 말하는 '조직'은 구성 요소 상호 간의 관계에 중점을 두는 개념이며, '구조'는 조직이 물리적으로 구현될 때 이루어진 물리적 실체를 의미하는 개념이다. 이러한 개념은 앞서 소개한 로젠의 '관계론적 생물학'에서 말하는 '성분'과 이것이 지닌 '기능'이라는 관점에서 재해석을 해볼 수 있다. 즉, 하나의 '성분'이 모 체계와의 관련 아래 어떤 기능을 나타낼 성격을 지닐 때 이를 '조직'의 한 단위로 인정할 수 있으며, 이것이 그 자체로서 지닌 물리적 실체로 인해 하나의 독자적 정체성을 부여받을 때 '구조'의 일부로 보는 셈이 된다. 우리가 이러한 점을 인정한다면 마투라나와 바렐라의 이론은 기본적으로 로젠의 이론이 가지는 것과 동일한 문제점이 있다는 것을 알 수 있다. 즉, 이러한 성격을 더욱 큰 '조직' 안에서만 생존이 유지되는 세포나 유기체와 같은 개별 생명체에 부여하려

할 경우 자체모순에 빠지게 되는 것이다.

이제 마투라나와 바렐라의 논의를 좀 더 자세히 살펴보자. 이들 논의의 핵심은 생명의 특성이 자체생성적 성격을 지닌 조직 안에 나타난다는 것이다. 즉, 살아 있는 것들은 조직을 가지고 있는데, 이 조직의 특성은 이것의 생산물이 바로 그들 자신이라는 성격을 지닌다는 것이다. 이렇게 되면 생산자와 생산물 사이의 분리가 없어지며, 그 있음being과 그 행함doing이 구분되지 않는다고 이들은 말한다.[42]

이들이 말하는 조직이란 결국 그 구성 성분들의 네트워크를 말하는데, 이것은 다음과 같은 두 가지 작용을 한다. 첫째로 이 네트워크를 지속적으로 재생·구현시키며, 둘째로 구성 요소들이 서로의 역할을 상호 규정함으로써 네트워크 자체가 하나의 단위체가 되도록 한다. 특히 이 두 번째 성격 때문에 마투라나와 바렐라는 한때 생명을 '순환형 조직circular organization'으로 규정하려고도 했다.[43] 전체 구성 성분들이 어우러져 서로가 서로를 떠받드는 하나의 통합체를 이룬다는 것이다. 이러한 조직의 측면과 더불어 이것이 물리적 실체로 현실 세계에 존재하기 위해서는 이를 구현할 일정한 물질적 형태를 갖추어야 하는데, 이것이 바로 마투라나와 바렐라가 말하는 생명 체계의 '구조'이다. 아무리 좋은 조직을 가지더라도 이것이 물질적으로 구현될 가능성이 없으면 실재하는 생명이 될 수 없으며, 반대로 동일한 조직을 서로 다른 구조로, 즉 서로 다른 물질적 소재를 통해 구현시키는 것 또한 가능하다고 그들은 말한다.

비교적 최근에 마투라나는 한 저널리스트와의 인터뷰를 통해 자기 이론의 배경 설명과 함께 주요 내용을 상세히 이야기한 바 있다. 그 내용이 책으로 출간되었는데, 이 책에서 마투라나는 자체생성성 개념을 되도록 자세히 설명해달라는 요청을 받고 다음과 같이 대답했다.[44]

살아 있는 체계들living systems은 자신의 폐쇄된 동역학 속에서 스스로를 만들어냅니다. 이들은 분자 영역에서 자체생성적 조직을 이루어 나갑니다. 살아 있는 체계를 가만히 들여다보면 그 안에 분자들을 생성하는 네트워크가 있는데, 이 안에서 분자들이 상호작용하여 다른 분자들을 만들어내고, 이들이 다시 분자들을 생성하는 네트워크를 이루어내면서, 바깥 경계까지 설정합니다. 이런 네트워크를 나는 자체생성적autopoietic이라 부릅니다. 따라서 우리가 만일 분자 영역에서 자신의 작동에 의해 자신이 형성되는 이러한 네트워크를 만난다면, 우리는 자체생성적 네트워크를 접하는 것이 되고, 따라서 살아 있는 체계를 접하는 것이 됩니다. 이것은 자기 자신을 만들어냅니다. 이 체계는 물질의 출입input에 대해 열려 있지만 자신을 산출하는 관계의 동역학dynamics of the relations에 대해서는 닫혀 있습니다.

우선 이 대답에서 우리는 마투라나의 '관계의 동역학'이 말하는 '관계'가 로젠이 말하는 '관계론적 생물학'의 '관계' 개념과 같다는 것을 알 수 있으며, 따라서 이들의 사고 바탕에 깔린 공통점을 확인할 수 있다. 그리고 마투라나는 살아 있는 체계들이 물질의 출입에 대해서는 열려 있지만 관계의 동역학에 대해서는 닫혀 있다고 강조함으로써 체계 자체의 독자적 정체성을 부여하고 있다. 그러나 앞에서 강조했다시피 세포나 유기체 같은 개별 생명체들은 모두 더 넓은 관계의 사슬에 매여 있으며, 따라서 이 '관계의 동역학'은 닫힌 것이 아니라 더 큰 '관계의 동역학'의 한 부분 네트워크sub-network에 해당하는 것이 된다. 이러한 점에서 살아 있는 체계들의 독자적 정체성은 훼손되며, 이에 부여할 생명의 개념은 그만큼 명료성을 상실하게 된다.

앞에 인용한 마투라나의 언명에서 하나 더 주목할 것은 이 체계가 분자들로 구성된다고 말하고 있다는 점이다. 여기에서뿐만 아니라 다른 곳에서도 마투라나는 자신의 이론을 일차적으로 '분자적 자체생성 체계', 곧 세포에 국한하여 적용시켜야 한다는 의견을 편다. 이는 아마도 다세포적 존재, 곧 유기체 수준의 자체생성 체계를 함께 생각할 때 나타나는 문제를 의식한 조심스러움의 표현이라고 생각되나, 그 경우 세포만이 생명이고 유기체는 생명이 아니라는 매우 이상한 상황에 봉착할 수도 있다.

그러나 대체로 마투라나와 바렐라의 생명 이론은 그 대상으로 세포와 함께 유기체를 염두에 두고 이들에 모두 적용되는 것으로 여겨진다. 실제로 이것은 (이미 언급했고 또 뒤에 언급할 몇 가지 중요한 난점을 제쳐놓고 본다면) 이런 생명체들이 지닌 주요 성격을 근사적으로나마 잘 나타내주는 측면이 있다. 그러나 (마투라나와 바렐라가 직접 의도한 바는 전혀 아니었지만) 이 개념은 오히려 우리가 말하는 온생명에 더 적절하게 적용될 성격을 지닌다. 사실 진정한 의미에서의 '자체생성성'은 온생명만의 특성이라고 볼 수 있다. 이들 자신이 말하는 바와 같이, 외부에서 어떤 도움을 받거나 외부에 어떤 도움을 주는 것은 진정한 의미의 '자체생성성'이라 할 수가 없기 때문이다.[45] 이러한 도움을 주고받을 바에야 이를 굳이 '자체생성적'이라 부를 이유가 없을 것이다. 실제로 마투라나와 바렐라는 이와 대비되는 개념으로 '타체생성적allopoietic'이라는 용어를 도입하기도 한다.[46]

그러면 이제 마투라나와 바렐라의 자체생성성 개념이 이들이 대상으로 삼는 세포 또는 유기체에 대해 어째서 적절하지 않은지를 더 자세히 살펴보자. 이미 말했듯이 자체생성성은 외부로부터 어떠한 도움을 받거나 주어서는 안 되는 개념인데, 세포나 유기체는 본질적으로 외부로부터 결정적인 도움을 받아야 유지될 수 있는 성격을 가진다. 그리고 그것의 활동 결과 역시 비단 자신의 생성과 생존에만 기여하는 것이 아니라 후속세대의 부양을 포함하여 많은 형태의 공생 관계를 이루는 데에도 이바지한다. 특히 이들의 출생 과정은 자체생성적이라기보다는 오히려 타체생성적 과정의 산물로 봐야 하며, 후속 개체를 독립된 실체로 볼 때 후속 세대를 남기는 과정 또한 대표적인 타체생성적 과정을 이룬다고 해야 한다.

더구나 세포와 이들로 구성된 유기체와 같이 서로 다른 층위에 있는 두 가지 생명체들을 함께 생각해보면 이러한 모순이 더 선명하게 드러난다. 세포를 자체생성적 체계라고 본다면 세포 내의 모든 구성 성분들은 자체 세포만의 형성을 위해 활동하는 것으로 봐야 하는데, 이들로 구성된 유기체의 입장에서는 세포 하나하나가 모두 유기체의 성분이 되어 유기체 자체를 구성해 나가게 되므로 더 이상 단일 세포만을 형성하는 활동으로 볼 수 없게 된다. 다시 말해 유기체에 적용된 기준으로 보면 세포는 자체생성성을 지녔다고 할 수 없으며, 반대로 세포에 적용된 기준으로 보면 유기체가 순환형 조직을 가졌다고 할 수 없게 된다. 물론 마투라나와 바렐라도 자신들의 규정에 담기지 않는 나머지 부분들이 있다는 점을 인정하고는 있으나, 이것들을 본질적인 것이 아닌 '부차적인 영향perturbation'에 해당하는 것으로 돌리고 있다.

이와 함께 자체생성성 이론에 관련하여 더욱 용납할 수 없는 사실은 개별 생명체들이 결코 자체생성적일 수 없다는 너무도 명확한 사실이 간과되고 있다는 점이다. 사실 자연계에 적용되는 기본 원리 중 하나인 열역학 제2법칙에 조금만 관심을 돌려보더라도 자체생성성 개념은 원천적으로 개별 생명체에 대해서는 성립될 수 없음이 자명해진다. 자체생성성이란 기본적으로 입력과 출력을 배제하는 개념인데,[47] 개별 생명체는 그 안에 자유에너지의 근원을 지닐 수 없기 때문에 이른바 '생성성'에 해당하는 그 어떤 동적 질서도 유지할 수가 없다.

그런데도 마투라나와 바렐라가 이런 주장을 하는 것은 이들의 사고 속에 물질(에너지)의 층위와 관계(조직)의 층위에 대한 이분법적 구분이 작동하기 때문이다. 이들은 물질(에너지)의 층위와 관계(조직)의 층위를 이분법적으로 구분하여 관계의 층위에만 주목하면서 물질의 층위를 그 아래에 깔린 하나의 상수로 취급한다. 이 점은 앞에서 인용한 마투라나의 언급, 즉 "이 체계는 물질의 출입input에 대해 열려 있지만 자신을 산출하는 관계의 동역학에 대해서는 닫혀 있습니다"라는 말에서 명시적으로 드러난다. 이들이 굳이 '조직'과 '구조'를 구분하는 것도 같은 맥락이다. 그러나 이들이 간과하는 중요한 점은 이러한 '물질의 출입' 또한 '관계'의 일부분일 뿐만 아니라 관계의 주요 부분이라는 사실이다. 마투라나가 말하는 '관계의 동역학'은 이러한 '물질의 출입'에 따라 규정되는 '관계'이기에, '물질의 출입'도 관계의 한 담지자로 봐야 할 것이지 단지 배경에 깔린 하나의 상수로 규정해서는 안 된다. 더구나 이들은 생산자와 생산물 사이의 분리가 없어지고 있음과 행함마저 구분되지 않는다고 하지 않았는가? 그럼에도 모든 활동의 원천이 되는 자유에너지의 출입마저 '관계'에서 제외한다면 이들이 말하는 '관계'는 도대체 무엇에 의해 유지된단 말인가?

이러한 문제점에도 불구하고 생명에 관련된 마투라나와 바렐라의 이 이론이 비교적 폭넓게 수용되고 있다는 점은 눈여겨볼 필요가 있다. 물리학에서 출발하여 생명에까지 폭넓은 사고를 한 것으로 인정되는 카프라 Fritjof Capra는 그의 저서 『생명의 그물The Web of Life』에서 마투라나와 바렐라의 이론을 중요한 개념으로 수용하고 있으며,[48] 마굴리스와 세이건 또한 그들의 저서 『생명이란 무엇인가』에서 마투라나와 바렐라의 자체생성을 살아 있음의 한 기준으로 채택하고 있다.[49] 아마도 이것을 우리의 일상적 생명 관념에 부합하는 최선의 개념 정리에 해당하는 것으로 보았기 때문이라 생각된다. 실제로 마투라나와 바렐라는 생명을 규정할 때 다분히 보편성을 띤 언어를 활용하여 그 핵심적 성격을 잘 드러낸 측면이 있다. 그러니까 이러한 생명 규정이 부적절하다면 이는 이들의 언어 또는 개념 정리가 부적절해서가 아니라 이들이 특징지으려는 생명의 관념 자체가 이렇게밖에 규정될 수 없는 한계를 가졌기 때문이라 할 수 있다. 다시 말해 이것은 이들이 염두에 둔 '생명' 관념에 대한 가능한 최선의 성격 규정이기에, 생명에 대한 깊은 생각을 했으면서도 이러한 관념적 한계를 넘어서지 못한 이들에게는 불가피한 선택이라고 할 수 있다.

여기서 독자들은 양자택일의 기로에 서게 된다. 즉, 마투라나와 바렐라의 생명 이론이 지닌 불완전성을 감수하면서 기존의 생명 관념을 지켜낼지, 아니면 기존의 생명 관념을 파기하고 새로운 생명 관념을 모색할지를 결정하는 일이다. 이를 위해 먼저 우리는 과연 생명을 정의할 수 있는지, 정의할 수 있다면 어떻게 정의할 수 있는지에 대해 생각해볼 필요가 있다.

생각해볼 거리

➲ 내가 지녔던 생명 개념은 무엇인가?
나는 언제부터 '생명'을 알고 있었는지, 내가 안다고 생각했던 생명의 내용은 무엇인지, 나는 어떻게 해서 생명의 내용을 그렇게 알게 되었는지, 곰곰이 한번 떠올려보자.

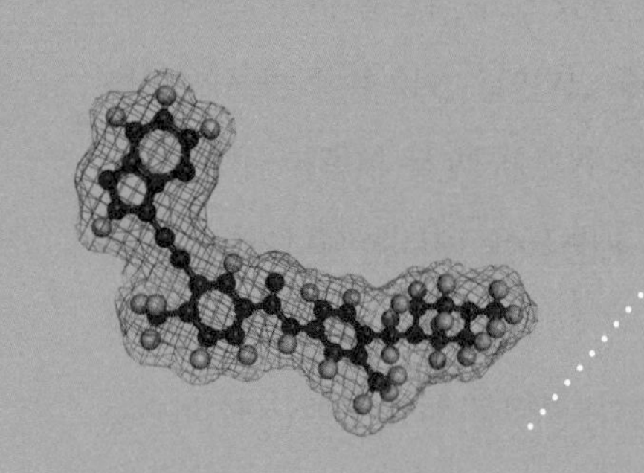

제 3 장 생명의 정의 문제

3-1
생명의 정의에 관한 여러 의견들

생명의 정의라 함은 쉽게 말해 '생명이란 무엇인가?' 하는 물음에 대한 대답이라 할 수 있다. 그러나 그 대답이 너무 길어지면 정의라고 할 수 없다. 가장 짧은 말로 그 개념의 내용을 명료하게 규정하여 그것이 지닌 의미를 정확히 표현해줄 때 우리는 이를 정의라 부른다. 그러니까 설혹 『생명이란 무엇인가』라는 제목의 책을 한 권 썼더라도 이 안에 이러한 개념 정리가 되어 있지 않다면 생명을 정의했다고 말할 수 없다. 이러한 의미에서 우리는 슈뢰딩거의 유명한 책 『생명이란 무엇인가』를 다 읽고 나서도, 정작 슈뢰딩거가 염두에 두는 생명의 정의가 무엇인지를 알아내기는 어렵다. 제1장에서 이야기했듯이 사실 슈뢰딩거는 자신의 책에서 '생명이란 무엇인가?'라는 질문조차 명시적으로 제기하지 않고 있다.

슈뢰딩거의 책 이후 『생명이란 무엇인가』라는 똑같은 제목으로 출간

상자 3-1 『생명이란 무엇인가』라는 제목으로 출판된 책들

- Erwin Schrödinger, *What is life?* (Cambridge University Press, 1944)
- Lynn Margulis and Dorion Sagan, *What is life?* (Simon & Schuster, 1995)
- Ed Regis, *What is life?* (Oxford University Press, 2008)
- Addy Pross, *What is life?* (Oxford University Press, 2012)

슈뢰딩거의 책 이후에 발간된 책들은 각각 내용과 특색을 달리하여 생명의 이해에 도움을 준다. 마굴리스와 세이건의 책은 '생명이란 무엇인가?'라는 물음을 수없이 묻고 이에 대한 직접적인 대답을 여덟 번에 걸쳐 명시적으로 함으로써 생명의 다양한 면모를 제시하고 있으며, 레기스의 책은 생명의 정의에 관한 많은 의견을 정리하여 소개하고 있다. 반면 프로스의 책은 비교적 새로운 관점에서 자기 나름의 독특한 견해를 제시하고 있다.

된 책이 여러 권 있다(〈상자 3-1〉 참조). 그런데 이 책들은 모두 서두에 슈뢰딩거의 책과 그 성과를 언급하면서 자신이 이를 계승하는 책이라고 주장한다. 이런 점에서 이 책들은 각각 내용과 특색을 달리하면서도 하나의 주제로 연결된 연속물이라고 볼 수 있다. 앞에서 이 책들의 일부 내용을 이야기한 바 있지만 앞으로도 문맥에 따라 더 많이 소개될 것이다. 특히 여기서는 생명의 정의와 관련해 이들 각각이 어떤 관점을 취하는지 잠시 살펴보려 한다.

슈뢰딩거의 책이 나오고 반세기가 지난 시기에 똑같은 제목의 책 『생명이란 무엇인가』를 쓴 마굴리스와 세이건은 슈뢰딩거의 경우와는 대조적으로 '생명이란 무엇인가?'라는 물음을 끝없이 묻고 이것에 대한 직접적인 대답을 거의 매 장마다 도합 여덟 번에 걸쳐 명시적으로 하고 있다. 그럼에도 이들은 정작 생명의 정의만은 우회적으로 피하고 있다. 실제로 이들은 마투라나와 바렐라의 자체생성성 개념을 일단 생명에 대한 유용한

기준으로 수용하면서도, 생명의 정의에 대해서는 생명 그 자체가 스스로 정의를 거부한다는 기묘한 논리를 편다. 그들의 말을 들어보자.[50]

> 생명은, 설혹 물질이기는 해도, 살아가는 행위와 결별될 수는 없다. 살아 있는 세포들은 그 어떤 것을 '고착시키고 그 한계를 설정한다는' 의미를 가진 이른바 '정의definition'를 거부하면서, 끊임없이 움직이고 확장해 나간다.

즉, 이들의 견해에 따르면 정의라는 것이 본질적으로 그 어떤 것을 고착시키고 한계를 설정하는 것이기에 끊임없이 움직이고 확장해가는 '생명'을 이 안에 가둘 수 없다는 이야기이다. 그런데 이런 주장은 오히려 '정의'의 성격 자체를 너무 좁은 틀 안에 고착시키고 한계를 설정하는 것이 아닌가 하는 느낌을 준다. 쉬운 일은 아니겠지만 대상이 움직이고 확장해 간다면 이를 포착하는 개념의 틀도 이에 맞추어 넓혀가야 하지 않을까?

실제로 인간의 지성은 아무리 어려워 보이는 작업이라도 이를 회피하지 않고 도전할 때 뜻있는 진전을 이루었고, 그러한 점에서 생명을 이해하고 정의한다는 것은 오늘의 지성에 부여된 시대적 과제라 할 수 있다. 그러나 오늘날 생명을 정의하려는 우리의 과제는 단순히 이러한 지적 관심사에만 머무는 것이 아니다. 이것은 우리 발등에 떨어진 현실적 문제가 되고 있다. 우리는 지금 외계의 생명에도 관심을 가지고 있으며, 그 탐사 작업이 현실에서 활발히 진행되고 있다. 그런데 외계의 어떤 특이한 존재가 발견되었을 때 우리는 이것이 과연 생명이냐 아니냐를 판단해야 할 현실적 문제에 부딪힌다. 그리고 일부 사람들은 이미 인공생명 프로젝트를 진행시키고 있는데, 이것이 어느 정도 성공하여 그 무엇이 만들어졌을 때에도 이것이 생명이냐 아니냐를 판단해야 할 것이다.

물론 이런 발견이나 창작물에 생명이란 이름을 붙일 것이냐 붙이지 않을 것이냐 하는 것은 단순히 이름 붙이기 나름이 아니겠느냐고 생각할 수도 있다. 어차피 지금 우리가 알고 있는 생명과는 다를 것이니, 거기에 맞는 이름을 붙여주면 될 것이라는 생각이다. 그러나 우리가 미지의 영역을 탐색해서 사람처럼 보이는 어떤 존재들을 만났을 때 그들을 사람으로 볼 것이야 아니냐 하는 것을 단순히 이름 붙이기 문제로 덮어버릴 수는 없다. 마찬가지로 우리가 만나거나 만들어낸 존재를 생명으로 볼 것이냐 아니냐 하는 것은 단순한 이름 붙이기 문제가 아니다. 이것을 어떻게 보느냐에 따라 우리가 이를 대해야 할 태도가 매우 달라질 수 있기 때문이다.

반대로 이러한 존재가 등장하게 되면 생명에 대한 우리의 이해도 그만큼 더 깊어질 수 있다. 우리가 우리와 다소 다른 사람들을 만날 때 사람에 대한 이해가 더 깊어지는 것과 마찬가지다. 아마도 이런 일이 실제로 발생하면 생명에 대한 우리의 이해와 태도가 엄청나게 달라질 것이다. 아직은 대부분 가능성으로만 남아 있는 일이지만 그러한 가능성을 생각하는 것만으로도 우리의 이해를 크게 증진시킬 수 있다.

실제로 이러한 가능성을 염두에 둔 문헌들이 최근에 이르러 급격히 늘어나고 있다. 2008년에 역시 『생명이란 무엇인가』라는 제목으로 출간된 레기스의 책도 그중 하나이다. 이 책을 보면, 생명의 정의를 설정해야 할 과제는 점점 더 절실해지는 데 비해 최근으로 올수록 점점 많은 사람들이 생명의 정의 자체에 대해 부정적인 자세를 취하고 있다는 것을 알 수 있다. 이 책에 소개된 세 사람의 이야기를 들어보자.

스티븐 울프럼Stephen Wolfram은 매스매티카Mathematica라는 엄청난 규모의 과학 소프트웨어 체계를 만들어내면서 과학의 체계 자체를 컴퓨터 프로그램을 통해 다시 세워야 한다고 주장해 유명해졌는데, 그는 다시 『새로운 종류의 과학A New Kind of Science』이라는 1,200쪽에 달하는 방대한 책을 출간하여 이목을 끌고 있다. 그는 이 책에서 생명의 가능한 정의를 위한 여러 가지 기준들을 검토한 후 마지막으로 이렇게 선언한다.[51] "결국 지금까지 제시된 생명에 대한 모든 단일한 일반적 정의는, 정상적으로 보아 살아 있지 않다고 판정되는 것을 포함하며, 또 정상적으로 보아 살아 있다고 판정되는 것을 배제하고 있다."

또 다른 경우로 최근 유망한 인공생명 제작 프로젝트인 프로토라이프ProtoLife(6장의 생각해볼 거리 '인공생명도 생명인가?' 참조)에 가담하여 자신들이 만들어낸 결과가 생명이냐 아니냐를 결정해야 할 중대한 책임을 맡은 철학자 마크 베도Mark Bedau의 말을 들어보자. 그는 2004년에 쓴 「'생명이란 무엇인가'라는 물음을 어떻게 이해할 것인가?」라는 제목의 글에서 자신의 고민을 다음과 같이 털어놓는다.[52] "생명 현상이라는 것은 통합적 설명이 불가능한 것인지도 모른다. 그리고 생명이라는 것은 자연현상의 한 기본적 카테고리가 아닌지도 모른다." 그러면서 그는 이러한 가능성들이 생명에 관한 보편적 정의를 원천적으로 배제하는 것은 아니지만, 적어도 '생명이란 무엇인가?'라는 물음에 대한 단일한 대답은 존재하지 않으리란 것을 암시한다고 말하고 있다.

이런 절망적 가능성을 제시하는 또 한 사람은 피츠버그 대학의 과학철학자 에두아르 매커리Édouard Machery이다. 그는 아예 「왜 내가 생명의 정의에 대해 생각하기를 그만두었는지 …… 그리고 당신들도 왜 그래야 하는지에 대하여」라는 제목의 글을 썼다.[53] 그는 여기서 20세기 말과 21세기 초에 생명의 정의에 관해 과학자들과 철학자들이 제시한 모든 내용을 검토한 후, "생명을 정의하려는 프로젝트는 불가능하거나 무모한 것"이라고 결론을 내렸다. 생명이라는 말은 관용적이고 애매한 '통속 용어folk notion'이거나, 아니면 정확한 과학 이론적 개념일 수밖에 없는데, 전자의 경우라면 이것이 너무도 막연하고 폭이 넓어 틀에 맞는 정의가 불가능하고, 후자의 경우라면 오히려 너무도 많은 정의가 가능해서 어느 것을 취해야 할지 결정할 방법이 없다고 말한다. 그러니 도대체 이러한 것을 하려는 일 자체가 무모하다는 것이다.

그렇다면 생명을 정의하려는 시도가 정말 이처럼 불가능하거나 무모한 것일까? 이 점을 살펴보기 위해 여러 견해를 비교적 중립적으로 서술해주는 백과사전을 한번 찾아보기로 하자. 백과사전 가운데 그 권위가 널리 인정되는 브리태니커 백과사전은 '생명의 정의definition of life'와 관련하여 적지 않은 분량을 할애한다. 1970년대에 출간된 브리태니커 백과사전 '생명의 정의' 항목에서는 생명과 관련된 여러 학문 분야에서 얻어낸 수많은 성과들을 언급한 후 다음과 같이 말하고 있다.[54]

> 생물학에 관련된 여러 분야의 연구를 통해 매우 많은 정보가 쌓여가는데도, 연구되는 대상 자체가 무엇인지에 대해 아무런 일반적 합의가 존재하지 않는다는 사실은 주목할 만하다. 모두에게 수용되는 생명의 정의는 없다.

그러고는 지금까지 시도된 생명에 관한 정의들을 대사적metabolic 정의, 생리적physiological 정의, 생화학적biochemical 정의, 유전적genetic 정의, 열역학적thermodynamic 정의, 이렇게 다섯 가지 유형으로 분류한 후 이들에 대한 소개와 더불어 이들 각각이 지닌 어려움을 지적하면서, 이들이 왜 만족스러운 정의가 될 수 없는지를 설명하고 있다.

그런데 이 점과 관련하여 브리태니커 백과사전의 최근 버전에는 약간의 의미 있는 변화가 나타나고 있다. 즉, 이 백과사전의 최근 버전에서는

앞에 인용된 내용이 다음과 같은 말로 바뀌어 있다.[55]

> 과학자들과 기술자들을 비롯해 생명 연구에 관여하는 많은 사람들은 누구나 살아 있는 물질을 살아 있지 않은 또는 죽은 물질과 쉽게 구분해낸다. 그런데도 생명 자체에 대한 아주 포괄적이고 간결한 정의는 아무도 제시하지 못하고 있다. 그 문제의 일부는 이러하다. 생명의 핵심 성질들, 즉 성장, 변화, 생식, 외부 간섭에 대한 능동적 반응, 진화 같은 것들은 변형 또는 변형의 가능성을 수반한다는 것이다. 살아가는 과정이라는 것은 이처럼 산뜻한 분류라든가 최종적 정의에 대한 기대와는 상반되는 성격을 가진다.

이러한 언급과 함께 대다수 과학자들은 암묵적으로 몇 가지 정의 가운데 하나 또는 그 이상을 사용한다고 말하면서, 앞에 제시한 다섯 가지 이외에 자체생성적 정의 하나를 더 첨부하고 있다(〈상자 3-2〉 참조). 이러한 서술의 변화와 관련하여 두 가지 점을 주목하자.

첫째는 앞선 버전에서는 모두에게 수용되는 생명의 정의가 없다는 사실만 지적하는 반면, 새 버전에서는 그 이유 하나를 제시하고 있다는 점이다. 즉, 생명은 '살아가는 과정', 곧 지속적인 변형transformation의 과정에 있는 것이기에 이를 미리 규정하거나 최종적으로 담아낼 방법이 없을지도 모른다는 것이다. 이는 앞에 소개한 마굴리스와 세이건의 입장과 흡사하다. 하지만 여기에는 이러한 것을 그 열린 가능성 속에 담아낼 한층 포괄적인 정의는 왜 가능하지 않은가 하는 의문이 남는다.

둘째는 그간 시도된 생명 정의의 사례로 '자체생성적' 정의 하나가 추가되었다는 점이다. 이는 곧 그동안 생명 관련 연구자들 사이에서 '자체생성적' 정의가 비교적 널리 수용되는 추세에 있다는 것을 말해준다. 그리고 이것이 설혹 '아주 포괄적이고 간결한' 정의는 아닐지라도 이 사전의 집필자에 의해 비교적 호의적으로 서술되고 있다는 점에서, '생명의 정의'로서 이것이 지닌 성격에 대해 다시 한 번 검토해볼 필요가 있다.

상자 3-2 브리태니커 백과사전이 말하는 '생명'의 여섯 가지 정의 요약

대사적 정의

이 정의는 생화학자들과 일부 생물학자들이 선호한다. 살아 있는 체계란 일정한 경계를 가지고 주변과의 사이에 지속적으로 특정 물질들을 교환하면서도 적어도 일정 기간에는 그것의 일반적 성질에 변화가 없는 대상이다. 그러나 예외도 있다. 종자나 포자(spore)는 저온에서 수백, 수천 년간이나 대사 작용을 멈추고 보존된다. 반면 촛불은 일정한 경계를 가지고 대사와 흡사한 작용을 한다. 이런 사실들이 이 정의의 약점이다.

생리적 정의

가장 대중적인 정의이다. 생명은 먹고, 신진대사를 하고, 배설하고, 숨 쉬고, 움직이고, 자라고, 생식하고, 자극에 반응하는 등의 기능을 할 수 있는 체계로 정의된다. 그러나 이것이 가진 문제점도 많다. 이런 기능들 중에 일부는 (아무도 살아 있다고 보지 않는) 자동차에도 있고, (누구나 살아 있다고 인정하는) 유기체들 중에는 그런 기능의 일부를 결여한 것도 많다.

생화학적 정의

분자생물학적 정의라고도 하는 이 정의는 생명을 핵산 분자 안에 각인된 복제가능 유전정보를 품고 있으면서 효소라고 알려진 단백질 촉매를 통해 화학반응 속도를 조정하여 대사 작용을 하는 체계로 정의한다. 여기에도 문제점이 있다. 바이러스 같은 병원체인 프리온(prion)은 핵산을 포함하지 않지만 숙주인 동물 세포 안에서 증식할 수 있다. 또 살아 있지 않은 것으로 인정되는 RNA 분자들은 시험관 안에서 복제도 하고 변이도 일으키며 진화할 수 있다. 그리고 인간에 의해 아무리 생명과 유사한 체계가 만들어졌다고 하더라도 이것이 이

러한 화학적 구성을 가지지 않았다면 생명이 아니라고 봐야 하는 문제가 있다.

유전적 정의

이것은 복제 가능성에 가장 큰 의의를 두는 정의이다. 여기서 생명은 자연선택에 의해 진화가 이루어지는 체계로 정의된다. 복제되는 성분들에 의존하는 생식 체계로 규정하는 이 정의는 이러한 기능을 가지는 인공적 기계가 출현할 때 이를 생명이 아니라고 배제하지 않는다. 그러나 생명을 단순히 생식이 가능한 존재로 정의한다면, 노새를 비롯한 일부 생명체들은 이 규정에 의해 생명에서 배제된다. 한편 모든 복잡한 체계는 자연선택 없이는 출현할 수 없을 것이라는 점이 유전적 정의가 취하는 기본 취지이다.

열역학적 정의

여기서는 조직의 형성과 유지라는 관점에서 생명을 조직의 지속적 유지와 증진이 가능한 국소 영역으로 정의한다. 그러나 이것이 열역학 제2법칙에 위배되지 않기 위해서는 에너지와 물질이 드나드는 열린계(open system)를 이루어야 한다. 그러나 열린계의 열역학적 과정이 복제(replication) 없이 생물 체계와 같은 복잡성에 도달할 수 있을지는 의심스럽다. 어쨌든 생명이 보여주는 이런 복잡성은 에너지 전환 과정에 나타나는 열역학적으로 선호되는 통로의 일부로 복제라는 것이 작용한 결과임에 틀림이 없다.

자체생성적 정의

이 새로운 정의는 자체생성성이란 개념에 바탕을 둔다. 이 정의는 생리적 정의와 흡사하지만, 자신을 유지한다는 데 강조점을 두고 있다. 정보적 내부 결속(informational closure), 자동제어적 자체 연결성(cybernetic self-relatedness), 그리고 자신을 더 늘려 나가는 능력 등이 그것이다. 자체생성성은 자체 생산, 자체 유지, 자체 수선 등 생명 체계의 자체 관련 측면들을 말한다. 살아 있는 존재는 화학 성분들의 지속적인 흐름과 교환을 통해 자기 형태를 보존한다. 세포 단위의 자체생성적 체계는 자기 자신에 의해 만들어진 동적 물질(dynamic material)에 의해 구획된다.

3-2
자체생성성 개념을 활용한 생명의 정의

저명한 생화학자이자 분자생물학자인 루이시Pier Luigi Luisi가 쓴 『생명의 출현The Emergence of Life』이라는 책을 보면 다음과 같은 이야기가 나온다.[56]

> 외계로부터 지성을 지닌 어느 존재가 우리 지구를 방문하여 생명이라는 것이 무엇인가를 탐색하게 되었다. 그는 여러 사물을 접해보고는 다음과 같은 14가지 사물의 명단을 만들었다.
>
> 파리, 소나무, 노새, 어린아이, 버섯, 아메바, 산호,
> 라디오, 자동차, 로봇, 자수정, 달, 컴퓨터, 종이

그는 한 농부를 만나 이 중에서 어느 것이 살아 있는 것이고 어느 것이 살아 있지 않은 것인지를 물었다. 농부는 한순간의 망설임도 없이 앞의 일곱 개를 살아 있는 것이라 하고 뒤의 일곱 개를 살아 있지 않은 것이라고 답했다.

외계인은 이 농부가 아주 쉽게 이것들을 분류해내는 것을 보고 크게 놀라면서, 농부에게 무엇을 보고 그렇게 알아내는지를 물었다. 농부는 노새를 가리키며 "움직이는 것" 그리고 "자라는 것"이라고 했다. 그러나 외계인은 반신반의했다. 소나무나 산호도 별로 안 움직이지 않느냐, 반면에 종이는 바람이 불면 날아가고 달도 조금씩은 움직이지 않느냐고 되물었다. 그러자 농부는 "자극에 반응하는 것"이라고 말하면서 새로운 기준을

제시했다. 외계인은 여전히 납득이 되지 않았다. 그래서 소나무나 버섯은 바늘로 찔러도 반응이 없지만 라디오나 컴퓨터는 잘 건드리면 작동하지 않느냐고 반문했다.

농부는 약간 역정을 내며 "살아 있는 것들은 음식을 먹고 기능을 수행해요. 에너지를 흡수하고 행동으로 전환하지요"라고 다시 말했다. 그러나 외계인은 또 지적했다. "자동차나 로봇도 에너지를 흡수하고 행동으로 전환하는데……." 그러자 농부가 소리쳤다. "아, 새끼를 낳아요! 이것들은 자기와 비슷한 존재들을 만들어내요." 하지만 외계인은 여전히 냉담했다. "노새는 생식을 못하는데…… 그리고 어린아이도 당장은 생식 기능이 없잖아요? 또 배우자가 있어야 생식을 하는데, 그럼 그것 혼자서는 살아 있지 않다는 건가요?"

외계인의 질문 공세에 당황한 농부는 결국 훨씬 더 진지하게 생각을 가다듬었고, 마침내 외계인을 설득하는 데 성공한다. 어느 정도 납득이 된 외계인은 자기가 이해한 내용을 땅에다가 〈도형 3-1〉과 같은 형태로 표시해본다.[57] 이는 외부에서 물질/에너지 A를 흡수하여 자체 조직의 성분 S로 전환시키고, 이것이 노후하여 물질/에너지 A'로 바뀔 경우 이를 체외로 배출시키는 구도인데, 이러한 기능이 유지되는 체계를 살아 있다고 하겠다는 것이다.

이것을 그려본 외계인은 크게 만족스러워하며 농부와 함께 '거시적 macroscopic' 생명의 정의로서 다음과 같은 것에 합의한다.[58]

> 하나의 체계는, 이것이 외부의 물질/에너지를 내부 과정 속으로 전환시켜 자체를 유지하고 자신의 성분들을 생성해낼 수 있을 때, 살아 있다고 말할 수 있다.

도형 3-1 외계인이 땅에 그렸다는 도형

```
  SSSSSSSSSSSSS
  S           S
  S           S
A→A  ⇨ S, S, S ⇨  A'→A'
  S           S
  S           S
  SSSSSSSSSSSSS
```

주: 루이시 책의 도형(Figure 2-1)을 약간 변형한 것이다.

외계인 이야기는 여기서 끝난다. 그러면서 저자 루이시는 생명에 대한 이 서술적 정의가 마투라나와 바렐라의 '자체생성성'을 기준으로 한 정의에 해당한다고 말한다.[59] 사실 이 표현은 앞 장에서 소개한 마투라나의 '자체생성성' 정의[60]를 크게 압축한 것으로 볼 수 있다.

그렇다면 이 정의는 과연 수용할 만한가? 이를 이제 외계인이 그린 도형을 중심으로 살펴보자. 우선 이 정의가 안고 있는 결정적으로 중요한 문제는 외부의 물질/에너지 A를 이 정의 안에 담아낼 수 없다는 점이다. 이는 불가피하게 '이러한 체계에 대해, 거기에 맞는 A가 있을 때'라는 전제 조건 아래서만 정의될 수 있는데, 이 A라는 조건이 이 체계 자체만큼이나 특별하고 복잡하다는 사실이 고려되어야 한다.

예를 들어보자. 앞의 외계인 이야기에서 소나무가 살아 있는 것이 되기 위해서는 그 뿌리가 적절한 습기를 지닌 땅에 박혀 있어야 하며, 산호가 살아 있기 위해서는 이것이 일정한 염도를 지닌 바닷속에 놓여 있어야 한다. 그런데 이러한 사정은 파리나 버섯, 그리고 노새나 어린아이 또는 아메바가 살아 있다고 할 때의 A와 전혀 다르다. 다시 말해 앞 도형의 A가 각각 그만큼 다르다는 뜻이다. 그리고 만일 A까지를 그 대상에 포함시키면 이는 이미 앞에서 말한 정의를 넘어서는 것이 된다.

생명에 관해 루이시와 마투라나가 내린 정의는 또 한 가지 중요한 약점을 지닌다. 즉, 이것은 생명이 지닌 중요한 성격인 증식과 진화의 가능성을 전혀 반영하지 못하고 있다. 이 점에 대해 루이시는 이렇게 말한다.[61]

> 자체생성성에서 DNA와 RNA 분자들은 오직 세포의 자체생성에 관여하는 것으로만 보고 자체 증식이나 진화에 관여하는 능력은 고려하지 않는다. 마투라나와 바렐라는 종종 생명의 성질들을 말하기 전에 그것을 담을 장소가 마련되어야 한다고 강조한다. 담을 그릇과 그 논리가 선행되어야 한다는 것이다.

그러면서 루이시는 다시 마투라나와 바렐라를 인용하여 다음과 같이 말한다.[62]

> 증식을 하기 위해서는 그 단위가 먼저 단위로서, 그 단위 자체를 정의할 조직과 함께 구성되어야 한다. 이것은 간단한 상식적 논리이다. …… 살아 있는 유기체는 자체 증식 능력이 없이도 존재할 수 있다.

그러나 이들의 이러한 주장은 자신의 논리를 스스로 배반한다. 이들의 말대로 생명의 정의가 생명이 지닌 필수적인 내용을 담기 위해서는 그것을 담아낼 그릇, 즉 단위가 설정되어야 하며, 이 단위는 그것을 담아내기에 충분해야 한다. 그러니까 기왕에 생각한 그릇이 이것을 담기에 불충분하다면 당연히 단위를 넓혀 이것이 담기도록 해야 할 것인데, 이들은 거꾸로 단위부터 설정한 후 여기에 담기지 않는 것을 배제하는 결과를 주는 것이다. 물론 이때 배제되는 내용이 오직 부수적인 것들이라면 그렇게 큰 문제가 되지 않을 수도 있다. 그러나 생명의 경우, 이것이 본질적인 것이며, 이에 비해 그들이 말하는 '자체생성성'이라는 것은 오히려 부수적이라는 주장을 펼 수도 있다. 예를 들어, 바이러스도 생명이라고 보는 사람들의 관점이 바로 그러한 점에 입각한 것이다. 그런데도 '자체생성성'이라는 하나의 임의로운 기준을 설정해놓고 이것 외의 것은 생명이 아니라고 배제하는 것이 옳은 일인가?

물론 정의라는 것은 기본적으로 임의로운 것이며, 누구나 자신의 기호에 맞게 정의할 수는 있다. 이러한 점에서 정의 자체를 탓할 수는 없다. 그러나 그 정의가 대상의 기본적 성격을 적절히 담아내지 못한다면 그것은 제한된 효용성 이상을 가질 수가 없다. 나중에 다시 논의하겠지만 '자체생성성'에 바탕을 둔 정의는 특히 우리의 일상적 생명 관념과 부합되는 측면이 있고, 이 점에서 그만한 효용성이 있다. 하지만 생명의 진정한 성격을 담아낼 정의로 삼기에는 부적절하다. 우리가 이를 생명의 정의로 삼을 경우, 생명의 전모가 시야에서 사라지면서 생명은 점점 더 파악하기 어려운 존재로 낙착되어버릴 것이기 때문이다.

결국 브리태니커 백과사전에서 생명에 대한 새로운 정의로서 자체생성적 정의를 비교적 호의적으로 서술하면서도 여전히 "아주 포괄적이고 간결한 정의는 아무도 제시하지 못하고 있다"라고 말한 것은 이러한 점을 염두에 둔 것이다.

3-3 생명의 정의가 어려운 이유

실제로 몇몇 사람들은 생명의 정의를 내리기 어려운 이유를 찾아내려고 한다. 그 대표적인 경우가 마굴리스와 세이건이다. 앞에서 언급한 바와 같이 이들은 자신들의 책에서 생명이라는 것은 그 본성상 정의를 거부하는 것이라는 주장을 편다. 생명은 삶이란 행위와 분리될 수 없는 것이고, 삶이란 끊임없이 변해가는 속성을 가진 것이기에 이를 하나의 정의 안에 담을 수 없다는 것이다. 이러한 관점은 브리태니커 백과사전의 새 버전에도 일부 수용되어 있다. 앞에서 이야기했듯이 생명의 핵심 성질들, 즉 성장, 변화, 생식, 외부 간섭에 대한 능동적 반응, 진화 같은 것들은 변형 또는 변형의 가능성을 수반하는데, 이러한 성격들은 산뜻한 분류라든가 최종적 정의에 의해 규제되기는 어렵다는 것이다.

그런데 과연 이러한 이유는 타당한가? 끊임없이 변해가는 속성을 가진 것이기에 하나의 정의 안에 담을 수 없다면, 가령 은하라든가 그 안에 있는 별들도 끊임없이 변해가는 것인데 이들 또한 정의할 수 없는 것인가? 변함 그 자체를 속성의 하나로 하는 좀 더 포괄적인 정의는 왜 가능하지 않은가? 이렇게 생각해볼 때 이러한 주장들은 그리 타당해 보이지 않는다. 오히려 생명의 정의가 이렇게 어려워진 이유는 우리가 생명에 대해 가진 기존의 생명 관념과 우리가 과학적 탐구를 통해 밝혀내고 있는 진정한 생명의 모습 사이에 나타나는 불일치에 있으리라고 보는 것이 옳을 것이다.

이제 이러한 상황을 하나의 비유를 통해 알아보자. 개구리의 눈에는 움직이는 것만 보이고 움직이지 않는 것은 보이지 않는다고 한다. 그렇다면 개구리가 하나의 커다란 나무를 볼 때, 이것이 어떻게 보일까? 바람이 불면 나뭇잎들과 잔가지들이 움직일 것이다. 그래서 개구리는 나뭇잎과 잔가지를 보고 '나무'라고 이름을 붙였다. 즉, 개구리의 관념 속에는 바람이 불 때 나무 위에서 흔들리는 나뭇잎 하나하나와 잔가지 하나하나가 나무인 것이다. 일상생활 속에서 이러한 관념은 별 문제를 일으키지 않는다.

그러다가 이제 '나무' 자체를 정의해야 할 상황에 놓이게 되었다고 해보자. 먼저 나뭇잎과 잔가지 사이에는 상당한 차이가 있음에도 수액이 흐른다든가 하는 공통점도 많이 있기에 다 함께 나무의 범주 속에 넣는다. 그런데 좀 더 굵은 가지는 어떻게 할까? 이들은 움직이지 않으나 바람이 셀 때는 약간씩 움직이는 것을 느낄 수 있다. 따라서 이들도 나무의 범주에 넣어야 한다는 주장이 제기된다. 그런데 여기에 문제가 생긴다. 거의 모든 점에서 잔가지와 굵은 가지는 유사하기에 어느 선에서 '나무'와 '나무가 아닌 것'을 구별할 도리가 없다. 더 굵은 쪽으로 가자니 이미 익숙한 '나무'의 관념과 충돌한다. 그렇다고 더 가는 쪽에 경계를 긋자니 좀 더 굵은 것과 실질적으로 의미 있는 구분이 안 된다.

그렇다면 우리는 이 상황을 어떻게 보아야 할까? 이는 나무 자체에 대한 기본적인 이해 부족에서 온 것이라고 보아야 한다. 그들이 나무 자체를 제대로 알았더라면 이런 사이비 문제로 고심할 필요가 없었을 것이다. 그들이 본 것은 단지 나무의 부분들이었고 이것들은 근본적으로 나무 자체와 분리되어 규정될 수 없는데도, 어느 선에서 이를 잘라내어 그들이 그간 잘못 생각해온 '나무' 관념에 맞추어 별도의 정의를 내리려 했던 데에서 그러한 혼란이 온 것이다. 그러니까 그들의 눈에는 직접 잘 보이지 않지만, 합당한 사고를 통해 유추해본다면 나무라는 것은 그들이 그간 생각해온 '나무'가 아니라 더 큰 어떤 실체이며, 이것을 제대로 파악하고 난 후에 그들이 그간 생각해온 '나무'가 새로 파악한 진정한 나무와 어떤 관계에 있는지를 파악하면 된다. 그렇게 하여 그들은 그동안 자기들이 '나무'라고 생각했던 것이 실은 나무의 한 부분인 나뭇가지와 나뭇잎이었음을 알게 될 것이다.

마찬가지 상황이 생명의 경우에도 적용된다. 우리가 생명에 대해 알면 알수록 생명의 진정한 실체는 많은 부분들이 결합되어 생명 현상을 가능하게 해주는 좀 더 큰 어떤 것인데, 이 전체의 모습이 우리의 육안에 들어나지 않았으므로 오직 거기에 연결되어 나타나는 개별 생명체들만을 보고 그 안에 '생명'이 들어 있을 것이라 여겨왔던 것이다. 이것이 바로 나뭇잎과 잔가지만 보고 그 안에 '나무'라는 무엇이 있을 것이라고 생각하는 것과 마찬가지다. 그러니까 개구리들이 진정 나무를 이해하고 심지어 나무를 정의하기 위해서라도 먼저 자신들이 지금까지 생각해왔던 '나무'의 이미지에서 벗어나 진정한 의미의 나무를 먼저 파악하고, 그 안에서 자신들이 지금까지 '나무'라고 잘못 이해했던 나뭇잎과 나뭇가지가 이 나무 안에서 어떤 기능을 지닌 어떤 존재인지를 재확인해야 하는 것처럼, 우리도 이제 생명 현상을 가능하게 해주는 진정한 의미의 생명이 어떠한 모습을 가지는지를 먼저 파악하고, 이 안에서 지금까지 우리가 생명이라고 잘못 생각해온 것들이 어떤 성격을 가진 어떤 존재인지를 재확인해야 한다.

그렇다면 우리가 과연 생명의 일부분만을 따로 떼어 '생명'이라고 부르는 잘못을 범하고 있는가? 이미 살펴본 바와 같이 생명의 정의 자체가 어렵다는 사실이 이러한 가능성을 강하게 암시해준다. 그 무엇에 대한 정의가 가능하지 않다고 하는 사실은 그 대상에 대한 기존의 우리 관념이 대상의 전모를 포괄하지 못하고 오직 그 일부에만 묶여 있어서 이를 넘어서지 못하는 데서 오는 것일 가능성이 매우 크다. 그러나 이것은 우리가 미처 파악하지 못한 그 나머지 부분은 무엇이며, 이것이 과연 이미 따로 떼어내어 '생명'이라 불러왔던 부분과 불가분의 연속체를 이루는가를 확실히 밝히고 난 후에야 분명해질 것이다.

이제 이 작업을 위해 앞에서 논의했던 생명의 자체생성적 정의를 바탕

도형 3-2 〈도형 3-1〉에 주변 체계 C를 첨부해 만든 도형

```
               C           C

            S S S S S S S S S S S S S
       C    S                       S      C
            S                       S
          A→A   ⇨ S, S, S ⇨   A'→A'
            S                       S
       C    S                       S      C
            S S S S S S S S S S S S S

               C           C
```

으로 이것이 놓치는 부분이 무엇인지를 구체적으로 살피는 데서 출발해 보자. 이 논의를 위해 앞에서 루이시가 제시한 도형(〈도형 3-1〉)을 약간 수정한 〈도형 3-2〉를 중심으로 생각해보자. 그림에서 보다시피 〈도형 3-2〉는 〈도형 3-1〉에 나타낸 체계 주변에 문자 C들로 표기된 (외부) 물질/에너지 분포가 존재함을 나타낸 것이다.

이 도형에서 구성 물질 S로 둘러싸인 부분이 한 생명체, 즉 세포 또는 유기체를 나타내는 부분이다. 생명에 대한 자체생성적 정의는 살아 있기 위해 외부에서 물질/에너지 A를 받아들여서 이를 자체의 한 부분인 S로 전환하여 자체의 유지 및 확장 활동을 한 후 노폐물/노폐 에너지 A'을 체계 밖으로 뿜어내는 존재를 말한다. 그런데 이미 지적한 바와 같이 이 정의에서는 이때 흡입되는 물질/에너지 A가 무엇인지 전혀 명시되지 않고 있으며, 실제로는 '이러한 체계에 대해, 거기에 맞는 A가 있을 때'라는 전제 조건 아래서만 이 정의가 의미를 가질 수 있다. 마투라나는 이러한 사정을 가리켜 '물질'에 대해서는 열려 있으나 '관계'에 대해서는 닫혀 있다는 말로 넘어가려 하지만, 이는 단순히 물질에 대해 열려 있다는 말만으

로 정리될 수 있는 일이 아니다. '이러한 체계에 대해, 거기에 맞는 A가 있어야 한다'는 말은 이 물질과 내부 조직 사이에 특별한 '관계'가 이루어져야 한다는 것이고, 따라서 이 체계가 결코 '관계'에 대해 닫혀 있을 수 없음을 말해주는 것이다. 이는 마치 나무를 보지 않고 나뭇잎만 보는 사람들이 이것이 살아 있기 위해서는 나뭇잎이 '물질'에 대해서는 열려 있으나 '관계'에 대해서는 닫혀 있다고 말하는 것과 같다. 나뭇잎과 나무둥치 사이가 물질에 대해 열려 있고 관계에 대해 닫혀 있다고 한다면 얼마나 우스운 이야기가 되겠는가?

따라서 나무의 모형을 나뭇잎(S)과 이리 흘러들어 오는 수액(A)만으로 볼 것이 아니라 여기에 연결된 나무둥치(C)까지 함께 보아야 하듯이, 우리의 생명 모형도 〈도형 3-2〉에 표시된 바와 같이 루이시의 도형(〈도형 3-1〉) 주변에 C라는 기호들로 표시된 주변 체계를 함께 포함시키는 것이 옳다.

이는 곧 이 체계가 정상적인 지구 생태계 안에 놓여 있다는 것이며, 생태계가 제공하는 물질/에너지의 공급을 받고 있다는 것이다. 그런데 '정상적인 지구 생태계'라는 이 부분은 바로 살아 있는 생명에 의해 마련된 것이고, 살아 있는 생명에 의해 유지되는 것이다. 그런데 만일 생태계의 존재를 암묵적으로 전제하고 생명을 정의한다면, 이는 생명을 '정의'하는 말의 내용 안에 이미 생명의 개념을 전제하는 셈이 된다. 적어도 여기서 말하는 '생명', 즉 자체생성적 체계는 이미 생명 안에 놓여야만 의미를 지닐 수 있는 존재라는 것이며, 이는 곧 이것이 생명의 한 부분일 수밖에 없다는 것을 말해준다.

다시 앞의 도형과 관련하여 말한다면 주변 체계 C와 이것이 공급하는 물질/에너지 A는 S로 구획되는 체계가 생명 노릇을 하기 위한 부수적인 여건이 아니라 본질적인 부분이 되는 것이며, 이 안에 생명 현상이 나타나는 것은 S에 의해서만이 아니라 C와 A, 그리고 S가 함께함으로써 가능하다는 것이다. 그러니까 진정 생명이 무엇이냐를 말하려면 C와 A가 무엇이며 이것이 어떻게 해서 S와 더불어 생명 현상을 가능하게 하는지를 파악해야 한다. 다시 말해 우주의 임의의 빈 공간 안에 C와 A와 S가 놓일 때 이것이 어떻게 생명이라는 현상을 일으키는지, 그렇게 하기 위해서는 이 C와 A와 S는 어떠한 물리적 성격을 지닌 존재인지를 말할 수 있어야 한다.

3-4
생명의 정의를 위한 최근의 시도들

생명의 정의에 관한 이러한 문제점이 알려지면서 최근에는 개체를 중심으로 하는 정의 대신에 개체들의 네트워크를 중심으로 생명을 정의해보려는 시도들이 나타나고 있다. 그 사례 중 하나로 가장 최근에 『생명이란 무엇인가』라는 제목의 책을 낸 애디 프로스의 생명관을 살펴볼 필요가 있다.[63] 그는 '생명이란 무엇인가'라는 물음을 생명의 기원 문제를 통해서 찾으려 한다. 지구에서 생명이 어떤 과정을 거쳐 출현했는지를 상세히 규명하기란 매우 어려운 일이지만 큰 흐름은 이미 파악되었다고 보면서, 그는 다음과 같이 말한다.[64]

> 지구상의 생명은 변이와 복잡화complexification의 능력을 지닌, 아직은 확인되지 않았으나 아마도 사슬 모양의 RNA 또는 RNA형 소중합 물질oligomeric substances로 구성되었을 것으로 보이는, 단순한 복제 체계replicating system

에 작용하는 복제 반응의 거대한 운동 동력kinetic power을 통해 출현했다. …… 실제로 지구상의 생명이 어떻게 출현했느냐에 관한 물리적 과정은 생물 진화에 관한 찰스 다윈의 이론을 분자 체계에도 적용되도록 확장하고 재구성함으로써 이해할 수 있다.

뒤에서 다시 설명하겠지만, 이것은 이미 학자들 사이에 널리 인정되고 있는 사실이다. 그런데 프로스가 특히 강조하는 점은 그 복제 체계가 '동적 운동 안정성dynamical kinetic stability'을 지닌 하나의 네트워크를 이루면서 아주 단순한 반응 네트워크에서 복잡한 반응 네트워크로 진화해간다는 것이다. 그리고 이것을 통해 그는 자연스럽게 다음과 같은 생명의 정의에 도달한다.[65]

이런 모든 네트워크의 본질은 이들이 전체계적으로holistically 자기 복제를 수행한다는 점이다. 그러니까 생명이라는 것은 바로 자체촉매적autocatalytic 능력을 유지해 나가는 아주 복잡하게 얽힌 화학반응 네트워크이며, 이미 보았듯이 이것은 간단한 네트워크에서 한 단계씩 복잡한 것으로 이행해 나간다.

그렇다면 이러한 생명의 정의는 우리의 일상적 개념과 어떻게 연결되는가? 이 점에 대해 프로스는 다음과 같은 흥미로운 주장을 펼친다.[66]

나는 생명이 화학반응 네트워크라고 말했지만, 우리가 주변을 조금만 둘러봐도 이것은 개체 단위, 곧 세포들로 구성된 것처럼 보인다. 세포는 우리가 명백히 '살아 있다'고 말하는 최소의 구분되는 실체이다. 살아 있는 것들은 이런 단일 세포로 되어 있기도 하고, 개별 세포들의 뭉치인 다세포 유기체로 되어 있기도 하다. 하지만 생명에 관한 네트워크적 관점은 아주 적절하면서도 흥미로운 질문을 하나 제기한다. 개별 생명체라는 것이 실제로 존재하는가? …… 실제로 개체성이라는 것은 우리가 생각하는 것처럼 아주 명료한 것이 아니다. 우리가 개별 생명체라고 분류하는 것들도 그 자체로서 한 네트워크 — 끝없이 확장되는 생명 네트워크 — 의 성분이라 생각된다.

사실 개별 생명체의 이러한 성격에 대해서는 앞에서 누누이 강조했다. 그런데 이 맥락에서 우리가 주목해야 할 점은 생명이 지닌 개체적 성격이 처음에는 매우 모호했지만 진화 과정이 진행되면서 점점 더 명료해지는 쪽으로 가고 있다는 사실이다. 칼 우즈Carl Woese에 따르면 진화 초기의 세포들은 매우 공동체적communal이었다고 한다.[67] 그들은 수평적인 유전자 교류를 활발하게 함으로써 진화를 촉진시켜 나갔는데, 이는 곧 이들의 개체성이 그만큼 모호했다는 이야기가 된다. 그러다가 네트워크가 더욱 진화되어 복잡해지면서 한편으로는 그 내부에 점점 뚜렷한 '모듈 형태modular form'가 나타나게 되고, 그 첫 단계가 바로 개별 생명 단위로서의 세포가 출현한 사건이라고 본다. 이러한 개체화가 지닌 한 가지 이점은 더욱 단단하게 전체로 묶여 있는 경우에 비해 외적 위험에 대처하기가 용이하다는 점이다. 즉, 부분적인 몇몇 개체가 희생되더라도 전체 네트워크는 큰 지장을 초래하지 않을 수 있다.

이를 통해 우리가 알게 되는 중요한 점은 생명이 가지게 되는 이러한 개체적 성격은 생명의 본질에 기인하는 것이 아니라 그 생존 전략 중 하나로 얻어진 것일 뿐이라는 사실이다. 그러니까 생명의 정의를 그 외형적 모습에서가 아니라 그것의 본질적 성격을 담아내도록 마련하기 위해서는 개체 중심의 정의보다는 네트워크 중심의 정의가 더 적절하다는 것이 애디 프로스의 입장이다.

그러나 프로스가 그의 책 『생명이란 무엇인가』에서 주로 관심을 가지는 것은 일차적으로 생명의 본질적 성격을 물리화학적으로 규명하려는 것이지 생명의 정의 자체를 가장 적절한 형태로 마련하려고 한 것은 아니다. 사실 그는 앞에 인용한 말들을 하면서도 이를 명시적으로 생명의 정의라고 규정하지 않는다.

이러한 점에서 최근 생명에 대한 네트워크적 관점을 취하면서 생명의 정의 그 자체를 본격적으로 추구하는 논문이 발표되어 눈길을 끌고 있다. 「21세기 생물학에서 생명의 보편적 정의의 필요성」이라는 제목으로 루이즈-미라조Kapa Ruiz-Mirazo(이하 미라조로 약칭)와 모레노Alvaro Moreno가 쓴 논문이 그것인데, 이들은 생명에 대한 본격적인 정의를 시도하기 전에 우선 생명의 정의가 갖추어야 할 조건들이 무엇인가 하는 문제부터 검토하고 있다.[68]

이들에 따르면 생명의 정의는 다음과 같은 조건들을 만족해야 한다. 즉, 생명의 정의는 ① 생물학, 화학, 물리학의 현행 지식에 완전히 부합해야 하고, ② 중복과 자체모순이 없어야 하며, ③ 개념적으로 산뜻하고 깊은 설명력을 가져야 하고, ④ 우연성과 필연성을 구분해 필연성에 입각한다는 의미에서 보편적이어야 하며, ⑤ 모든 형태의 생명에 공통된 요소들을 포함하는 동시에 살아 있는 것을 그렇지 않은 것과 구분할 명백한 조작적 기준을 제시하여 경계선을 명시하고, 생명 표징들biomarkers을 결정할 때 변별력을 지닌 최소의 표현이어야 한다.

우리가 일단 이러한 기준을 받아들인다면, 앞에 제시한 프로스의 생명 규정은 생명의 정의로서 조건 ③과 조건 ⑤에는 잘 부합하지 않는 것 같다. 즉, 앞에 인용된 프로스의 말들은 매우 중요한 내용을 포함하고 있으면서도 그 자체로 엄격한 생명의 정의를 시도한 것이 아닌 만큼, 이것만으로는 설명력이 다소 떨어지며, 생명인 것과 생명이 아닌 것을 구분할 변별력도 충분히 가지지 않은 것으로 보인다.

그렇다면 이러한 기준을 제시한 미라조와 모레노는 생명을 어떻게 정의하는가? 이들은 지금까지의 정의들이 생명이 지닌 두 가지 차원, 즉 개체적·신진대사적 차원과 집합적·역사적·생태적 차원 사이에서 충분한 조화를 이루어내지 못했다고 비판하면서, 자신들이 마련한 정의를 다음과 같이 제시한다.

> 생명은 자기 복제를 하는 자율적 행위자들의 복잡한 네트워크이다. 여기서 각 행위자의 기본 조직은 물질적 기록들의 지시를 받게 되는데, 이 기록들은 총체적 네트워크가 진화해 나가는 열린 역사적 과정을 통해 생성된다.

대체로 보면 미라조와 모레노의 생명 정의는 앞에 소개한 프로스의 생명 정의와 크게 다르지 않다. 단지 '복잡하게 얽힌 화학반응' 네트워크를 여기서는 '자율적 행위자들'의 네트워크로 한 점이 다르고, 이 행위자의 조직이 진화 과정에 의해 생성되는 '물질적 기록'의 지시를 받는다는 점이 부가되어 있다. 이러한 점에서 이 정의는 프로스의 정의에 비해 단순성이 다소 약화된 반면 구체성과 변별력이 향상되어 정의로서의 기능이 좀 더 잘 구현되었다고 할 수 있다.

그러나 이 정의에서도 아직 만족스럽지 않은 몇 가지 점을 지적할 수 있다. 이를 말하기 위해 우리는 먼저 사물의 정의가 가지는 두 가지 성격을 먼저 구별할 필요가 있다. 일반적으로 정의 안에는 그 명칭에 대응하는 사물이 무엇인지를 지시해주는 지시 작업으로서의 성격과 좀 더 넓은 바탕 지식에 입각해 이 대상이 어떤 성격의 존재인가를 설명해주는 설명 작업으로서의 성격이 있다. 예를 들어 무지개의 경우 이것이 무지개임을 알아보는 것은 지시적 성격의 정의 때문이지만, 이것이 어떤 성격의 존재인가를 알게 되는 것은 설명적 성격의 정의를 통해서이다. 그러니까 가장 만족스러운 정의는 이 두 가지 성격을 함께 구비할 때라고 할 수 있다.

미라조와 모레노가 제시한 생명의 정의에는 지시적 의미의 성격은 비교적 무난히 담겨 있지만 설명적 의미의 성격으로는 다소 미흡한 점이 있다. 미라조와 모레노는 생명 정의의 기준으로 생물학, 화학, 물리학의 현행 지식에 부합해야 한다고 말하고 있으나, 이것이 설명적 성격을 지니기 위해서는 이를 표현할 바탕 용어로 생물학을 제외한 화학과 물리학의 용어만을 사용해야 한다고 말하지 않는다. 생물학은 생명이 있음을 전제하고 그것이 보여주는 현상적 내용을 서술하는 것이어서 그 용어 속에 이미 생명의 내용 일부가 담겨 있게 된다. 그러므로 생명을 좀 더 넓은 바탕 지식에 입각해 규정하려면 그 바탕 지식이 되는 화학과 물리학의 용어로 표현해야 한다. 그러나 미라조와 모레노는 이 점에 주의를 기울이지 않았고, 따라서 이들의 정의 안에 이미 생물학과 이를 바탕에 둔 용어들이 섞여 나오고 있다. 예를 들어 자기 복제, 자율적 행위자, 기록, 지시 등이 모두 생물학적·인간적 용어들이다(진화도 생물학에서 많이 쓰는 용어이지만 진화 메커니즘 자체는 생물 현상을 초월해 정의될 수 있는 것이어서 이 점에서는 예외로 취급할 수 있다).

그리고 또 하나 이들의 정의에서 만족스럽지 않은 점은 이 정의의 불완전성이다. 이들이 정의하는 생명은 매우 특수한 외적 조건 아래서만 가능한 것이어서 그러한 조건과 분리시킨다면 개념의 설명적 성격에 커다란 손상을 입는다. 예를 들어 자동차를 정의하면서 사람이 타고 달릴 수 있는 물건으로만 규정하고 그 동력을 주는 엔진 부분을 제외한다면 이러한 정의만으로는 대상의 존재론적 특성을 파악하기 어려울 것이다.

이제 이러한 정황을 감안하여 미라조와 모레노의 생명 정의에 최소한의 수정을 가해보면 다음과 같다.

> 생명은 자체촉매적 국소 질서의 복잡한 네트워크를 그 안에 구현하는 자체유지적 체계이다. 여기서 각 국소 질서의 기본 조직은 지속성을 지닌 규제물들에 의해 특정되는데, 이 규제물들은 열린 진화적 과정을 통해 형성된다.

여기서는 미라조와 모레노가 말하는 자기 복제self-reproducing, 자율적 행위자autonomous agent, 기록record, 지시instruct 등 생물학적·인간적 용어들이 자체촉매autocatalytic, 국소 질서local order, 규제물constraint, 특정specify 등 화학 및 물리학의 용어로 바뀌고 있다. 그리고 미라조와 모레노가 생명을 단순히 (자기 복제를 하는 자율적 행위자들의 복잡한) '네트워크'로 규정한 데 반해, 여기서는 이를 이러한 '네트워크를 그 안에 구현하는 자체유지적 체계self-sustained system'로 규정함으로써 이 네트워크를 담게 되는 분리될 수 없는 전체를 하나의 실체로 보는 관점을 취한다. 우리가 굳이 이러한 네트워크와 그 바탕 체계를 생명의 정의 안에 포함시키는 것은 생명의 가장 본질적인 성격이 바로 이들 사이의 관계를 통해 나타난다고 보기 때문이다. 개체로서의 생명뿐만 아니라 네트워크로서의 생명을 생각하더라도 이들은 결코 고립되어 있을 수 없고 이들에게 질서를 유지시켜주는 바탕 체계와 함께해야 함을 명시한 것이다.

이러한 점들을 학문적으로 입증하기 위해서는 먼저 질서 또는 엔트로피라는 것이 무엇인지, 그리고 우주 내에는 어떤 질서들이 가능하고, 또 이것들이 우리가 생명이라 부르려는 것과는 어떤 관계를 가지는지에 대해 좀 더 근원적인 고찰이 요청된다. 이것이 바로 다음 장에서 우리가 살펴볼 주제이다.

생각해볼 거리

➲ 생명의 정의 문제를 어떻게 볼까?

생명을 정의하려는 사람들의 자세는 대략 세 가지로 나뉜다. 그 대부분은 개별 생명체 안에 생명이라는 것이 있다고 보고 이를 규정하려는 자세이며, 둘째는 이러한 시도가 만족스럽지 않자 아예 생명이란 정의할 수 없는 존재이거나 생명의 정의 자체가 무의미하다고 보는 자세이고, 셋째는 개별 생명체 안에 생명이 있다고 보게 된 우리의 기존 관념이 부적절하다고 보는 자세이다. 이 가운데 어떤 자세를 취하는 것이 가장 적절한지, 그리고 그 이유는 무엇인지 깊이 생각해보자.

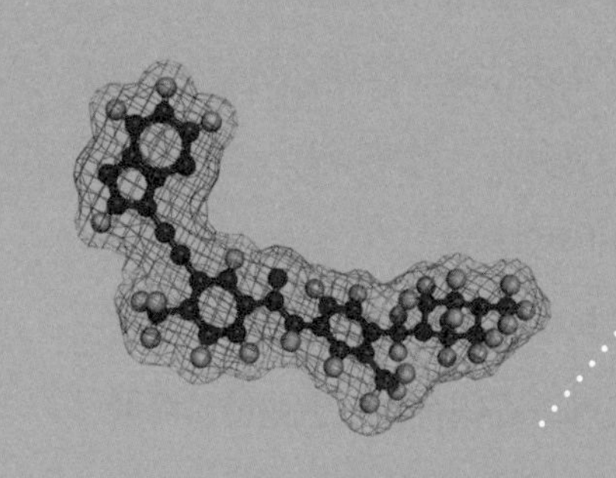

제 4 장

열역학의 법칙과 자유에너지

4-1
생명과 엔트로피

앞 장에서 개체로서의 생명뿐만 아니라 네트워크로서의 생명도 그 자체로 고립되어 존재할 수 없고 반드시 이를 가능하게 하는 바탕 체계와 함께 해야 한다는 이야기를 했다. 이는 물론 우리 모두가 다 아는 이야기이며, 이것 자체를 부정할 사람은 아무도 없다. 그러나 이것이 과연 생명 또는 생명체를 이러한 바탕으로부터 원천적으로 분리할 수 없는 것이라 할 만큼 결정적인가 하는 데에는 의문을 제기할 사람들이 많을 것이다. 그러므로 이제는 우리가 생각하는 개체 또는 이들로 구성된 네트워크로서의 생명이 이를 가능하게 만드는 바탕 체계와 구체적으로 어떤 관계를 가지는지에 대해 좀 더 본질적인 논의를 해볼 필요가 있다.

역사적으로 보면 생명체가 생명 노릇을 하기 위해 바탕 체계와 맺어야 할 가장 본질적인 관계를 누구보다도 먼저 간파한 사람은 바로 유명한 물리학자 루트비히 볼츠만Ludwig Boltzmann이다. 그는 1886년에 이미 생명과 관련하여 다음과 같은 의미심장한 말을 남겼다.[69]

> (그러므로) 생명체가 생존하기 위해 애쓰는 것은 원소들을 얻기 위해서가 아니다. 유기체를 구성하는 원소들은 공기와 물, 그리고 흙 속에 얼마든지 있다. 에너지를 얻기 위해서도 아니다. 이것도, 불행히 형태가 잘 바뀌지는 않지만, 열의 형태로 물체들 속에 얼마든지 있다. 오히려 엔트로피(더 정확히 말하면, 부-엔트로피negative entropy)를 위해서이다. 이것은 뜨거운 태양에서 차가운 지구로의 에너지 흐름을 통해 얻을 수 있다.

볼츠만은 지구상의 생명이 의존하는 질서의 소재, 곧 부-엔트로피의 근원이 뜨거운 태양임을 잘 지적하고 있다. 우리가 앞(1-2절)에서 보았듯이 슈뢰딩거 역시 그의 책 『생명이란 무엇인가』에서 볼츠만의 부-엔트로피 개념을 채용하여 "생명이란 부-엔트로피를 먹고사는 존재"라는 유명한 말을 남겼다.

그렇다면 여기서 말하는 엔트로피 또는 부-엔트로피란 무엇일까? 그리고 이것이 왜 그렇게 중요할까? 이 점을 이해하기 위해서는 대상에 대한 물리학적 서술의 기본 방식, 그리고 이와 관련한 열역학 제2법칙에 대한 기본적인 이해가 요청된다. 이러한 논의를 위해 활용되는 핵심 개념이 바로 '미시 상태'와 '거시 상태'라는 것들인데, 이는 물리학에 대한 깊은 지식이 없는 사람들에게는 좀처럼 파악하기 어려운 추상적 개념이다. 그래서 이 내용을 우리에게 비교적 익숙한 윷놀이 방식을 통해 비유적으로 설명해보려 한다. 만일 윷놀이를 통해 '미시 상태'와 '거시 상태'의 개념을 파악할 수만 있다면, 그다음에 나오는 논의는 물리학에 대한 사전 지식이 없더라도 수학적 논리만을 통해 충분히 접근할 수 있다.• 다만 이러한 논의에 익숙하지 않은 사람들은 필자가 쓴 다른 책의 내용들, 특히 『물질, 생명, 인간』의 제2장 '부록 1'이나 『과학과 메타과학』의 6-3절, 8-3절 등을 참조하면 도움이 될 것이다.[70] 그리고 수학적 논의 자체에 다소 부담이나 거부감을 느끼는 사람은 과정에 너무 집착하지 말고 결과를 음미하는 데 주력해도 좋을 것이다.

4-2 윷의 미시 상태와 거시 상태

윷놀이는 윷가락 네 개를 던져 그것들이 엎어지거나 젖혀지는 숫자에 따라 '도, 개, 걸, 윷, 모'라는 다섯 가지 윷괘로 구분하고, 각 윷괘별로 정해진 일정한 규칙에 따라 윷말을 움직이는 놀이다. 이렇게 던져진 윷가락들이 놓일 가능한 배열과 해당 윷괘를 개략적으로 나타내면 〈그림 4-1〉과 같다. 그림에서 보는 바와 같이 a, b, c, d 네 윷가락 가운데 엎어진 것을 ●로, 젖혀진 것을 ○로 표시하면, 각각이 엎어지거나 젖혀짐에 따라 16가지 서로 다른 놓임의 경우가 발생하는데, 이 하나하나의 경우를 '배열'이라 부르기로 하자. 이 각각의 16가지 배열은 그 안에 젖혀진 윷가락의 수가 얼마냐(0~4)에 따라 모, 도, 개, 걸, 윷의 다섯 가지 윷괘로 나뉜다. 여기서는 편의상 각각의 배열에 일련번호를 매겨 그 명칭으로 삼았다. 그리고 어렵지 않게 확인할 수 있는 바와 같이 윷괘 '모'와 '윷'에는 오직 하나씩의

• 이 논의는 물리학의 기본 개념에 바탕을 둔 것이지만 특히 생명 문제를 논의하기 위해 가장 적절한 형태로 재구성한 것이므로, 설혹 물리학에 친숙한 독자라 하더라도 다시 한 번 새로운 시각에서 이 논의에 주의를 기울여주기를 희망한다.

그림 4-1 4짝 윷놀이

윷가락의 놓임	윷가락의 상태		
a b c d	배열 명칭 (미시 상태)	윷괘 명칭 (거시 상태)	윷괘별 배열의 수 (W)
● ● ● ●	1	모	1
○ ● ● ●	2	도	4
● ○ ● ●	3		
…	(4~5)		
○ ○ ● ●	6	개	6
○ ● ○ ●	7		
…	(8~11)		
○ ○ ○ ●	12	걸	4
○ ○ ● ○	13		
…	(14~15)		
○ ○ ○ ○	16	윷	1

배열만이 속하며, '도'와 '걸'에는 4개씩, 그리고 '개'에는 6개의 배열이 속한다. 만일 윷가락의 물리적 형태에 의해 엎어지거나 젖혀질 확률이 서로 같다면, 각각의 배열이 나타날 확률이 모두 같을 것이고, 따라서 특정한 윷괘가 나타날 확률은 거기에 속한 배열의 수에 비례할 것이다. 즉, 모(윷), 도(걸), 개가 나올 확률은 1:4:6의 비율을 이룬다.

여기까지는 윷놀이를 조금이라도 해본 사람에게는 이미 잘 알려진 사실이다. 이제 이 상황을 실제 물리학의 경우와 연관시키기 위해 이것이 물리학적 서술의 경우와 어떠한 유사성이 있는지 살펴보기로 하자. 물리학에서는 여러 개의 입자들로 구성된 대상계(편의상 이를 단순히 '계'라 부르기도 한다)의 상태들을 '미시 상태'와 '거시 상태'로 나누어 논의하는데, 이것이 바로 윷놀이에서 '4짝으로 구성된 윷가락 세트'의 놓임을 그 '배열'과 '윷괘'로 나누어 생각하는 것과 아주 유사하다. 실제로 윷놀이에서도 '4짝 윷가락 세트'가 놓이게 될 '상태'를 16가지 배열 하나하나로 구분해 말할 수도 있고, 5가지의 윷괘만으로 구분해 말할 수도 있다. 이때 16가지 배열로 구분된 하나하나의 상태를 '미시 상태'라 하고, 5가지 윷괘, 즉 도, 개, 걸, 윷, 모로 구분된 상태를 '거시 상태'라 부를 수 있다. 그러니까 '4짝 윷가락 세트'가 놓이게 될 가능한 '상태'는 '미시 상태'로는 16개가 있고, '거시 상태'로는 5개가 있는 셈이다. 우리는 여기서 이런 미시 상태들과 거시 상태들이 서로 어떻게 관계되는지를 쉽게 알 수 있는데, 물리학에서의 미시 상태들과 거시 상태들이 바로 이러한 관계로 연결되어 있다.

물론 물리학에서는 윷가락 세트를 손에 잡고 던지는 행위에 해당하는 일은 따로 없다. 이제 윷놀이와 물리학의 경우를 좀 더 가깝게 비교하기 위해 윷가락들을 어떤 방석 위에 미리 던져놓았다고 생각하자. 이것은 도, 개, 걸, 윷, 모 가운데 어느 한 윷괘를 나타내고 있을 것이다. 예를 들어 이것이 우연히 '모'가 되어 있다고 하자. 이것이 이 '윷가락 세트'의 초기 (거시) 상태이다. 이제 우리가 관심을 가질 문제는 다음과 같다. 이 방석이 우연히 움직이거나 우리가 이것을 무작위로 흔들어 윷가락들이 불규칙하게 구르게 된다면, 이 윷괘는 어떻게 변할까? 흔드는 정도가 매우 약하다면 모 상태로 그대로 있겠지만 조금 더 세어지면 우선 도로 바뀔 것이고 더욱 세게 흔들면 점점 더 예측하기 어렵게 바뀔 것이다. 그러나 굳이 하나의 값으로 예측하라고 하면 개에 있을 것이라고 말하는 것이 가장 좋다. 확률로 보면 개에 있을 가능성이 6/16이고, 도나 걸은 각각 4/16, 모나 윷은 각각 1/16이어서, 개에 있을 확률이 가장 높기 때문이다. 그렇기는 하나 도나 걸, 그리고 모나 윷에 있을 확률도 그리 작지 않기에 윷의 경우 확률에 따른 이런 예측은 신빙성이 그리 높지 않다. 그러나 만일 윷가락의 수가 넷이 아니고 아주 많아진다면 사정은 크게 달라진다.

그러한 가능성을 보기 위해 윷놀이를 윷가락 4짝으로 하는 것이 아니라 8짝으로 한다고 가정해보자. 실제로 이러한 윷놀이가 개발되지는 않았지만, 만일 이런 것이 있다면 그 미시 상태와 거시 상태는 다음의 〈그림 4-2〉에 나타난 것과 같을 것이다. 이 경우에는 모두 256개의 배열(미시 상태)이 가능하며, 윷가락이 젖혀지는 숫자에 따라 모두 9가지의 윷괘(거시 상태)를 정할 수 있다. 그리고 각 윷괘에 해당하는 배열의 수도 어렵지 않게 산출할 수 있다.•

〈그림 4-2〉에서는 편의상 윷괘의 명칭을 모, 도, 개 1, 개 2, 개 3, 개 4, 개 5, 걸, 윷으로 표기했으나, 다섯 종류의 개를 모두 묶어 하나의 개로 취급해도 좋다. 여기서 중요한 점은 윷가락의 수가 많아질수록 가능한 배열(미시 상태)의 수가 기하급수적으로 많아지지만, 각각의 윷괘(거시 상태)에 해당하는 배열(미시 상태)의 수는 모두 같은 비율로 많아지는 것이 아니라는 점이다. 예를 들어 모와 윷의 경우는 여전히 하나씩의 배열이 대응되지만, 개 3의 경우에는 70개가 대응되고, 다섯 종류의 개를 모두 합쳐 하나의 개로 본다면 여기에 대응하는 숫자는 무려 238개나 된다.

이제 다시 이 윷가락들을 방석 위에 던져놓은 경우를 생각하자. 처음에 이것이 모에 있었고, 충분히 흔들어 개에 놓이게 되었다면, 이것을 더 흔들더라도 좀처럼 다시 모로 돌아가기는 어려울 것이다. 모로 돌아갈 확률

• 일반적으로 전체 N개의 윷가락 가운데 'n개의 윷가락이 젖혀지고 나머지는 모두 엎어지는 배열'의 수는 다음과 같다.

$$\frac{N!}{(N-n)!n!}$$

그림 4-2 8짝 윷놀이

윷가락의 놓임	윷가락의 상태		
a b c d e f g h	배열 명칭 (미시 상태)	윷괘 명칭 (거시 상태)	윷괘별 배열의 수 (W)
● ● ● ● ● ● ● ●	1	모	1
○ ● ● ● ● ● ● ●	2	도	8
● ○ ● ● ● ● ● ●	3		
…	(4~9)		
○ ○ ● ● ● ● ● ●	10	개 1	28
○ ● ○ ● ● ● ● ●	11		
…	(12~37)		
○ ○ ○ ● ● ● ● ●	38	개 2	56
○ ○ ● ○ ● ● ● ●	39		
…	(40~93)		
○ ○ ○ ○ ● ● ● ●	94	개 3	70
○ ○ ○ ● ○ ● ● ●	95		
…	(96~163)		
○ ○ ○ ○ ○ ● ● ●	164	개 4	56
○ ○ ○ ○ ● ○ ● ●	165		
…	(166~219)		
○ ○ ○ ○ ○ ○ ● ●	220	개 5	28
○ ○ ○ ○ ○ ● ○ ●	221		
…	(222~247)		
○ ○ ○ ○ ○ ○ ○ ●	248	걸	8
○ ○ ○ ○ ○ ○ ● ○	249		
…	(250~255)		
○ ○ ○ ○ ○ ○ ○ ○	256	윷	1

은 1/256인 반면, 개 가운데 하나로 남을 확률은 238/256, 즉 거의 1에 가깝다. 이것은 오직 8개의 윷가락을 생각했을 때 나타나는 일이지만, 8개가 아니라 8만 개 또는 8억 개의 윷가락을 가지고 생각할 경우 어떻게 되

리라는 것은 미루어 상상해볼 수 있는 일이다.

우리가 이처럼 많은 수의 윷가락을 상상해야 하는 것은 실제 물리학의 경우 그 대상계가 엄청나게 많은 수의 입자들로 구성되기 때문이다. 원자 또는 분자 단위의 입자들로 구성되었다고 할 경우 우리 눈에 보이거나 손에 잡힐 만한 크기의 대상이 되려면 그 숫자가 대략 10^{23}개 정도가 되어야 한다.* 말하자면 자연은 윷가락 10^{23}개를 들고 윷놀이를 하는 셈이다.

4-3
엔트로피와 열역학 제2법칙

다시 물리학에서 생각하는 대상계의 물리적 상태로 돌아가자. 물리학에서는 동역학(고전역학, 양자역학) 법칙에 의해 그 대상계가 놓일 수 있는 '미시 상태'들이 결정된다. 여기서 미시 상태라는 것은 이 대상계를 구성하는 입자 하나하나의 상태를 의미하는 것이 아니라 이들로 구성된 대상계 전체의 가능한 상태 하나하나를 말한다. 이는 윷놀이에서 전체 '윷가락 세트'가 놓일 수 있는 '배열' 하나하나를 미시 상태라 부른 것과 같다. 그러니까 입자 10^{23}개로 구성된 대상계에서는 이 전체 입자가 모여 만드는 전체 계의 상태 하나하나를 말하는 것이다. 그리고 윷놀이의 경우, 예컨대 '개'에 속하는 6개의 배열이 서로 구분되지 않는 것처럼, 대상계의 미시 상태들 사이에도 많은 것들이 현실 세계에서 서로 구분되어 나타나지 않는다. 그리하여 윷놀이에서 이들을 도, 개, 걸, 윷, 모 등 구분 가능한 윷괘로 묶어내듯이, 물리학에서도 이 미시 상태들을 분류하여 현실적으로 구분

* 물의 경우, 물 분자(H_2O) 6×10^{23}개(아보가드로수)가 모여야 물 18g이 된다.

이 가능한 '거시 상태'들로 묶어내게 된다.

예를 들어 물 3g을 대상계로 삼았다고 생각해보자. 이것은 대략 H_2O 분자 10^{23}개로 구성되어 있는데, 이들이 모여 무수히 많은 서로 다른 미시 상태에 놓일 수 있다. 그러나 이들을 다시 구분 가능한 형태로 분류해보면 고체인 얼음에 속하는 것들과 액체인 물에 속하는 것들, 그리고 기체인 수증기에 속하는 것들로 나뉜다. 즉, 이 경우 대표적인 거시 상태는 '얼음'과 '물'과 '수증기'가 된다. 말하자면 자연의 윷놀이에서는 얼음, 물, 수증기가 바로 도, 개, 걸, 윷, 모 등에 해당하는 셈이다. 그렇다면 거시 상태인 얼음, 물, 수증기 속에는 각각 몇 개의 미시 상태들이 속하게 될까? 이것은 원칙적으로 동역학을 통해 계산할 수 있지만, 여기서는 단지 얼음의 경우에 가장 적고, 그다음이 물이며, 수증기의 경우에 가장 많다는 점만 지적하기로 한다. 이는 곧 얼음이 되기 위해서는 물 분자들이 특별한 방식의 배열을 이루어야 하지만, 물의 경우에는 이러한 제약이 거의 없이 가까이 모이기만 하면 되고, 수증기의 경우에는 물 분자들이 제멋대로 흩어져도 된다는 점만 생각하면 쉽게 알 수 있다.

또 다른 사례로 소금이 물에 녹아 소금물이 되는 경우를 생각해보자. 우리의 대상계는 일정량의 물과 소금이다. 이것이 놓일 수 있는 미시 상태는 무수히 많지만 크게 두 가지로 분류해보면 소금과 물이 나뉘어 있는 경우에 해당하는 것들과 소금이 물에 녹아 섞여 있는 경우에 해당하는 것들이 있다. 즉, 소금과 물이 나뉘어 있는 경우가 하나의 거시 상태가 되고, 소금이 물에 녹아 이들이 서로 섞여 있는 경우가 또 하나의 거시 상태가 된다. 앞의 것이 '모'라고 한다면 뒤의 것이 '개'에 해당한다. 물론 녹는 정도에 따라 여러 단계로 세분할 수도 있다. 이들은 말하자면 도, 개 1, 개 2, 개 3 등에 해당한다고 보면 된다.

우리가 이처럼 미시 상태와 거시 상태의 관계를 통해 사물을 보는 것은 이를 통해 거시 상태들 사이의 변화를 확률적으로 서술하기 위해서이다. 어떤 대상계에서 그것이 놓일 수 있는 모든 미시 상태들이 같은 확률로 발생한다면, 이 대상계가 특정 거시 상태에 있게 될 확률은 이에 해당하는 미시 상태의 수에 비례하게 될 것이다. 그런데 처음에 우연히 확률이 낮은 거시 상태에 있었다 하더라도 미시 상태들 간의 전환이 허용되는 상황에 놓이면 이것은 조만간 확률이 높은 거시 상태 쪽으로 변해가게 된다. 이는 마치 방석 위에 놓인 윷가락들이 방석의 흔들림에 따라 계속 변하면서 점점 더 가능성이 높은 윷괘 쪽으로 바뀌게 되는 것과 같은 이치이다. 실제로는 동역학적 이유에 따라 대상계의 미시 상태들이 서로 전환을 하지만, 외형상으로는 오직 이들이 속한 거시 상태들로만 구분되어 나타난다. 예를 들어 같은 거시 상태에 속하는 미시 상태들 사이의 전환은 외형상 아무런 변화도 일으키지 않는다.

다시 소금물의 경우를 보자. 처음 소금을 물에 넣는 순간에는 상대적으로 해당 미시 상태의 수가 적은 거시 상태에 있는 셈이다. 이는 방석 위의 윷가락들이 윷괘 '모'를 이루는 경우에 해당한다. 주변의 요동이나 물 분자들의 운동 등으로 소금물의 미시 상태들은 계속 변하다가 마침내 소금이 물에 완전히 녹은 상태에 이르는데, 이는 수많은 윷가락들이 만들어내는 '개'에 해당하는 상태이다. 이 경우 더 흔들어도 좀처럼 '개'에서 벗어나기 어려운 것처럼, 이 소금물의 미시 상태들이 수없이 서로 전환하더라도 여전히 거시 상태는 '완전히 녹은 소금물'의 상태를 벗어나기 어렵다.

요약하면 거시 상태의 변화는 언제나 '해당 미시 상태의 수가 적은 거시 상태'에서 '해당 미시 상태의 수가 많은 거시 상태' 쪽으로 일어난다고 말할 수 있다. 따라서 일단 '해당 미시 상태의 수가 가장 많은 거시 상태'에 이르면 더 이상 거시 상태의 변화는 일어나지 않게 된다. 이것이 바로 자연계의 가장 중요한 법칙 가운데 하나인 열역학 제2법칙이다. 그러니까 여기서 핵심적인 개념은 '한 거시 상태에 대응하는 미시 상태의 수'이다. 이를 '열역학적 확률'이라고도 부르며, 흔히 W라는 기호로 표시한다. 그런데 약간의 수학적 편의로 인해 열역학적 확률 W를 직접 활용하는 대신 이것의 대수(logarithm)인 logW를 중요한 새 개념으로 정의해 이를 '엔트로피'라고 부른다. 그러니까 엔트로피가 큰 거시 상태는 그 안에 해당 미시 상태의 수가 많은 거시 상태임을 말하며, 따라서 존재할 확률이 높은 거시 상태라는 말도 된다. 이러한 용어를 채용한다면 열역학 제2법칙은 다시 다음과 같이 표현된다. '거시 상태의 변화는 언제나 엔트로피가 작은 거시 상태에서 엔트로피가 큰 거시 상태 쪽으로 일어난다.'

4-4 온도와 자유에너지

이러한 열역학 제2법칙은 한 가지 중요한 단서 위에서 성립한다. 즉, 모든 미시 상태는 같은 확률로 발생한다는 것이다. 그리고 이 조건은 대상계가 일정한 에너지를 가지고 있으며 외부와의 사이에 에너지 출입이 없다고 할 때 엄격하게 성립한다.• 그런데 많은 경우 물리적인 대상계는 일정한 온도 아래 외부와의 열 교환, 즉 에너지의 출입을 허용하게 된다. 이러할 경우 대상계가 지닌 에너지와 이때 허용되는 미시 상태들 사이의 관계가 좀 더 복잡해진다.

• 여기서는 물질의 출입도 없는 것으로 가정한다.

실제로 한 대상계에 대해 허용되는 미시 상태들은 그 계가 지닌 에너지 값에 따라 달라지는데, 일반적으로 에너지가 크면 클수록 허용되는 미시 상태들이 많아져서 그 숫자가 기하급수적으로 늘어난다. 이러한 상황을 생각하기 위해 우선 대상계의 에너지가 일정하다고 가정하자. 그럴 경우 이 계는 처음 어떤 거시 상태에서 출발했든 조금 시간이 지나면 이 에너지가 허용하는 범위 안에서 가장 엔트로피가 큰 거시 상태에 도달할 것이다. 이때의 에너지를 E라 하고 이때의 엔트로피를 S라 하면, S를 에너지 E의 함수로 볼 수 있다. 또 이러한 함수 S(E)를 통해 우리는 단위 에너지 증가에 따른 엔트로피 증가율, 곧 'dS(E)/dE'를 규정할 수 있는데, 이것이 바로 이 대상계 자체의 온도 T_o와 관계되는 값이다. 좀 더 정확히 말하면 대상계 자체의 온도 T_o는 이 값과 다음 수식의 관계를 가지도록 정의된다.•

$$dS/dE = 1/T_o \quad \text{즉, } T_o = 1/(dS/dE) \qquad (4\text{-}1)$$

이제 에너지 E, 엔트로피 S를 가진 대상계가 온도 T를 지닌 주변계에 둘러싸여 있다고 해보자. 이때 만일 이 대상계가 주변으로부터 에너지를 ΔE만큼 받아들인다면, 이로 인해 대상계의 엔트로피는 함수 S(E)의 미분량 ΔS만큼 증가할 것이고, 반면 주변에서는 에너지를 ΔE만큼 잃었으므로 그 엔트로피가 $\Delta E/T$만큼 줄게 될 것이다.•• 그런데 이 전 과정은

• 여기서 온도라 함은 이른바 절대온도를 의미한다. 섭씨온도는 절대온도에서 273°를 뺀 값이라 생각하면 된다. 그리고 이 온도를 T라 하지 않고 굳이 T_o로 표기한 것은 앞으로 T라는 온도 표기는 이 대상계가 놓인 '주변의 온도'를 지칭하는 데 주로 사용할 것이기 때문이다.

•• 주변계의 에너지와 엔트로피를 각각 E', S'라고 할 때, 1/T는 주변계의 에너지에 대한 엔트로피의 변화율인 dS'/dE'이 되고, 따라서 $\Delta S' = \Delta E'/T$가 된다.

전체 엔트로피가 증가하는 쪽으로 발생해야 하므로, 결국 다음과 같은 부등식을 만족시키게 된다.

$$\Delta S - \Delta E/T \geqq 0 \qquad (4\text{-}2)$$

우리는 이제 이 부등식을 두 가지 방식으로 해석할 수 있다. 첫째, 대상계의 엔트로피 변화량 ΔS는 대상계의 자체 온도 T_o에 의해 '$\Delta S = (dS/dE)\Delta E = \Delta E/T_o$'로 표시되므로, 이 부등식은 다음과 같은 형태로 다시 표현된다.

$$\Delta E(1/T_o - 1/T) \geqq 0 \qquad (4\text{-}3)$$

이것이 의미하는 바는 대상계의 에너지가 ΔE만큼 증가하기 위해서는, 다시 말해 주변으로부터 대상계 쪽으로 이만큼의 에너지가 이동하기 위해서는, 대상계의 온도 T_o가 주변의 온도 T보다 낮아야 한다는 것이다. 이것이 바로 열은 높은 온도 쪽에서 낮은 온도 쪽으로 흐른다는, 우리에게 너무도 잘 알려진 사실이지만, 그 이유는 바로 이 부등식을 통해 이해될 수 있다.

둘째, 우리는 앞의 부등식을 변형하여 열역학 제2법칙의 또 다른 표현에 이르게 된다. 즉, 에너지 E, 엔트로피 S를 가진 대상계가 온도 T를 지닌 주변 상황에 둘러싸여 있는 경우, 그 대상계의 '자유에너지' F를 다음의 수식 4-4로 정의한다면, 에너지 증가량 ΔE에 따른 자유에너지 변화량 ΔF는 수식 4-5로 표시되는데, 제일 오른편의 괄호 속에 표현된 항들이 바로 부등식 4-2의 좌변이고 온도는 항상 영보다 크므로,* 이는 곧 수식

4-6처럼 된다는 것을 말해준다. 즉, 자유에너지는 그 값이 항상 감소할 수 있지만 증가할 수는 없다고 하는 열역학 제2법칙의 또 다른 표현을 얻게 된다.

$$F \equiv E - TS \quad (4\text{-}4)$$

$$\Delta F \equiv \Delta(E - TS) = \Delta E - T\Delta S = -T(\Delta S - \Delta E/T) \quad (4\text{-}5)$$

$$\Delta F \leqq 0 \quad (4\text{-}6)$$

이제 이 관계식을 이용하여 물(H_2O)이 어째서 얼음이 되고, 물(액체)이 되고, 수증기가 되는지 살펴보자. 현재 H_2O 분자 10^{23}개(약 3g의 물)로 구성된 대상계가 에너지 E를 가지고 있다고 하자. 우리는 원론적으로 동역학의 원리에 따라 이 대상계의 엔트로피 S를 에너지 E의 함수로 산출할 수 있다. 이렇게 할 경우, 이 에너지에 대응하는 엔트로피 S와 자체 온도 T_o는 각각 $S = S(E)$, $T_o = 1/(dS/dE)$에 의해 결정된다. 그런데 만일 이 에너지 E가 얼음 상태에 해당하는 에너지라면 이 대상계는 자체 온도 T_o인 얼음이 되어 있을 것이다.

지금 이 대상계가 온도 T를 가진 주변계와 접촉하고 있다고 해보자. 만일 주변의 온도가 자체 온도보다 더 낮다면, 얼음은 에너지를 주변으로 빼앗겨 점점 더 낮은 에너지를 가지게 되고 자체 온도도 더 낮아지다가 이

• 에너지가 클수록 허용되는 미시 상태들이 많아지므로 dS/dE의 값, 그리고 1/(dS/dE)로 정의되는 (절대)온도 T의 값도 항상 영보다 크다.

것이 주변 온도와 같아질 때 더 이상 에너지와 자체 온도의 변화를 겪지 않게 될 것이다. 이때 대상계는 주어진 주변 온도 아래 가장 낮은 자유에너지를 가진 상태가 된다. 반대로 주변 온도가 자체 온도보다 더 높다면 주변으로부터 에너지를 점점 흡수하면서 엔트로피와 함께 자체 온도도 증가하게 된다. 이번에는 이렇게 에너지를 흡수하는 것이 자유에너지를 낮추는 과정에 해당한다.

그러다가 주변 온도가 얼음이 녹는 온도인 0°C(절대온도 273°K) 이상이 되면, 얼음으로 있을 때의 자유에너지보다 액체인 물로 있을 때의 자유에너지가 더 낮아지게 되어 전체적으로 액체 상태로 바뀌게 된다. 이때는 물론 에너지뿐 아니라 엔트로피도 얼음의 경우에 비해 월등히 크게 된다. 그러다가 다시 주변 온도가 100°C(절대온도 373°K) 이상이 되면 물로 있을 때의 자유에너지보다 수증기로 있을 때의 자유에너지가 더 낮아져서 대상계는 기체 상태인 수증기로 바뀌게 된다. 이때의 엔트로피는 얼음은 물론이고 물로 있을 때의 엔트로피에 비해서도 월등하게 크다.

그런데 처음부터 엔트로피가 가장 큰 수증기 상태로 있었다면, 엔트로피가 더 작은 물이나 얼음으로 바뀔 수도 있을까? 외부와의 에너지 출입이 없다면 이것은 불가능하다. 그러나 외부와의 접촉이 있고 외부의 온도가 충분히 낮다면, 외부로 에너지를 내보내어 외부의 엔트로피를 충분히 높여주는 동시에 자체의 에너지와 엔트로피를 낮추게 되는데, 이 과정이 대상계로서는 오히려 자유에너지를 낮추는 결과가 된다. 우리가 너무도 잘 알다시피 주변 온도가 다시 100°C(절대온도 373°K) 이하, 그리고 다시 0°C(절대온도 273°K) 이하가 되면 물이 되고 또 얼음이 된다. 여기서 흥미로운 점은 주변과의 상호작용에 따라 엔트로피를 낮추는 일이 얼마든지 가능하며, 이것 역시 열역학 제2법칙을 따르는 과정이라는 것이다.

4-5
질서와 정연성

이제 '질서order'라는 개념을 말할 때가 되었다. 이 개념이야말로 생명을 이해하는 핵심 개념이지만, 이것 역시 정확히 규정하기가 쉽지 않다. 그러나 아주 단순하게 말한다면 질서는 '혼돈chaos'의 반대 개념이라 할 수 있다. '혼돈'이란 아무것도 구분할 수 없음을 말하는데, 그러니까 그 무엇인가를 구분할 수 있다면 이는 이미 질서가 있다는 것을 의미한다.

그런데 우리가 이 질서라는 말을 의미 있는 과학적 용어로 활용하기 위해서는 이것의 정도를 정량적으로 나타내는 것이 좋다. 예를 들어 뜨거움이라는 것이 매우 유용한 개념이지만 이것의 정도를 정량적으로 나타낼 과학적 용어를 별도로 정의할 필요가 있다. 이리하여 우리는 온도라는 개념을 도입하고 있다. 마찬가지로 이미 우리의 관념 체계 안에서 나름의 의미를 지니고 통용되는 '질서'라는 개념에 대해서도 이것의 정도를 정량적으로 표현할 수 있는 개념이 필요하다. 이를 위해 우리는 '정연성整然性, orderliness'이란 개념을 도입하는 것이 편리하다. 정연성은 질서의 '정도' 또는 '크기'를 명시적으로 나타내는 개념인데, 사실 이것은 전혀 새로운 개념이 아니고 이미 엔트로피 개념과 관련하여 암묵적으로 사용해온 것이기도 하다.

우리는 앞(4-3절)에서 엔트로피를 정의했으며, 조금 더 앞(1-2절, 4-1절)에서 슈뢰딩거와 볼츠만의 말을 인용하는 과정에 '부-엔트로피'라는 용어를 선보이기도 했다. 여기서 부-엔트로피는 엔트로피의 값에 마이너스(-) 부호를 붙인 값을 의미하는데, 이것이 바로 질서의 '정도'를 나타내기에 가장 적절한 표현이다. 이제 이것을 다시 한 '거시 상태'에 속하는 '미시 상태'들의 수 W를 중심으로 말해보자. 윷놀이의 경우에서 보았듯이 한 거시 상태에 속하는 미시 상태의 수가 많을수록, 즉 W가 클수록 이것이 정연하지 못하고 무질서한 것으로 인정된다. 그러므로 우리는 질서의 '정도'를 이 W 값과 연관 지어, 이것이 작을수록 질서가 더 정연하다고 말할 수 있다. 그런 점에서 W 값의 역수, 곧 1/W를 질서의 한 척도로 삼을 수도 있겠지만, 엔트로피 정의의 경우처럼 이것의 대수logarithm, 곧 log(1/W)를 질서의 척도로 지정하는 것이 편리하다. 이를 기호 O(orderliness의 약자)로 나타낸다면 질서의 정도, 즉 정연성 O는 다음과 같이 정의된다.

$$O \equiv \log(1/W) = -\log W = -S \quad (4\text{-}7)$$

여기서 보다시피 정연성 O는 –S가 되는데, 이것이 바로 조금 전에 말한 부-엔트로피이다.•

질서의 정도, 즉 정연성을 이렇게 정의하고 나면 윷놀이의 경우 모와 윷이 가장 큰 정연성을 가지게 되고, 도와 걸이 그다음이며, 개의 정연성이 가장 작게 되는데, 이는 흔히 '정연하다'고 말하는 우리의 일상적 개념과도 잘 부합된다. 특히 윷가락의 수가 많아서 가령 100만 개의 윷가락을 던진다고 할 때 모나 윷은 대단히 희귀할 것이며, 이것이 지니는 정연성은 그만큼 더 뚜렷해질 것이다.

• 우리는 흔히 자연의 합법칙성을 두고 '자연의 질서'라는 말을 쓰기도 하며, 대칭성이 높은 경우에 대해 질서가 크다고 말하기도 한다. 이러한 내용들은 모두 혼돈에 반대되는 의미를 담고 있지만 이들을 직접 부-엔트로피 형태로 정의한 '정연성' 개념 속에 잘 담기지 않을 수도 있다. 따라서 이들을 나타내기 위해서는 정연성의 개념을 넓힐 필요가 있으나, 여기서는 더 이상 깊은 논의를 하지 않는다.

질서의 척도로 정연성 O를 이렇게 도입하고 나면, 우리가 흔히 엔트로피를 '무질서의 정도'라고 부르던 것이 정당화되며, 어느 의미에서는 '엔트로피'라는 개념 자체가 불필요해진다. 엔트로피 'S'가 들어갈 모든 자리에 '-O'를 대신 넣어주기만 하면 되는 것이다.

예를 들어 앞(수식 4-4)에 도입한 자유에너지는 다음과 같이 표현할 수 있다.

$$F \equiv E + TO \qquad (4\text{-}8)$$

주변(온도 T)과 열적 접촉을 가진 모든 대상계의 거시 상태는 이 자유에너지가 낮은 쪽으로 변하려 한다는 것이 변화의 기본 원리인데, 여기서 보다시피 이 안에는 에너지(E) 항과 질서(TO) 항이 있어서 이 둘이 서로 경합하는 성향을 보인다. 실제로 에너지가 커지면 질서는 줄어들고 에너지가 작아지면 질서는 커지는 경향을 가지지만, 질서 항에는 주변의 온도(T: 0~∞)가 곱해져 있어서 온도가 높을수록 질서 항의 영향이 커지고 온도가 낮을수록 에너지 항의 영향이 커진다. 그러니까 주변 온도가 높으면 질서가 작은 쪽이 전체 자유에너지를 낮추는 데 크게 기여하고, 온도가 낮으면 에너지가 작은 쪽이 자유에너지를 낮추는 데 더 크게 기여한다. 따라서 높은 온도에서는 상대적으로 보아 에너지가 크고 질서가 작은 (거시) 상태가 선호되고, 반대로 온도가 낮아지면 에너지가 작고 질서가 큰 (거시) 상태가 선호된다. 여기서 다시 한 번, 기온이 내려가면 왜 에너지가 크고 질서가 작은 '물'에서 에너지가 상대적으로 작고 질서가 상대적으로 큰 '얼음'이 되려는 경향이 생기는지를 알게 된다.

이제 이러한 상황을 그래프를 통해 표현해보자. 이를 위해 우리는 서로

그림 4-3a 구조 파라미터 공간에서 본 거시 상태의 자유에너지:
대상이 최소 질서 상태에 놓인 경우

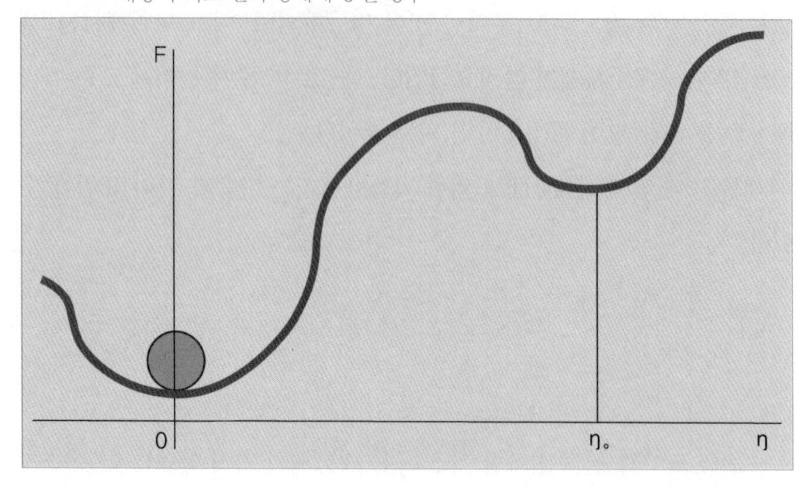

그림 4-3b 구조 파라미터 공간에서 본 거시 상태의 자유에너지:
대상이 상대적으로 높은 질서 상태에 놓인 경우

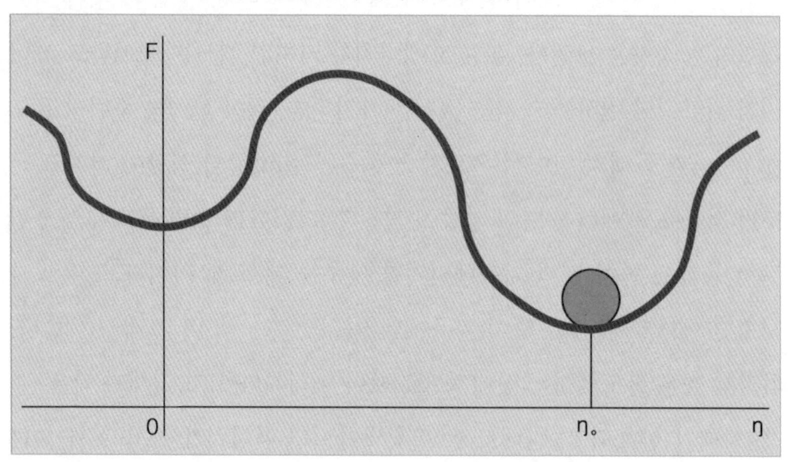

다른 거시 상태들의 구조적 성격을 대표하는 파라미터를 하나 지정하고, 각 거시 상태가 지닌 자유에너지를 이 파라미터 공간에서의 그래프로 나타내보는 것이 유용하다. 이제 이 파라미터를 '구조 파라미터'라 부르기로

하고, 이를 문자 η 로 나타내자. 이때 η 의 원점, 즉 $\eta = 0$에 해당하는 위치가 최소의 질서를 가진 상태, 곧 정연성이 가장 낮은 거시 상태를 나타내는 것으로 설정하면 편리하다.

이렇게 할 경우, 한 대상계의 거시 상태들이 지니는 자유에너지를 〈그림 4-3a〉, 〈그림 4-3b〉와 같은 그래프로 나타낼 수 있다. 〈그림 4-3a〉는 온도가 상대적으로 높아서 질서가 가장 낮은 상태, 곧 정연성이 최소가 되는 (거시) 상태일 때 자유에너지가 가장 낮아진다는 것을 보여주는 그래프이며, 이 최소점 위에 작은 원을 그려놓은 것은 대상계가 실제로 이 상태를 점유하고 있음을 말하는 것이다. 반면 〈그림 4-3b〉는 온도가 다소 낮아져 구조 파라미터가 η_0 값을 가지게 되는 거시 상태에서 자유에너지가 가장 낮아져, 대상계가 실제로 이 상태로 전이된 모습을 보이고 있다.

이번에는 계의 주변 온도 T와 전체 에너지 E가 고정되어 있는 경우를 생각해보자. 이 경우에 가능한 변화는 오직 계의 전체 정연성 O가 줄어드는 방향으로만 발생하게 된다. 즉, 엔트로피가 항상 증가한다는 말 대신 우리는 정연성이 항상 줄어든다는 말을 하게 된다. 그러나 이는 계 전체의 정연성이 줄어든다는 것을 말할 뿐, 계 안의 각 부분의 정연성이 모두 줄어들어야 한다는 이야기는 아니다.

예를 들어 이 안에 자체 온도가 서로 다른 두 부분 A와 B가 있다고 하자(다음의 〈그림 4-4〉 참조). 이 경우, A의 에너지가 일정량이 빠져나와 B 쪽에 유입되면서 A의 정연성이 약간 증가하고 B의 정연성이 이만큼, 또는 이보다 조금 더 많이 감소하는 과정이 열역학적으로 가능하다. 이때 만약 A의 자체 온도 T_A가 전체 계의 주변 온도 T보다 크다고 하면, 부분 B만의 자유에너지 $F_B \equiv E_B + TO_B$는 정연성 O_B의 감소에도 불구하고 오히려 증가할 수 있다. 이를 보이기 위해, 지금 부분 A에서 부분 B로 에너지

그림 4-4 온도가 다른 두 부분 사이의 에너지 이동

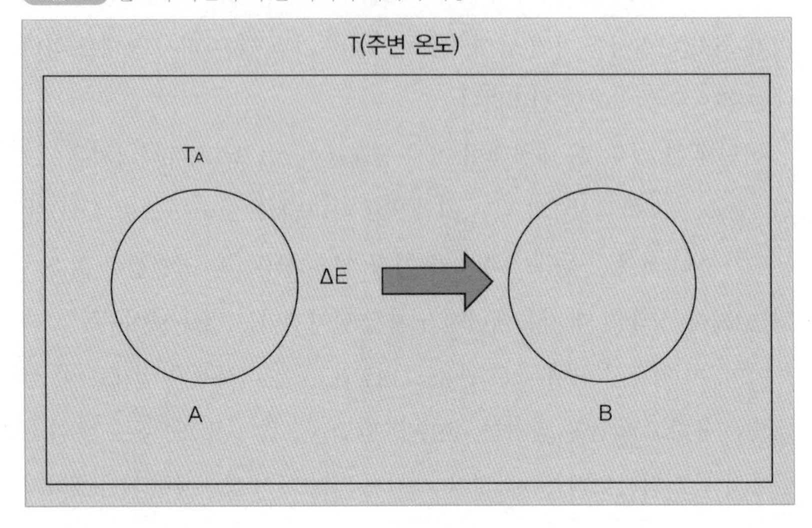

가 ΔE만큼 전달되어 부분 B에 정연성 변화 ΔO_B가 야기된다고 해보자. 이때 부분 B의 자유에너지 변화 ΔF_B는 다음과 같이 된다.

$$\Delta F_B = \Delta E + T\Delta O_B \quad (4\text{-}9)$$

그런데 부분 B의 정연성 변화 ΔO_B는 부분 A의 정연성 변화 ΔO_A와 같거나 더 많이 감소하게 되고, 부분 A의 정연성 변화 ΔO_A는 자체 온도 T_A의 정의에 따라 수식 4-10과 같은 관계를 가지므로, 다음의 수식 4-11과 같은 관계식이 성립한다.

$$T_A = 1/(\Delta S_A / \Delta E) = -1/(\Delta O_A / \Delta E) \quad (4\text{-}10)$$

$$\Delta F_B \leqq \Delta E + T\Delta O_A = \Delta E - T\Delta E/T_A = \Delta E(1 - T/T_A) \quad (4\text{-}11)$$

즉, 부분 B의 자유에너지 변화 ΔF_B는 다음의 수식 4-12를 만족시키게 된다.

$$\Delta F_B \leqq \Delta E(1 - T/T_A) \quad (4\text{-}12)$$

이 식의 우변은 T가 T_A보다 낮을 때 영보다 큰 값을 가질 수 있고, 이럴 경우 부분 B의 자유에너지는 이 부등식이 지정하는 범위 안에서 증가할 수도 있게 된다.

이것이 바로 자유에너지가 감소만 한다는 일반 법칙에도 불구하고, 일부 대상계에서는 일정량의 자유에너지가 유지되거나 경우에 따라서는 증가할 수도 있게 되는 원인이다. 즉, 적절한 온도 차이를 가지는 두 부분계들 사이에 에너지의 흐름이 있을 때, 그중 낮은 온도에 놓인 부분계는 일정한 범위 안에서 자유에너지를 공급받는 결과가 나타나고 이렇게 공급된 자유에너지는 이후 유용한 어떤 활동을 위해 사용될 수 있다.• 그러나 여기서 주목해야 할 점은 이를 규정하는 수식 4-12가 등식이 아니고 부등식이라는 점이다. 이는 곧 상한선만 지정해주는 것이며, 그 하한선에 대해서는 아무 말도 해주지 않는다. 그러므로 이러한 상황 안에서도 하기에 따라서는 자유에너지를 전혀 얻지 못할 수 있을 뿐 아니라 오히려 잃을 수도 있게 된다. 그러나 최소한 원리적으로나마 항상 사라져 가려고만 하는 자유에너지를 보충할 수 있는 길이 열린다는 것은 높은 질서의 체계를 유지하려는 입장에서는 매우 다행스러운 일이다.

• 자유에너지가 이미 최소인 경우에는 어떠한 거시적 변화도 일으킬 수 없지만, 자유에너지가 최소치보다 큰 경우에는 자유에너지를 낮추는 과정에서 특정의 변화를 일으킬 수 있다.

바로 이러한 점에서 우리는 볼츠만이 언급한 "생명체가 생존하기 위해 애쓰는 것은 …… 엔트로피(더 정확히 말하면, 부-엔트로피)를 위해서이다. 이것은 뜨거운 태양에서 차가운 지구로의 에너지 흐름을 통해 얻을 수 있다"라는 말의 의미를 알게 된다. 우리는 이것을 엔트로피 대신 자유에너지와 (질서의) 정연성을 통해 이야기했지만 결과는 마찬가지다. 즉, 뜨거운 부분(태양)에서 상대적으로 차가운 부분(지구)으로 에너지의 흐름이 있을 때 한해 필요한 자유에너지를 얻을 수 있으며, 이것이 있어야 생존의 유지 등 필요한 모든 활동을 할 수 있게 된다는 것을 말한다.

생 각 해 볼 거 리

➲ 생명의 이해라 함은 무엇을 말하는가?

우리는 흔히 익숙한 것을 잘 안다고 생각한다. 가장 대표적인 사례가 온도와 물이 어는 현상이다. 우리는 온도가 무엇인지 안다고 생각하며, 또 물이 섭씨 0°에서 어는 것을 너무도 당연한 것으로 생각한다. 그러나 사람들은 대부분 이것들을 제대로 이해하지는 못하고 있다. 아마 독자들 중에서도 이 장의 내용을 (충분한 인내심을 가지고) 읽고 비로소 이를 처음으로 이해했다고 느끼는 사람이 있을 것이다.

그렇다면 생명도 이러한 방식으로 이해할 수 있을까? 우리는 생명에 대해 충분히 익숙하며, 따라서 잘 안다고 생각한다. 그러나 아마도 이를 이해할 수 있다거나, 이해하려고 노력한 사람은 별로 없을 것이다. 만약 이를 이해한다면 어떠한 방식의 이해가 될 것인지, 온도의 경우나 물이 어는 경우와 대비하여 생각해보면 좋을 것이다. 이는 일상적 지식과 과학적 지식의 차이도 될 수 있을 것이며, 일상적 생명 이해와 과학적 생명 이해의 차이라고 해도 좋을 것이다.

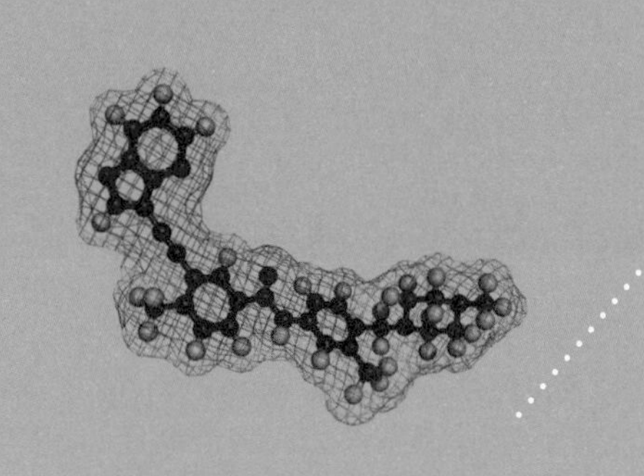

제 5 장
우주와 질서

5-1
우주 안에서 관측되는 형상들

이제 이 우주 안의 질서가 어떻게 만들어진 것인지에 대해 생각해보자. 앞에서 이야기했듯이 질서라는 것은 우주 안에서 우리의 인식 능력을 통해 구분해낼 수 있는 형상(거시 상태)들이 지닌 특징적 성격 중 하나인데, 이 질서의 정도를 일정한 방식에 따라 표현해낸 개념이 곧 정연성이다. 그러니까 우리가 우주 안의 질서를 말하기 위해서는 우리가 인식 능력을 통해 구분해낼 수 있는 가능한 형상들과 그것들이 가지고 있는 정연성을 각각 살펴봐야 한다.

먼저 우주 안에 있는 구분 가능한 형상들을 개관해보자. 현재 관측 가능한 우주 안에는 약 2,000억(2.0×10^{11}) 개의 은하가 있으며, 각각의 은하 안에는 대략 10^7~10^{14}개의 항성(별)들이 있는 것으로 추정된다. 이 가운데 태양계가 속해 있는 우리 은하Milky Way Galaxy 안에는 태양 규모의 항성이 대략 2,000억(2.0×10^{11})에서 4,000억(4.0×10^{11}) 개 정도가 있다고 알려졌다. 한편 1992년까지만 해도 우리 태양계 밖에 어떤 행성planet이 있으리라는 것은 오직 추측으로밖에 알지 못했으나, 그 후 행성 관측 장비와 기술이 크게 발전하면서 현재(2013년 5월 22일) 확인된 외계 행성extrasolar planet만 889개에 이르며, 그 숫자는 날이 갈수록 증가하고 있다. 우주 안에 이러한 행성이 모두 몇 개나 있을지는 아직도 추정하기가 매우 어려우나, 최근의 한 연구 결과에 따르면 우리 은하의 경우 항성 하나마다 평균 1.6개 정도의 행성이 돌고 있을 것으로 추정된다.[71]

이런 사실들로 미루어볼 때 우주 안에는 우리 태양-지구 체계와 흡사한 구조물들이 매우 많을 것으로 보이며, 따라서 그 안에는 우리가 '생명'이라 부르는 것과 흡사한 현상들이 적지 않게 있으리라는 추정을 해볼 수 있다.• 물론 우리는 아직 태양계 안의 다른 행성들과 새로 발견되는 외계 행성들의 물리적 여건이 어떠하리라는 점에 대해 초보적인 지식만을 가지고 있을 뿐, 여기에 생명이 있다거나 없다는 말을 확정적으로 하지 못하고 있다. 현재로서 한 가지 분명한 것은 여기에 있는 물질도 우리가 알고 있는 것과 같은 원자와 분자로 구성되어 있으며, 이들에게도 우리에게 알려진 것과 같은 자연의 보편 법칙이 적용되고 있다는 사실이다.

그렇다면 우리가 알고 있는 항성-행성 체계의 기본 구성과 그 안에 존재하는 물질의 기본 성격을 통해 그 안에 '생명'에 해당하는 어떤 현상이 발생하게 될 기본 이론을 구축할 수는 없을까? 이것이 바로 우리가 여기

• 2013년 1월 7일, 케플러 미션 우주 관측소(Kepler Mission Space Observatory)에서는 'KOI-172.02'라는 지구형(Earth-like) 외계 행성을 발견했다고 공포했는데, 이것은 지구 지름의 1.5배 크기를 가진 것으로, 우리 태양과 매우 흡사한 별 주위의 서식 가능 영역(habitable zone) 안에 놓인 것이어서 외계 생명의 가능한 서식처로 주목되고 있다.

서 시도해보려는 작업이다. 이를 위해 가장 바탕이 되는 중심 개념으로 '질서'를 설정하고, 이 질서가 어떻게 해서 만들어지는지에 대해 좀 더 깊이 살펴보기로 한다.

우리는 지금 자연계에 존재하는 구분 가능한 형상들을 질서의 담지자라 보고 그 질서의 정도를 '정연성'이란 개념을 통해 정량적으로 규정해나갈 수 있게 되었다. 그러나 우리가 굳이 이러한 방법에 맞추어 엄격한 논의를 하지 않더라도 우리 주변의 대상들을 일상적으로 접하면서 그 안에는 질서의 성격에 현격한 차이가 있는 두 가지 종류의 대상이 있음을 쉽게 알게 된다. 그 하나가 이른바 물리적 대상으로, 우리 주변에서 흔히 보는 바위와 돌, 산과 언덕, 눈과 비, 강과 시냇물 등이다. 그리고 때때로 반갑지 않게 나타나는 태풍이나 갖가지 기상 현상도 모두 여기에 속한다. 이렇게 지칭되는 대상물은 모두 좀 더 기본적인 물질 입자들로 구성된 대상계의 거시 상태들이며, 따라서 우리는 원칙적으로 거기에 일정량의 정연성을 부여할 수 있다.

그런데 우리는 이러한 질서의 담지자들과는 대조되는 또 한 종류의 질서 담지자들을 접하고 있다. 개구리와 잠자리, 노루와 산토끼, 들국화와 소나무, 그리고 사람과 침팬지 등이다. 우리는 이들이 앞의 것들과는 아주 다른 성격을 가졌다는 것을 직감적으로 알지만, 앞에서 보아온 바와 같이 무엇이 그렇게 다른지를 설명해내기는 쉽지 않다. 이들도 앞의 것들과 마찬가지로 좀 더 기본적인 입자들로 구성된 대상계의 거시 상태들임에는 틀림없지만, 이들이 지닌 질서는 앞의 것들이 지닌 질서와는 비교할 수 없을 만큼 다른 어떤 새로운 범주에 속한 것으로 보이기도 한다.

사실 이런 점은 우연이 아니다. 이 두 가지 질서는 형성 과정에서 커다란 차이가 있었고, 따라서 그 질서의 정도와 성격에도 비교할 수 없는 커다란 차이가 나타난다. 그렇기에 설혹 그 형성 과정에 대한 깊은 이해가 없어도 우리는 그 차이를 거의 직감적으로 알아보게 된다. 그러나 이들의 성격에 대한 좀 더 본질적인 이해를 위해서는 자연계의 기본 원리에 입각하여 이들이 형성되는 과정을 좀 더 상세히 살펴봐야 한다.

5-2
우주의 출현과 '힉스 마당'

다행히 우리는 지난 한 세기를 거치면서 초기의 우주와 그 변화 과정에 대해 비교적 신뢰할 만한 많은 지식을 축적했다. 그 대표적인 것이 바로 현대물리학에 바탕을 둔 빅뱅Big Bang(대폭발) 우주론이다.[72] 이 이론에 따르면 우주는 약 137억 년 전에 이른바 '빅뱅'이라는 특이한 사건을 통해 출발했는데,[73] 시간과 공간 자체가 바로 이를 기점으로 생겨나 계속해서 팽창해오고 있다. 그러니까 이 사건 이전에 무엇이 있었느냐 하는 것은 물음 자체가 성립하지 않는다. 그 '이전'이라는 말 속에는 이미 시간이 그 이전에도 있었으리라는 가정이 들어 있기 때문이다. 우리는 무제한의 과거를 상정하고 있지만, 이는 오직 우리가 머릿속에서 만들어 가지고 있는 일상적 시간 관념에 따른 상정일 뿐, 적어도 현대물리학이 이해하는 실제의 모습에 따르면 시간 자체가 바로 이 시점에서 시작한다. 동시에 이 시점이 가지는 매우 중요한 특징은 이 시점에는 아무런 질서도 존재하지 않았다는 점이다. 공간 자체를 포함하여 모든 것이 하나의 점에 집결되어 있어서 그 안에는 아무런 구분의 가능성도 허용되지 않았다. 이것은 말하자면 완전한 혼돈이고 완전한 대칭이다. 그러나 그 안에는 앞으로 질서가 되고 현상을 이루게 될 모든 소재의 원형이 전혀 분화되지 않은 가장 단순한 형태로 잠재되어 있었다. 이러한 점에서 이것은 완전한 대칭이며 아직 펼쳐지지 않은 잠재적 질서였다.

이러한 초기의 혼돈 상태에 있던 우주가 갑작스러운 팽창과 함께 질서를 지닌 여러 가지 형태의 형상들을 만들어내게 되는데, 특히 초기의 혼돈이 질서로 전환되는 과정을 이해하기 위해 앞에서 설명한 자유에너지 개념을 활용할 수 있다. 앞에서 정의($F \equiv E + TO$)했듯이 자유에너지 F는 두 개의 항, 즉 에너지 항 E와 질서 항 TO로 구성되며, 거시 상태의 변화는 항상 이 두 항의 합이 작아지는 쪽으로 일어난다. 그런데 여기서 말하는 온도 T는, 대상계와 열적인 에너지 교류가 있는 주변계를 전제했을 때 이것이 지닌 온도를 의미한다.

따라서 우리는 지금 초기 우주 전체를 그 어떤 질서가 구현될 대상계와 그 배경을 이룰 주변계로 나누고, 온도 T를 지닌 배경 부분이 우리의 관심사가 되는 대상계와 에너지 교환을 가능하게 한다고 생각할 필요가 있다(이러한 주변계의 구체적 사례로 여타의 물질계와 열적 평형을 이루어온 우주배경복사cosmic background radiation 체계를 상정할 수 있다). 이렇게 할 경우, 우리의 관심사는 이러한 주변 배경을 제외한 나머지 전체 우주의 상태이며, 특히 이것이 지닌 정연성 O가 어떻게 출현하느냐 하는 점이다.* 원론적으로 이야기하자면 이를 위해 정연성 O를 에너지 E의 함수로 설정하여 자유에너지 F를 에너지 E와 온도 T의 함수로 나타내야 하는데, 이것은 실제로 신뢰할 만한 우주론의 모형** 안에서 '양자마당 이론'으로 대

* 또 한 가지 고찰 방식은 한 단위 공간 안의 모든 것을 대상계로 삼고 그 밖의 모든 것을 주변계로 보는 관점이다. 이는 양자마당 이론에서 일반적으로 택하는 관점이다. 특히 팽창하는 우주의 경우, 한 순간의 공간을 대상계로 하고 늘어나고 있는 부분을 주변계로 삼을 수도 있다.

** 현재 가장 신뢰받고 있는 빅뱅 우주론의 표준 모형은 'ΛCDM model' 또는 'Lambda-CDM

표되는 동역학 이론이 해낼 수 있는 일이다. 여기서는 단지 원론적으로 이러한 함수 형태가 지정될 수 있다는 가정 아래, 온도 변화에 따른 자유에너지의 최소 조건이 어떻게 될 것인가에 대해서만 생각해보는 것으로 충분하다.

빅뱅 직후 우주는 아주 좁은 공간 안에 우주 전체의 에너지를 담게 되므로, 그 온도 T는 거의 무한대에 이를 만큼 뜨거운 상황이 된다. 이러할 경우 가장 낮은 자유에너지는 불가피하게 정연성 O가 가장 작은 경우에 해당하며, 이는 곧 대상계가 최대한의 무질서한 (거시) 상태에 놓일 수밖에 없음을 말해준다. 이것이 바로 앞에서 이야기한 혼돈의 진정한 의미이다. 그러다가 우주가 곧 팽창함에 따라 공간의 에너지 밀도가 줄어들어 주변계의 온도가 내려가면, 상대적으로 에너지 항의 중요성이 커지면서 정연성이 어느 정도 높더라도 에너지가 더 많이 낮아지는 쪽이 자유에너지를 최소화시키게 된다. 이렇게 되면 에너지는 낮고 정연성은 높은 거시상태들이 출현하여 우주에는 비로소 구분 가능한 형상들이 나타난다(〈그림 4-3a〉, 〈그림 4-3b〉 참조). 물론 어떤 에너지에서 어떤 형태의 질서가 생기느냐를 결정해주는 것은 전적으로 우주를 구성하는 기본 소재와 여기에 적용되는 동역학의 법칙들에 따른다.

그런데 한 가지 매우 흥미로운 점은 이러한 변화가 꼭 점진적이고 연속적으로만 일어나는 것이 아니라 특정한 온도에서 매우 불연속적으로 질

model'이라고도 하는데, 여기서 Λ는 오래전에 아인슈타인이 도입했던 우주 상수 Λ를 상징하는 것으로 우주 팽창을 촉진하는 암흑 에너지(dark energy)의 영향을 도입한 것이며, CDM은 'cold dark matter'의 약자로 암흑 물질의 영향을 도입했음을 말한다. 현재 우주 안에는 질량으로 환산할 때 암흑 에너지가 73%, 암흑 물질이 23%, 그리고 그 나머지 4.5% 정도가 천체, 성간물질 등을 이루는 물질들이다. 이와 함께 우주배경복사가 차지하는 비율이 대략 0.01%, 우주 잔여 뉴트리노(relic neutrino)가 차지하는 비율이 0.5%인 것으로 알려졌다.

적인 전환을 일으키기도 한다는 것이다. 그 대표적인 것이 이른바 '힉스 메커니즘Higgs mechanism'이라는 것인데, 이 안에는 매우 흥미로운 이야기가 숨어 있다. 그러나 이것을 직접 이야기하기 전에 요즘 특히 관심을 끌고 있는 '힉스 마당Higgs field'과 '힉스 입자Higgs particle'라는 것이 무엇인지를 한 비유를 통해 생각해보자.

지금 여기 물고기들이 만들어 나가는 다음과 같은 문명이 있다고 생각하자. 이들은 상당한 지적 수준에 이르러 주변의 세계를 합법칙적으로 이해하려 한다. 그러나 이들은 물 밖으로 나가볼 기회가 전혀 없기 때문에 땅 위의 세계를 경험할 길이 전혀 없다. 그렇기에 이들은 물이 존재한다는 사실조차 전혀 알지 못한다. 하지만 이들 가운데서도 갈릴레이나 뉴턴 같은 과학자가 나와서, 예를 들어 운동의 법칙과 같은 것을 찾아내어, 아래로 떨어지는 운동이나 위로 떠오르는 운동, 그리고 앞으로 나아가는 운동이 어떤 법칙에 따라 일어나는지를 찾아냈다. 게다가 이들은 천체를 관측할 수도 있어서, 예컨대 케플러 법칙들을 찾아내고 또 여기에 적용되는 뉴턴의 법칙들을 찾아내어, 천체들의 운동을 깔끔히 설명할 뿐 아니라 예측까지 해내게 되었다.

그렇게 되자 이들은 천체에 적용되는 뉴턴의 운동법칙이 자신들의 세계(물속)에서 적용되는 법칙들과 다르다는 사실을 알고 하늘과 자신들의 세계에는 각각 다른 법칙이 적용된다고 믿게 되었다. 대다수 과학자들은 여기에 대해 아무런 불편을 느끼지 않았으며, 오직 몇몇만이 이 법칙의 차이에 불만을 느끼고 이를 하나의 법칙을 통해 이해하려고 해보았지만 별 성공을 거두지 못하고 있었다.

바로 이 무렵 한 뛰어난 물고기가 나타나 물이 존재하리라는 대담한 가정을 했다. 만일 이러저러한 성질을 가진 '물'이라는 것이 있다면 이것은 운동에 대해 이러저러한 저항을 미칠 것이고, 그러한 물의 효과를 고려한다면 결국 자신들의 세계에도 하늘에서와 똑같은 법칙이 적용되리라는 설명을 해냈다. 그리고 심지어 물이 생겨나기 이전의 세계, 곧 매우 뜨거웠던 우주의 초기에는 물이 오직 수증기로만 되어 있어서 이러한 자신들의 법칙이 적용되지 않았던 시대도 있었는데, 그러다가 우주가 식어 수증기가 모여 물이 되면서 자신들이 현재 보고 있는 세계가 나타났다고 설명했다.

매우 흥미로운 이론이지만 많은 물고기들은 여전히 반신반의했다. 그것만으로는 물의 존재를 증명할 수 없다고 생각했다. 그래서 과학자들은 물의 존재를 직접 확인하려는 노력을 기울였다. 예를 들어, 물의 일부에 대단히 높은 에너지를 가하여, 이를 끓는점 이상의 온도로 올리고, 이때 발생하는 '증기 방울'을 직접 관측함으로써 물의 존재를 확인해보자는 것이었다. 그러나 이것은 이들이 처한 여건 아래서는 최상의 노력이 필요한 것이어서, 국제적인 과학자 조직에서 전 세계적인 노력을 들여 이 장치를 만드는 일에 몰두했다. 그러던 어느 날 드디어 '증기 방울'에 부합되는 어떤 존재를 실험적으로 확인했다는 놀라운 발표를 하기에 이르렀다.

이것이 바로 지난 2012년 7월 4일, 세계 최대 입자물리학 연구 기관인 유럽입자물리학연구소CERN가 자신들이 수행한 실험에서 "오랫동안 추구되어온 힉스 입자와 부합되는consistent with 입자를 질량 영역 125~126 GeV에서 관측했다"라고 발표한 내용에 해당한다.[74] 이 관측을 수행한 실험 장치인 대형강입자충돌기LHC: Large Hadron Collider 또한 세계에서 가장 크고 가장 높은 에너지를 내는 입자 가속 장치로서 2008년에 완공된 이래 수년간 주로 이 작업을 수행해왔다. CERN의 사무총장인 호이어Rolf-Dieter Heuer는 이 결과에 대해 "한 평민으로서의 나는 힉스 입자를 발견했다고 확신하지만, 과학자로의 나는 오직 힉스 입자와 부합하는 입자를 찾았다 고밖에 말할 수 없다"라고 하면서 혹시라도 힉스 입자와 유사한 다른 어떤 것일 가능성을 완전히 배제하지는 않고 있다. 사실 힉스 입자의 존재는 이론상으로 이미 오래전에 예측된 것이며, 그것이 가지게 될 질량 또한 114~143 GeV 범위로 추정되어 관측된 입자와 정확히 맞아떨어지고 있다.•

여기서 말하는 '힉스 입자'가 바로 물고기 비유에서의 '증기 방울'에 해당한다. 그리고 물고기 세계에서의 '물'에 해당하는 것이 힉스 입자의 바탕이 되는 이른바 '힉스 마당'이다. 이미 1960년대부터 '물', 즉 이러한 '힉스 마당'이 있으리라는 학설이 제기되었지만, 이것의 직접적 증거인 힉스 입자가 확인되지 않은 이상 여전히 미심쩍은 일면이 있었다. 그러나 이것을 확인하기 위해서는 너무도 거대한 장비가 필요해서, 2008년에 완공된 LHC가 나오기 전까지는 시도조차 할 수 없었다. 그리고 다시 수년간의 어려운 작업 끝에 이것의 실험적 검출에 이르렀지만, 과학자들이 결과를 놓고 이렇게 조심스러워하는 것은 이 발견이 가지게 될 학문적 중요성 때문이다. 물고기들이 물속에 살면서도 물이라는 것을 전혀 모르다가 역사의 어느 시점에 자신들이 물속에 있다는 사실을 처음으로 알게 되었다고 할 때, 그것이 지니는 문명사적 의미가 얼마나 크겠는가?

물고기에게 물이 왜 중요하느냐 하는 것은 물어볼 필요도 없는 물음이다. 그러나 한 가지 지적하고 지나갈 것은 사람에게 물이 중요한 것과 물고기에게 물이 중요한 것은 그 성질이 다르다는 점이다. 사람도 물이 없

• 2013년 10월 8일, 드디어 이러한 업적이 공인되어 피터 힉스(Peter Higgs)와 프랑수아 앙글레르(Francois Englert)는 2013년 노벨 물리학상 공동 수상자로 공표되었다.

으면 살 수 없지만 물이 공기나 햇빛과 같이 필요한 여러 필수품 가운데 하나이지 모든 것을 물에 전적으로 의존하는 것은 아니다. 그러나 물고기의 경우는 다르다. 그 몸의 형태나 생리, 그리고 그들의 세계 전체가 물에 맞추어 있기 때문에 심지어 물을 모르고도 살 수 있을 만큼 전적으로 물에 의존하고 있다.

마찬가지로 힉스 입자를 만들어내는 '힉스 마당'이 정말로 존재한다면, 이는 우리 인간에게 물고기에 대한 물의 존재와 매우 흡사한 중요성을 가진다. 만일 이것이 없었다면, 있었더라도 온도가 높아 오늘의 모습을 가지지 않았더라면, 대부분의 기본 입자들이 질량을 가지지 못했을 것이고, 따라서 모두가 빛의 속도로 휙휙 날아다녀, 원자, 분자를 비롯한 우리가 아는 어떤 물질도 이루지 못했을 것이다. 그런데도 불구하고, 어쩌면 그렇기 때문에, 우리는 마치 물고기가 물을 의식하지 않고 살 수 있듯이 힉스 마당을 전혀 의식하지 않고 살 수 있다. 우리 몸을 비롯한 모든 여건이 이미 이 힉스 마당에 완벽하게 적응하는 구조로 되어 있으며, 적어도 우리가 상정할 수 있는 시간 범위 안에서는 힉스 마당에 어떤 변화가 생길 가능성도 없어 보인다.

그렇기에 오히려 우리는 힉스 마당에 관심을 기울일 이유가 없다고 할 수도 있다. 그런데 이것은 '나'를, 그리고 생명을 이해하려는 자세가 아니다. '내'가 이 우주와, 또 이 우주의 역사와 어떻게 관련된 존재인지, 더 나아가 어떠한 우주적 의미를 가지는 존재인지를 알고 살아가기 위해서는 당연히 이 흥미로운 사실을 외면할 수 없다. 물을 모르고 살아가는 물고기의 삶을 생각해보라.

5-3
우주의 초기 질서

그러면 우주의 초기에 도대체 어떤 일이 일어났던 것일까? 흥미롭게도 우리는 지금 우주 역사의 거의 모든 과정을 눈으로 직접 확인할 수 있다. 우주의 나이가 대략 137억 년으로 추정되는데, 132억 년 전 우주의 모습까지 우리는 망원경을 통해 담아내고 있다. 우주의 먼 곳으로부터 바로 그 당시에 발사된 빛이 오늘 우리에게 도달하고 있기 때문이다. 더 엄격히 말한다면 빅뱅 이후 38만 년이 지난 우주의 모습도 우리가 보고 있는 셈이다. 이것이 바로 우리가 지금 관측하고 있는 그 무렵의 빛인 우주배경복사이다. 그러나 이보다 더 앞선 일들은 우리가 지금 직접 볼 수 없다. 그 대신 우리는 지금까지 우리가 알아온 자연에 대한 가장 기본적인 법칙들과 우주 안에서 관측되는 가장 원천적인 현상들을 총동원하여 이를 추정해낼 매우 신뢰할 만한 이론을 가지고 있다. 이것이 바로 현대 우주론이다. 이 이론에 따르면 우주에서는 빅뱅 이후 아주 짧은 순간 안에 많은 중요한 일들이 이루어졌다. 이제 그 이야기들을 좀 더 자세히 살펴보자.

최근에 비교적 널리 수용되는 '급팽창 우주론inflation cosmology'에 따르면, 최초의 우주 공간은 일종의 '힉스 마당'인 '인플레톤 마당inflaton field'으로 꽉 차 있었다. 앞에서 이야기했듯이, 이 당시 우주의 온도 T가 거의 무한대에 이르므로 이것의 자유에너지($F \equiv E + TO$)는 정연성 O의 값이 가장 낮은 상태에서 최소치를 가지게 된다. 이는 바로 아무런 구분도 할 수 없는 혼돈 상태, 곧 어느 면으로 보아도 아무런 차이가 나타나지 않는 완전 대칭의 상태이다. 이제 이 상태에 대응하는 구조 파라미터 η의 값을 원점($\eta = 0$)으로 취하고 이때의 자유에너지를 구조 파라미터 공간에서 나타내보면 다음의 〈그림 5-1a〉와 같이 된다.

그러다가 공간이 팽창하면서 에너지의 밀도가 낮아지고 이에 따라 온도가 내려가게 된다. 이렇게 되면 자유에너지 안에 있는 질서 항 TO의 값이 상대적으로 낮아지게 되어 원점($\eta = 0$)에서의 자유에너지가 주위의 자유에너지보다 상대적으로 높아질 수 있다. 이렇게 되면 우주의 상태는 자유에너지가 더 낮은, 예를 들어 $\eta = \eta_0$에 해당하는, 다른 상태로 전이하려는 경향을 가지게 되지만, 이것이 완전 대칭 상태에 있기에 어느 한쪽으로 기울어지기 어려운 이른바 '뷔리당의 당나귀Buridan's ass' 신세에 놓이게 된다.• 이리하여 결국 자유에너지가 주변에 비해 월등히 높아지는 매우 불안정한 상황에 이를 수 있다. 다음의 〈그림 5-1b〉는 우주의 상태가 바로 이러한 상황에 이르고 있음을 보여준다.

이는 마치 순수한 물이 0°C 이하의 온도에 이르고서도 얼음으로 바뀌게 될 결정적 계기를 마련하지 못해 과냉각 상태를 유지하는 경우와 아주 흡사하다. 그러나 이러한 상태는 오래 유지될 수 없으므로 어떠한 계기에 의해 거의 순간적으로 다음의 〈그림 5-1c〉가 보여주는 바와 같이 자유에너지가 낮은 어느 하나의 비대칭 상태로 전이하게 된다. 이러한 현상을 일러 '자발적 대칭 붕괴spontaneous symmetry breaking'라 부르는데, 이를 통해 우주 안에는 최초로 '비대칭성', 즉 구분 가능한 그 무엇인가가 출현하게 되었다. 이것은 전 우주에 걸친 사건이며, 이로 인해 정연성을 말할 수 있는 최초의 질서가 나타났다.

현대 우주론에 따르면 이러한 우주 초기의 사건은 극히 짧은 시간, 즉

• '뷔리당의 당나귀'는 14세기 파리 대학의 뷔리당(Jean Buridan) 교수의 이론, 즉 완전히 같은 두 조건 사이에서 한 가지를 택하는 것이 불가능하다는 주장을 동일한 두 건초 더미 사이에서 어느 쪽으로든 결정을 못해 굶어죽고 말았다는 당나귀의 사례로 설명한 데서 유래한 말이다.

그림 5-1a 빅뱅 과정의 우주: 빅뱅 순간 우주의 자유에너지와 우주의 상태

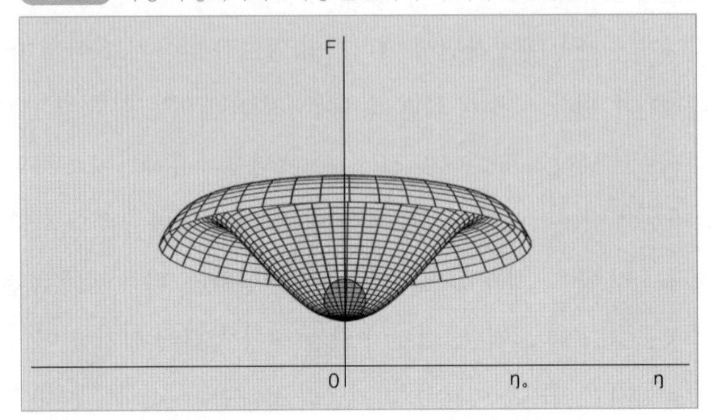

그림 5-1b 빅뱅 과정의 우주: 빅뱅 직후 불안정한 대칭 상태에 놓인 우주

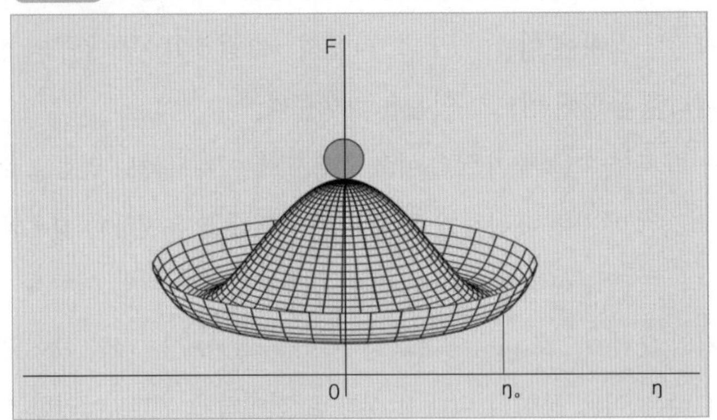

그림 5-1c 빅뱅 과정의 우주: 자발적 대칭 붕괴 이후의 우주

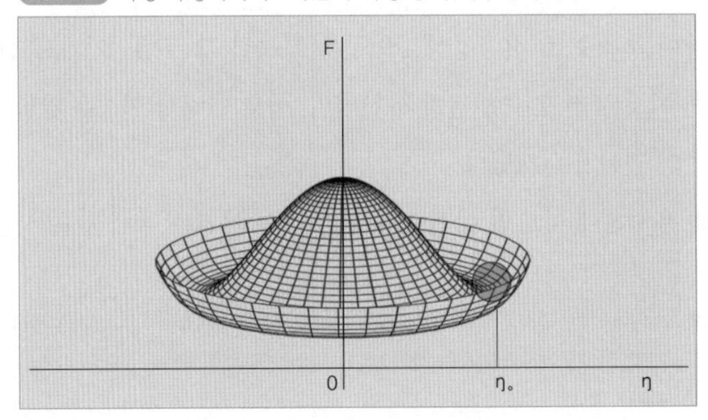

빅뱅 이후 10^{-35}초 이내에 이루어진 것으로 본다. 물론 이 당시 우주의 공간적 크기도 그리 큰 것이 아니었지만, 이때 방출된 엄청난 크기의 에너지 때문에 우주의 공간이 급속히 팽창하면서 그 공간 규모가 이 전이 과정을 통해 최소 10^{30}배 또는 그 이상으로 늘어난 것으로 추정된다(10^{30}배로 늘어났다고 하는 것은 DNA 분자 하나 정도의 크기가 우리 은하계 규모 정도로 늘어났음을 의미한다). 물론 이 기간에 우주의 공간만 이렇게 늘어난 것이 아니라 인플레톤 마당 자체가 응결되어 에너지를 지닌 수많은 물질 입자들이 출현했고, 이와 함께 이들 사이의 관계를 맺는 기본적인 상호작용도 출현했다. 이미 말한 바와 같이, 이러한 물질 입자와 이들 사이의 상호작용이 출현했다는 사실은 '구분 지어 말할 수 있는 그 어떤 존재', 곧 일정한 질서가 나타났음을 의미한다. 그러나 이 단계에서의 입자들과 상호작용들에는 아직도 상당한 '대칭성'이 남아 있어서, 입자들이 종류별로 구분되지 않으며 이들 사이의 상호작용들도 종류별로 나뉘어 있지 않다. 즉, 모든 입자들은 동일한 형태를 취하고 있었고 이들 사이의 상호작용 또한 하나로 통일된 형태를 취하고 있었다.• 아직까지는 이 모든 것들을 서로 구별해낼 어떠한 세부적 질서도 나타나지 않았다고 할 수 있다.

현대 우주론에 의하면, 이후 우주의 온도가 점점 더 낮아짐에 따라 몇 차례에 걸친 '대칭 붕괴 상전이symmetry breaking phase-transition'들이 이루어지면서, 이 입자들과 상호작용들이 더욱 분화되어 오늘날 우리가 보는 기본 입자들과 기본 상호작용들이 나타나게 되었다(이를 물고기 세계의 비유

• 물론 중력과 나머지 상호작용이 같은 형태를 취했는지에 대해서는 아직 결정적으로 말하기 어렵다. 그리고 강한 상호작용이 약한 상호작용, 전자기적 상호작용과 동일한 형태를 취했다는 대통합 이론도 아직은 약간의 문제점을 남기고 있다. 그러나 이론의 추세로 보아 이러한 주장에 큰 무리가 없을 것으로 보인다.

에서 보자면, 수증기가 응결되어 물이 생기고 물이 얼어 얼음이 생기는 현상에 해당한다). 이 점에 대한 좀 더 상세한 내용은 〈상자 5-1〉에 수록되어 있다.

상자 5-1 입자의 표준 모형과 대칭 붕괴 상전이들

현재 입자물리학에서 가장 널리 수용되는 기본 이론이 이른바 '표준 모형'이다. 이것은 기본적으로 몇 개의 기본 입자들과 이들 사이의 상호작용으로 구성되어 있다. 우선 기본 입자들을 보면 크게 물질을 구성하는 입자들과 이들 사이의 상호작용을 매개하는 입자들, 그리고 최근에 발견된 힉스 입자, 이렇게 세 종류로 구분할 수 있다. 이 가운데 물질을 구성하는 입자들은 여섯 가지 종류의 쿼크(quark)와 여섯 가지 종류의 경입자(lepton)로 구성되어 있고, 상호작용을 매개하는 입자들은 글루온(gluon), W 입자, Z 입자, 광자(photon), 이렇게 네 가지가 있으며, 힉스 입자는 오직 한 가지로 이러한 대부분 입자들의 질량을 결정하는 기능을 한다. 이것들의 명칭을 정리해보면 다음과 같다.

쿼크

1세대	2세대	3세대
u	c	t
(up)	(charm)	(top)
d	s	b
(down)	(strange)	(bottom)

경입자

1세대	2세대	3세대
e	μ	τ
(electron)	(muon)	(tau)
ν_e	ν_μ	ν_τ
(electron neutrino)	(muon neutrino)	(tau neutrino)

상호작용을 매개하는 입자

g	W	Z	γ
(gluon)	(W boson)	(Z boson)	(photon)

힉스 입자

H

(Higgs boson)

여기서 보다시피 쿼크와 경입자에는 각각 두 가지 형태의 세 세대가 있으며 나머지 입자들은 이런 구분이 없다. 그러나 이러한 구분 외에도 쿼크와 글루온에는 색채(color)라는 것이 있어서 쿼크에는 세 가지 색채가, 그리고 글루온에는 여덟 가지 색채가 있다. 또한 모든 쿼크와 경입자, 그리고 W 입자는 반입자가 있어서 입자-반입자 쌍을 이루며, 나머지 입자들은 그 자신이 반입자를 겸하고 있다. 이러한 점들을 모두 고려하여 세분해보면, 쿼크 36, 경입자 12, 글루온 8, W 입자 2, 그리고 나머지는 각각 1, 이렇게 해서 모두 61개의 기본 입자가 있는 셈이다. 아래에 이 모든 것을 다시 정리했다.

입자	형태	세대	반입자	색채	합계
쿼크	2	3	쌍	3	36
경입자	2	3	쌍	없음	12
글루온	1	1	자체	8	8
W 입자	1	1	쌍	없음	2
Z 입자	1	1	자체	없음	1
광자	1	1	자체	없음	1
힉스 입자	1	1	자체	없음	1
총계					61

이들 입자들 사이의 기본적인 상호작용은 그 크기순으로 보아 강한 상호작용(strong interaction), 전자기적 상호작용(electromagnetic interaction), 약한 상호작용(weak interaction), 중력 상호작용(gravitational interaction)이 있는데, 이들 모두가 처음부터 분리되어 있던 것은 아니고, 중력을 제외한 나머지 세 종류는 처음에 하나였다가 이른바 대칭 붕괴 상전이를 통해 분리된 것으로 본다.

이런 생각은 1960년대에 '힉스 메커니즘'을 이른바 '전약 이론(electroweak theory)'에 적용시킴으로써 구체화되었다. 이 이론은 본래 '전자기적 상호작용'과 '약한 상호작용'이 분리되지 않은 하나였는데, '힉스 마당'이 응결하여 '대칭 붕괴 상전이'를 일으키면서 오늘 우리가 보는 바와 같은 '약한 상호작용'과 '전자기적 상호작용'이 서로 다른 형태를 띠게 되었다는 것이다. 이 상호작용에는 이를 매개하는 세 가지 입자, 즉 광자와 W 입자, Z 입자가 있어야 하는데, 이들은 모두 상전이 이전에는 질량이 없었지만 이러한 상전이 과정에서 질량을 가지게 되었다는 것이 이 이론의 주된 예측 내용이다. 그런데 실제로 이론이 예측한 대로 이러한 입자들이 실험적으로 발견되었으며 이들의 질량 역시 예측된 범위 안에서 확인되었다. 실제로 이 사건은 빅뱅 이후 대략 10^{-11}초가 지나 우주의 온도가 10^{15}도에 해당할 무렵이라고 추정되는데, 이때 이후 전자기 상호작용을 일으키는 매개 입자인 광자와 약한 상호작용을 일으키는 매개 입자들인 W, Z 입자들이 구분되어, 광자는 여전히 질량이 없는 입자로 남게 되고, W 입자와 Z 입자들은 이 응결된 힉스 마당의 효과에 의해 오늘날 우리가 보는 바와 같이 질량을 가진 무거운 입자로 행세하게 되었다.

이후 이러한 생각을 더 이른 시기에 강한 상호작용과 전약 상호작용을 분리시키는 과정에도 적용시켜보려는 시도가 이루어졌다. 이것이 이른바 대통합 이론(grand unified theory)인데, 이것에 따르면 우주의 아주 초기에 '대통합 힉스 마당'이 응결하면서 그때까지 하나였던 강한 상호작용과 전약 상호작용 사이의 대칭을 붕괴시켜 '강한 상호작용'이 나머지 상호작용과 분리되었다고 한다. 그러나 이 이론에는 아직 실험적 검증 문제로 논란이 있으며, 또 여전히 중력 상호작용과의 통합은 이야기할 수 없다. 요즘 중력 상호작용까지 모두를 아우르는 이른바 초끈 이론(string theory)이 제기되고 있으나, 이 역시 실험적 검증의 어려움으로 아직 널리 수용되고 있지는 않다.

〈상자 5-1〉에 보인 것처럼 이러한 몇 차례의 '힉스 마당'의 상전이들을 거치면서 오늘날 물질을 구성하는 기본 입자들, 즉 여섯 가지 쿼크들과 여섯 가지 경입자들도 현재 우리가 보고 있는 여러 가지 서로 다른 특성을 가지게 된 것으로 보고 있다. 이들 입자가 질량을 비롯해 서로 다른 특성을 가진다는 것은 이들 사이의 대칭이 그만큼 줄었다는 것을 뜻하며, 이는 다시 새로운 구체성, 곧 질서가 생긴 것을 의미한다. 그리고 이 모든 것은 기본적으로 온도가 내려감에 따라 자유에너지 안에서 에너지 항 E에 비해 질서 항 TO의 비중이 상대적으로 커지면서 발생한 현상들이다.

이것이 대체로 빅뱅 이후 1초 이내에 일어난 일이다. 그러나 이 무렵까지는 아직 온도가 너무 높아 모든 입자들이 무작위하게 서로 섞여 공간을 떠돌면서 서로 충돌을 일으키고 서로 간에 형태 전환을 하면서도 서로가 결합하여 안정된 구조를 이루어내지는 못하는 이른바 플라스마plasma의 상태를 이루고 있었다. 그러다가 우주의 온도가 더 내려가면서 이후 몇 분 이내에 쿼크들이 다시 강한 상호작용 입자인 글루온을 매개로 오늘날 우리가 강입자hadron라 부르는 양성자와 중성자 등의 형태로 결합하게 되었고, 이들이 일부 결합하여 중수소, 헬륨 등 가벼운 원소들의 원자핵을 이루게 되었다. 입자들이 이러한 결합을 이루게 된 상태 또한 이들로 결합하기 이전의 상태, 즉 쿼크-글루온 플라스마로 있던 상태에 비해 (에너지는 더 낮아지고 그 대신 질서가 더 높아지면서) 전체 자유에너지가 낮아진 경우에 해당한다.

그러나 이 단계에서도 여전히 온도가 충분히 높아 이들 양성자나 가벼운 원자핵들이 주위의 전자들을 끌어들여 우리가 오늘날 보고 있는 수소, 헬륨 등 중성 원자를 이룰 단계에는 이르지 못했다. 이를 위해서는 시간이 더 흘러 우주의 규모가 훨씬 커지고, 따라서 온도가 충분히 낮아지기를 기다려야 한다. 현재 이론적으로 추정하기로는 빅뱅 이후 대략 38만 년이 지난 시기에 이르러 이들 원자핵이 전자와 결합하여 수소 원자 등 가벼운 중성 원자들이 출현하게 되었다. 또 이때 이후 광자와 여타 입자들 사이의 상호 전환도 어려워지면서, 광자들이 우주 공간을 무제약적으로 떠돌게 되었고, 그 빛의 일부는 아직까지도 우주를 떠돌고 있어서 우리가 이를 실제로 관측하고 있다. 이것이 바로 앞에서 잠깐 언급한 우주배경복사이다.

그 후 우주에 나타난 변화는 훨씬 더 천천히 진행되었다. 수억 년의 시간이 더 지나면서 우주의 온도는 지속적으로 낮아졌고, 우주 공간을 떠돌던 수소 원자와 약간의 헬륨 원자들은 요동에 의해 약간의 불규칙한 공간 분포를 이루게 되었다. 이 무렵 상대적으로 밀도가 높았던 영역을 중심으로 중력에 의해 서서히 뭉치기 시작했는데, 이렇게 해서 형성된 것이 바로 오늘날 우리가 보는 은하와 별과 같은 대규모 천체들이다. 이러한 구조의 형성 또한 전체적으로 자유에너지를 낮추는 경향에 따라 나타난 것이며, 그 자체로 또 하나의 질서에 해당한다.

이러한 천체들 중에서 특히 항성이라 부르는 별의 정체와 성격에 주의를 기울일 필요가 있다. 공간을 떠다니던 수소 원자들이 중력에 의해 어느 한곳에 모이기 시작하면서 그 모임의 크기가 점점 커지고 이로 인해 강한 압력을 받게 되는 중심 부분에서는 다시 온도가 크게 오르기 시작한다. 이렇게 되면 이들을 구성하는 핵자(양성자와 중성자)들이 서로 결합하여 무거운 핵을 만드는 이른바 핵융합 반응이 시작된다. 이처럼 핵자들이 모여 좀 더 무거운 핵을 구성할 경우, 만들어진 핵의 에너지는 처음 핵자들이 지녔던 에너지의 합보다 작으며, 그 에너지 차이는 주변 입자들의 운동에너지로, 그리고 빛 에너지로 방출된다. 그리하여 주변의 온도는 더 올라가고, 또 주변 입자들을 연쇄적으로 자극하여 전체적인 반응의 규모는 급격히 커지게 되는데, 이것이 바로 별의 탄생이다.

우주 내에 존재하는 빛, 곧 광자의 존재 양상을 잠시 살펴보자. 우주 초기에 여타의 입자들과 함께 탄생한 광자들은 이들과의 사이에서 활발한 상호 전환을 이루며 존속하다가 앞서 말한 대로 빅뱅 이후 약 38만 년이 지난 시기에 이르러 물질과의 상호 전환이 중단되면서 우주의 배경복사 형태로 반영구적으로 우주 안에서 떠돌고 있다. 그러나 우주의 공간이 지속적으로 팽창하면서 공간 안에 놓인 이들의 파장 또한 함께 늘어나게 된다. 그리하여 이들은 곧 가시광선의 영역을 벗어나 적외선 영역으로 점점 더 멀리 치우치게 되는데, 적어도 빅뱅 이후 수억 년이 지나 별들이 나타나던 무렵에는 이미 이들이 가시광선 영역을 완전히 벗어나 우주는 아주 깜깜한 상황에 이르렀다. 이것은 당시 우주의 온도가 그만큼 식어갔음을 의미하며, 더 이상 뜨거운 물체가 나타나지 않는 한 우주는 영영 어둠 속에 잠길 처지에 있었다. 그러다가 놀랍게도 별들 안에서 핵융합 반응이 점화되면서 다시 뜨거운 부분이 생겨 이른바 별빛이 여기저기 나타나 우주를 다시 비춰주게 된 것이다.•

그런데 별의 출현이 가지는 진정으로 중요한 의의는 이로 인해 수소와 헬륨 이외의 무거운 원소들이 우주 안에 존재하게 되었다는 점이다. 우리 태양 규모 또는 그보다 작은 별들은 수소 원자핵들을 결합하여 헬륨 원자핵을 합성해내는 과정에 있으며, 이리하여 모여 있던 수소 원자핵들을 모두 소진하고 나면 더 이상 핵융합 반응을 수행하지 않고 소멸되어버린다. 그러나 이보다 훨씬 큰 규모의 별들은 합성된 헬륨 원자핵들을 다시 결합하여 더 큰 원자핵들을 합성하는 작업을 계속한다. 하지만 이러한 작업은 끝없이 지속될 수 없으며, 대략 철(Fe^{26})에서 아연(Zn^{30}) 규모의 원자핵까지 합성하고 나면 더 이상의 합성은 잘 이루어지지 않는다. 수소에서 철에 이르는 원자핵들은 이를 구성하는 과정에서 에너지가 방출되지만 철보다 더 무거운 원자핵들은 이를 구성하려면 오히려 에너지가 투입되어야 하는 상황이 되어 이 과정이 자연스럽게 이루어지기 어렵기 때문이다. 설혹 이런 것이 만들어지더라도 불안정하여 좀 더 안정적인 가벼운 원자

• 이러한 초기의 별빛 또한 우주가 더욱 팽창하면서 그 파장이 길어져 점점 가시광선 영역을 벗어나 적외선 영역으로 들어가 보이지 않게 되고 다시 새로 생긴 별들이 새로운 빛으로 우주를 밝혀주게 된다. 이것이 오늘날 우리가 밤하늘에서 보게 되는 우주의 모습이다.

핵들로 나뉘려는 성질을 가진다.

그럼에도 우리는 지구 안에 철이나 아연보다 무거운 원소들이 소량이나마 들어 있다는 것을 알고 있다.• 그런데 이들이 형성된 것은 대규모 별들이 정상적인 핵융합 과정을 마치고 에너지가 소진되어 대규모 붕괴에 이르는 과정인 초신성supernova 단계에서이다. 이 붕괴 과정에서는 중력의 효과로 짧은 기간 동안 엄청난 열과 빛을 한꺼번에 내뿜게 되는데, 이 과정에서 얼떨결에 엉겨붙어 이루어진 원자핵들이 바로 이런 무거운 원소들이다. 이 가운데 일부는 상대적으로 더 불안정하여 이른바 방사선을 내뿜으며 좀 더 가벼운 물질들로 전환되는데, 이것이 바로 방사능 물질들이다.

초기 우주에서 대규모 별들이 수명을 마치고 초신성의 형태로 붕괴가 이루어지면 이를 구성했던 물질들이 주위 공간으로 흩어져 떠돌게 된다. 이들 가운데 일부는 새로운 별이 만들어지는 영역에 합류하여 새 별의 일부를 구성하기도 한다. 이러할 경우 그 별의 내부로 들어가기도 하지만 그 주위를 맴돌던 일부 물질들은 무거운 철과 같은 물질들을 중심으로 독자적 천체를 구성해 새 별의 주위를 배회하게 되는데, 이것이 바로 우리 지구와 같은 행성들이다. 그러니까 주위에 지구와 같은 무거운 원소들로 구성된 행성을 거느리고 있는 태양과 같은 별들은 초기의 별이 아니고 적어도 제2 또는 제3 세대의 별에 해당한다. 그리고 지구는 이러한 앞 세대 별들의 고통스러운 행적 덕분에 비교적 다양하고 풍요로운 물질적 구성을 물려받게 되었다.

• 실제로 아연보다 무거운 원소들의 총량은 지구 전체 구성 비율에서 1%에도 미치지 않는다.

5-4
평형 질서와 비평형 질서

앞으로 우리가 생각할 생명의 관점에서 보면 우주 안에 나타난 별들의 존재는 이러한 물질적 구성을 마련해주었다는 것 외에 또 한 가지 점에서 매우 중요한 기여를 하고 있다. 이는 곧 식어가는 이 우주 안에 특별히 뜨거운 부분을 만들어주고 있다는 사실이다. 이 사실이 중요한 이유는 이것이 주변 대상과의 사이에 현격한 온도 차이를 발생시키고, 따라서 주변 대상으로 하여금 새로운 종류의 질서, 곧 비평형 질서를 형성할 수 있게 해주기 때문이다.

일반적으로 하나의 대상계가 가진 질서는 평형 질서와 비평형 질서로 구분할 수 있다. 평형 질서는 다음의 〈그림 5-2a〉에 제시된 바와 같이 질서를 지닌 상태가 바로 자유에너지의 최소치와 일치하게 되는 경우의 질서를 의미하며, 이는 더 이상의 외적 여건에 변화가 없는 한 안정적인 질서가 된다. 지금까지 논의한 우주의 질서가 모두 이러한 성격의 질서이다. 이에 비해 비평형 질서는 다음의 〈그림 5-2b〉에 나타난 바와 같이 질서를 지닌 상태가 자유에너지의 최소치가 아닌 준안정 극소치에 해당하는 질서를 의미한다. 이럴 경우 정상적으로는 조만간 질서가 파괴되어 자유에너지 최소치에 해당하는 상태로 전이하게 되나, 만일 특별한 외적 여건의 도움으로 현재의 자유에너지를 유지할 수 있다면 이러한 질서를 상당 기간 지속하게 된다. 이렇게 지속되는 질서를 평형 질서와 구분하여 비평형 질서라 부른다.

이제 이러한 질서의 형성과 존속 메커니즘에 대해 좀 더 자세히 살펴보자. 일반적으로 한 대상계가 무질서한 상태에서 질서를 지닌 상태로 전이

그림 5-2a 평형 질서의 사례:
대상이 구조 파라미터 η_0를 지닌 상태에 안정하게 놓인 경우

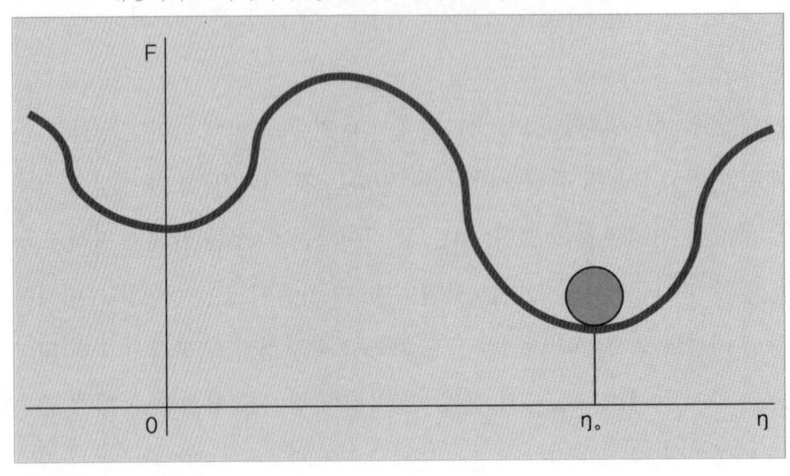

그림 5-2b 비평형 질서의 사례:
대상이 구조 파라미터 η_0를 지닌 상태에 불안정하게 놓인 경우

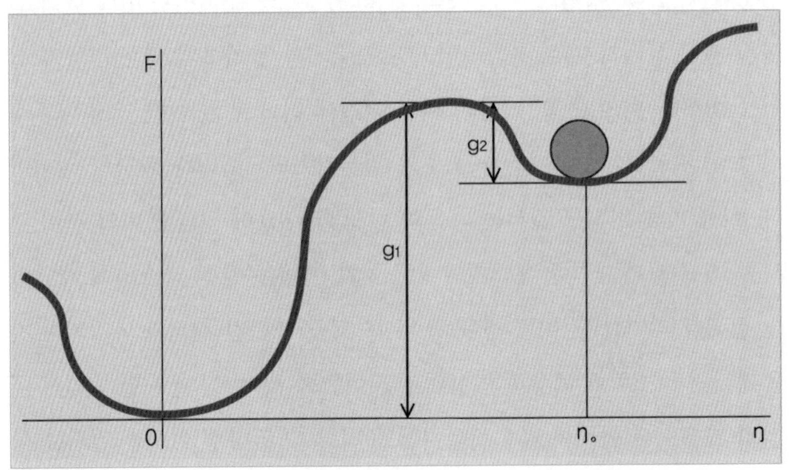

되기 위해서는 이런 변화를 야기할 요동이 필요하다. 이러한 요동은 항상 존재하지만 이는 대체로 무작위적으로 작동하며 야기할 변화가 클수록 확률적으로 그 빈도는 적게 일어난다. 다시 〈그림 5-2a〉와 〈그림 5-2b〉

를 보면, 처음 질서가 없던 상태($\eta = 0$)에서 질서를 지닌 상태($\eta = \eta_0$)로 전이되는 것은 바로 이러한 요동 때문이다. 일단 이러한 상태로 전이되더라도 〈그림 5-2a〉의 경우처럼 이것이 최소치인 경우에는 더 이상의 요동에 따른 변화가 오더라도 곧 다시 복귀하여 거의 항구적으로 이 상태를 유지하게 되는 데 반해, 〈그림 5-2b〉의 경우처럼 이것이 오직 준안정 극소치에 해당하는 경우에는 일정한 문턱치(g_2)를 넘어서는 요동이 올 경우 곧 무질서한 상태로 복귀하게 된다.

여기서 우리는 이 준안정 극소치에 머무르게 될 평균 시간, 즉 준안정 상태의 '존속 시간'(이를 흔히 '수명'이라고도 한다)이라는 개념을 도입할 필요가 있다. 이를 τ라 표기할 때, 그 값은 당연히 이를 벗어날 자유에너지의 문턱치(g_2)가 높을수록 크게 된다. 이와 함께 우리는 무작위적 요동에 의해 이러한 준안정 상태를 야기하는 데 요하는 평균 시간, 즉 준안정 상태의 '형성 시간'이라는 개념도 도입할 필요가 있다. 이를 T라 할 때, 그 값은 질서가 없던 상태($\eta = 0$)에서 이 문턱을 넘어서기까지의 자유에너지 차이(g_1)에 크게 의존한다. 물론 이 준안정 상태의 수명 τ와 형성 시간 T의 값 자체는 여기에 작동하는 요동의 세기에 따라 많이 달라지겠지만, 이 두 시간의 비율, 곧 '형성 시간에 대한 존속 시간의 비율'(간단히 줄여서 '존속비') τ/T의 값은 대체로 이들 문턱치의 값 g_1, g_2에만 주로 의존하게 된다. 즉, 문턱치 g_1의 값이 크면 T의 값이 커질 것이고, g_2의 값이 크면 τ의 값이 커질 것이다. 그러나 일반적으로 g_1에 비해 g_2의 값이 월등히 작은 경우, τ/T의 값은 거의 영에 가까워서 다른 외적 요인이 작용하지 않는 한 이러한 준안정 상태에 대상이 머물게 될 가능성은 거의 없다. 이는 곧 열역학 둘째 법칙에 의해 대상계의 자유에너지가 조만간 감소하게 된다는 것과 같은 이야기이다.

그러나 앞에서 언급한 바와 같이 특별한 외적 여건의 도움으로 현재의 자유에너지를 유지할 수 있다면 상황이 달라진다. 이것은 대상계가 더 큰 복합계의 한 부분계를 이루면서 그 복합계 안에 온도의 차이가 나타날 경우 가능해진다. 앞 장(〈그림 4-4〉)에서 보았듯이 이 복합계 안에서 온도 T에 있는 부분계 B가 온도가 더 뜨거운(T_A) 부분으로부터 에너지 ΔE를 받는 경우, 이 부분계가 얻게 될 자유에너지 ΔF_B는 다음의 부등식으로 표시된다(수식 4-12 참조).

$$\Delta F_B \leqq \Delta E(1 - T/T_A)$$

즉, 이러한 온도 차이를 지닌 복합계 안에 있는 한 부분계는 뜨거운 부분으로부터 에너지를 받아들임으로써 이 부등식의 한계 안에서 자체의 자유에너지를 증가시킬 수 있는데, 이러한 과정을 통해 자연스러운 자유에너지 감소 경향을 경감 또는 상쇄시킬 수 있으며, 그러고도 남을 경우 이를 비축할 수도 있음을 의미한다. 이는 곧 이러한 부분계가 주변의 도움을 통해 상당 기간 준안정 상태에 머물면서 상대적으로 높은 질서를 유지해갈 수 있음을 말해준다.

여기서 한 가지 유의할 점은 이는 오직 온도 차이를 지닌 복합계 안에 있는 한 부분계의 자유에너지에 관한 이야기이며, 따라서 이렇게 유지되는 질서 또한 공간적으로 제한된 이 부분계의 질서에 한정된다는 것이다. 이처럼 한 부분계가 준안정 상태에 머물러 있으면서 그 안에 형성하고 있는 이러한 질서를 편의상 '국소 질서'라 지칭하기로 한다. 그러니까 주변으로부터의 에너지 흐름을 받아 유지되는 비평형 질서는 모두 국소 질서의 형태를 지닌다고 할 수 있다.

그러나 앞에서도 이야기했듯이 자체 안에 온도 차이를 지닌 복합계가 있다고 해서 그 안에 반드시 국소 질서가 형성되리라는 보장은 없다. 한 부분계의 자유에너지 증가 ΔF_B에 대한 앞의 부등식은 오직 이것이 얻을 수 있는 자유에너지의 상한치만을 제시하고 있을 뿐, 실제로 그것이 어떤 값일지를 보장해주지는 않는다. 즉, 이것은 오직 그러한 가능성이 있다는 사실을 말해주는 것이지, 이런 가능성이 어떻게 구현되는지를 말해주는 것은 아니다. 이것의 현실적 구현을 위해서는 결국 이를 가능하게 하는 구체적인 물리적 기구가 마련되어야 한다.

그 한 가지 가능성으로 외부에서 공급되는 물질과 에너지에 의해 대상의 일부를 지속적으로 교체해주는 경우를 생각해볼 수 있다. 준안정 상태에 놓인 대상에는 조만간 상태의 붕괴가 발생하게 되나, 이를 대체할 새 구조가 적절한 시기에 맞추어 마련된다면 거시적 차원에서 질서의 유지는 가능해진다. 이때 반드시 전체를 한꺼번에 교체해야 하는 것이 아니고 취약해지는 부분을 순차적으로 교체하더라도 결과는 마찬가지다. 이는 결국 외부로부터의 일정한 물질과 에너지의 공급과 동시에 노폐물의 처리가 요청됨을 의미하며, 이러한 흐름의 가능성이 바로 뜨거운 물체와 찬 물체 사이의 온도 차이에서 온다.

그런데 유한한 체계의 경우 이러한 흐름은 무제한적으로 지속될 수가 없다. 에너지의 흐름은 예컨대 주변에 별(항성)이 있는 경우 비교적 장기적으로 지속될 수 있으나 구성 물질의 경우에는 장기적인 공급이 이루어지기 어렵다. 이러할 경우 하나의 해결책은 일정한 물질적 순환을 이루어내는 일이다. 일단 붕괴된 부분이 어떤 순환의 경로를 따라 사용 가능한 형태로 재구성될 수 있다면 이러한 구조는 에너지 흐름이 유지되는 한 장기적으로 지속될 수 있다.

이러한 순환적 지속은 하나의 이상적 사례이다. 이 경우 앞에서 도입한 상태의 존속비 τ/T를 생각해보면 그 값이 1에 해당한다. 설혹 이것이 매번 우연에 의해 완전히 형성되고 또 완전히 붕괴되는 것은 아니지만, 실제로 형성 시간 T와 존속 시간 τ가 동일하여 연이어 발생하는 경우라고 보더라도 그 결과에서 아무런 차이가 없다. 그런데 이러한 존속비, 특히 형성 시간 T의 값은 외부로부터의 '흐름'에 크게 의존하는 것이기에, 이때의 T가 τ의 값과 정확히 일치하여 $\tau/T = 1$의 관계를 만족시키기는 매우 어렵다. 일반적으로 T의 값은 질서를 지닌 상태와 무질서한 상태 사이의 자유에너지 차이가 클수록, 그리고 외부로부터의 도움(흐름)이 작을수록 커지고, 반면에 자유에너지 차이가 작을수록, 그리고 외부로부터 적절한 도움을 받을수록 작아진다. 그러니까 우연히 만들어지는 일반적인 대상계에서는 τ/T의 값이 1보다 작은 것이 보통이지만, 경우에 따라서는 1이 될 수도 있고 1보다 더 커질 수도 있다.

먼저 존속비 τ/T가 1보다 더 커지는 경우를 생각해보자. 이는 외부로부터의 '흐름'이 '정상 상태steady state'를 넘어서는 경우에 해당한다. 이 경우에는 질서가 누적되어 일정한 '쌓임'이 형성될 수 있다. 그러나 이 상황은 끝없이 지속될 수가 없다. 이러한 쌓임이 커짐에 따라 불안정성이 새로 자라나게 되어, 어느 지점에서는 결국 일정 규모의 붕괴에 이르게 된다. 그 가장 간단한 사례를 우리는 '모래 쌓기' 모형에서 살펴볼 수 있다.

〈그림 5-3〉에 보인 바와 같이 해변에서 노는 아이가 손으로 한 지점에 모래를 서서히 떨어뜨려 모래 더미를 만들고 있다고 생각해보자. 모래가 점점 쌓여감에 따라 모래 더미는 점점 더 높아지고 가팔라져서 모래 더미 일부가 미끄러져 내리기 시작할 것이다. 어떨 때에는 모래 몇 알만이 굴러 내리기도 하고, 경우에 따라서는 아주 많은 모래가 한꺼번에 무너져

그림 5-3 자기 조직화 임계성의 한 사례: '모래 쌓기' 모형

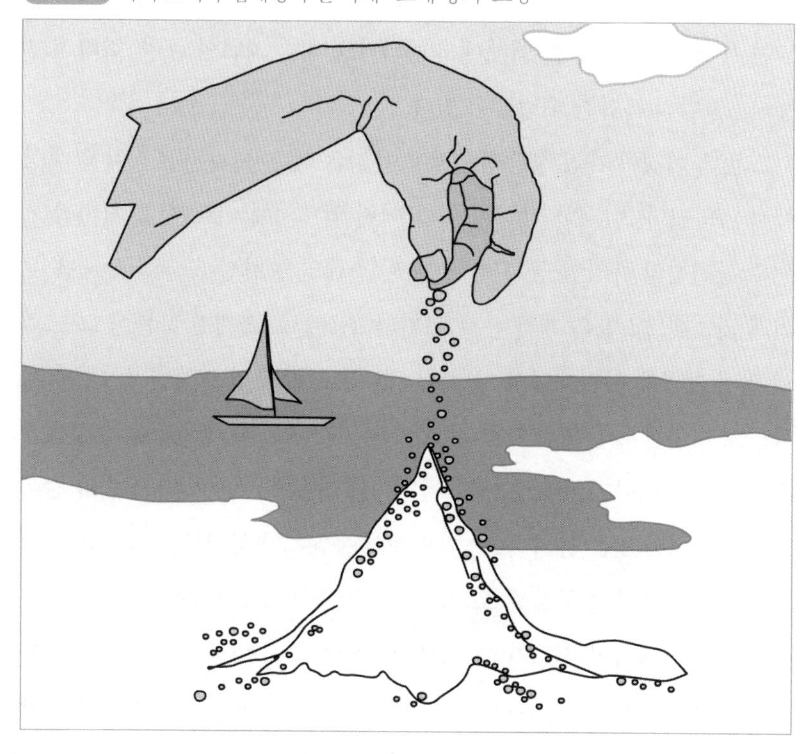

모래 사태가 일어나기도 할 것이다.

최근에 이러한 현상을 설명하는 흥미로운 이론이 하나 나왔다. 바로 '자기 조직화 임계성self-organized criticality' 이론이다.[75] 앞에서 보았듯이 에너지와 물질의 흐름이 정상 상태를 넘어서는 양이 되면 그 일부가 특정 장소에 축적되어 광범위한 규모의 새로운 질서를 형성할 수 있다. 이 과정은 흔히 무작위적 요동과 전향적 피드백의 증폭 효과를 통해 일어난다. 이렇게 생겨나는 짜임은 많은 경우 특정 중심이 없이 계의 구성 요소 전체가 무작위하게 서로 의존하는 형태로 나타난다. 그러면서도 이 짜임은 그 자체로 견고하며 어느 정도의 손상이나 섭동도 쉽게 회복하면서 유지되

어 나간다. 이러한 과정을 흔히 '자기 조직화'라고 부르며, 그 전형적인 예로는 아래로부터 가열한 액체에서 나타나는 대류 패턴의 출현, 화학적 진동자, 그 밖의 복잡한 패턴들이 있다.

그런데 이것이 가진 정말 흥미로운 특징은 이른바 '자기 조직화 임계성'에서 나타난다. 이러한 짜임이 일단 어떤 임계치에 이르면 그 거시적 거동은 상전이의 특징인 공간적·시간적 '스케일 불변성scale-invariance'을 보이게 되는데, 이 말은 계가 온갖 크기의 조각들로 쪼개질 확률이 그 크기의 일정 제곱에 반비례해서 나타난다는 뜻이다. 달리 말하면 좀 더 큰 조각들로 깨어질 확률은 그만큼 낮고 작은 조각들로 깨어질 확률이 상대적으로 크다는 이야기이다. 실제로 돌멩이나 바윗돌, 계곡이나 절벽과 같이 우리 주변에서 많은 볼 수 있는 자연계의 불규칙한 양상들이 대개는 이런 자기 조직화 임계성을 통해 쪼개져 나간 결과물이라 할 수 있다.

이번에는 질서의 정도가 커서 무질서한 상태에 비해 자유에너지가 월등히 높은 데 반해 외부로부터의 도움(흐름)이 그다지 크지 않을 경우에 대해 생각해보자. 이 경우에는 그 존속비 τ/T가 1보다 훨씬 작게 된다. 즉, 질서가 클수록 우연히 발생하기가 어려워 T의 값이 대단히 커지는 반면, 일단 발생하더라도 매우 정교한 외부의 도움이 없는 한 τ의 값은 그다지 커지지 않는다. 이는 곧 외부로부터의 흐름이 있더라도 아주 높은 정도의 질서가 우연히 형성되어 일정 기간 유지되기는 매우 어렵다는 것을 말해준다.

이런 상황을 좀 더 구체적으로 이해하기 위해 다음과 같은 가상적 경우를 생각해보자. 지금 어떤 외적인 흐름 아래 형성 시간 T_1, 존속 시간 τ_1을 지니는 하나의 국소 질서 O_1이 형성되었다고 하고, 다시 이러한 국소 질서가 존재한다는 상황 아래, 즉 국소 질서 O_1의 존속비 τ_1/T_1이 1이

그림 5-4 두 국소 질서 $O_1(\eta_1)$, $O_2(\eta_2)$의 연쇄적 형성 과정

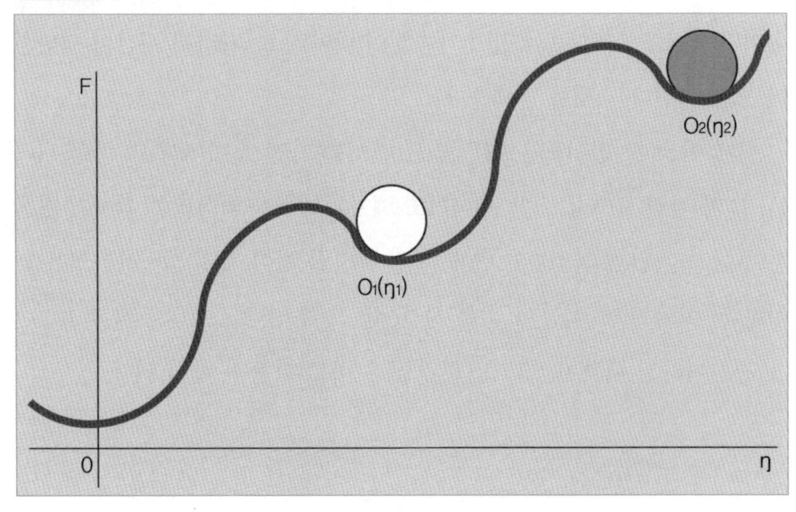

라는 전제 아래, 형성 시간 T_2, 존속 시간 τ_2를 지니는 또 하나의 국소 질서 O_2가 형성될 수 있다고 하자. 이는 곧 국소 질서 O_2가 오직 국소 질서 O_1의 일정한 변형을 통해 마련될 수 있음을 가상한 것이다. 이런 상황에 해당하는 자유에너지(F)를 구조 파라미터(η) 공간에서 나타내면 〈그림 5-4〉와 같이 된다.

여기서 우리의 관심사는 이러한 상황 아래 국소 질서 O_2가 만들어지려면 얼마의 시간이 소요되겠느냐 하는 점이다. 우선 국소 질서 O_1이 먼저 만들어져야 하기 때문에 시간 T_1이 일단 소요될 것이며, 다음에는 이것이 상존한다는 전제 아래 시간 T_2가 더 소요될 것이다. 그러나 실제로 국소 질서 O_1은 오직 존속비 τ_1/T_1의 비율로만 존재하므로 국소 질서 O_2가 만들어지기까지 소요되는 전체 시간 T는 다음과 같이 된다.

$$T = T_1 + T_2/(\tau_1/T_1)$$

이 식에서 둘째 항의 시간 T_2를 O_1의 존속비 τ_1/T_1로 나눈 것은 이 존속비가 작을수록 O_2로의 전이 가능성이 낮아지고, 따라서 시간이 그만큼 더 오래 걸린다는 것을 말해준다.

이제 이 국소 질서들은 매우 높은 질서를 가진 것이어서 그 형성 시간 T_1, T_2가 각각 10^6년(100만 년)이라고 해보자. 이는 곧 이러한 질서의 형성은 주어진 여건 아래 100만 년에 한 번 나타날 것이 기대되는 사건임을 의미한다. 이와 함께 이들의 존속 시간, 즉 그 수명 τ_1, τ_2은 각각 10^{-2}년(3.65일)이라고 해보자. 그러면 T의 값은 바로 다음과 같이 된다.

$$T = 10^6\text{년} + 10^{14}\text{년}$$

이는 곧 이런 질서가 나타나기까지 100조 년(현재 우주 나이의 7,000배)을 기다려야 한다는 이야기이다. 그렇게 해서 이러한 질서가 나타난다 하더라도 오직 3.65일(10^{-2}년) 동안 존속하고는 사라지고 만다. 그러니까 우리의 우주 안에서는 국소 질서 O_1에 해당하는 것은 100만 년에 한 번 꼴로 나타날 수 있지만, 이보다 한 단계 높은 국소 질서 O_2에 해당하는 질서는 거의 나타날 수 없다는 이야기가 된다.

사실 뒤에 이야기할 자체촉매적 국소 질서가 형성되지 않는다면, 이것은 이미 우리 우주의 질서가 지니게 될 한계를 뛰어넘는 상황에 해당한다. 그런데 놀랍게도 우리 태양계 안에서 보듯이 우주 안의 어떤 특정 여건 아래서는 '자체촉매적 국소 질서'라는 것이 형성될 수 있으며, 그러한 경우에 이 정도의 질서는 아주 쉽게 형성될 수 있다.

5-5
자체촉매적 국소 질서와 군집의 형성

우리가 지금까지 보아온 우주 내의 질서는 매우 보편적인 것이어서 우주 안에 있는 어떤 행성계에도 나타날 수밖에 없는 자연스러운 현상들이다. 우주의 온도가 낮아짐에 따라 나타난 기본 입자들을 비롯해 원자와 분자 등 다양한 형태의 물질 입자들 이외에도 별과 행성 같은 천체들, 그리고 에너지 및 물질의 흐름에 의해 마련되는 각종 형태의 국소 질서들이 모두 이런 보편적 원리에 의해 마련되고 있다. 그러니까 우주 내의 어떤 행성계를 방문하더라도 우리는 대략 크게 다르지 않은 이러한 형태의 질서들을 보게 될 것이다. 앞에서 말했듯이 어디에나 있고 또 크게 다르지 않은 이러한 형태의 질서들을 총칭하여 우리는 일차 질서라 부를 수 있다.

그런데 우리는 이것에 바탕을 두면서도 이와는 크게 다른 새로운 형태의 질서를 예상할 수 있으며 그 단초로서 자체촉매적 국소 질서autocatalytic local order라는 개념을 도입하려 한다.• 이는 하나의 국소 질서인데, 그것의 한 중요한 기능으로서 자신과 거의 닮은 다른 국소 질서를 생성하는 데 결정적으로 기여하는 존재를 의미한다. 이 기능은 화학에서의 '촉매'에 해당하는 것이며, 그 산물이 자기 자신과 거의 동일한 것이 되므로 자체촉매적 국소 질서(또는 간단히 줄여서 '자촉 질서')라 부르기로 한다. 이러한 국소 질서가 일단 생성되어 그 존속 시간 안에 자신과 대등한 국소 질서를 하나 이상 생성하는 데 기여하게 된다면, 이러한 국소 질서의 수는 기하

• 여기에서 언급되는 '자체촉매적' 또는 '촉매'라는 용어는 화학작용에서 흔히 사용되는 용어들을 일반화한 것이다. 생물학에서는 '자체촉매적'이라는 용어 대신 '자기복제적'이라는 용어가 널리 쓰이나, 여기서는 좀 더 보편적 개념인 화학에서의 용어를 채용하기로 한다.

급수적으로 증가하게 된다.

여기서 주의해야 할 점은 자촉 질서가 지니는 이러한 성질은 결코 자촉 질서 자신이 지니는 고유한 성격이 아니라는 것이다. 국소 질서 자체가 이미 고립된 계가 지닌 성격이 아니라 일정한 '흐름' 안에서만 유지되는 질서이며, 자촉 질서가 지니는 촉매적 기능도 자체의 구조적 성격이 외부로부터의 이런 흐름과 정교하게 어울릴 때 나타나는 성격이다. 예를 들어 외적 여건이 시간적·공간적으로 거의 동일할 경우에는 이에 맞추어 복제물들을 산출하는 비교적 단순한 구조를 가지는 것으로 충분하지만, 이것의 시간적·공간적 변화의 폭이 큰 경우에는 여기에 능동적으로 대처해가며 이러한 기능을 수행할 만큼 좀 더 풍요로운 내적 구조를 갖추어야 한다. 그러므로 예컨대 어떤 복합 체계 안에 이러한 자촉 질서가 나타난다는 것은 그 복합 체계가 만들어내는 물질 및 에너지의 흐름과 함께 그 안에서 국소 질서를 이루는 부분계가 함께 어우러져 만들어내는 현상이다.

이제 물질과 에너지의 흐름이 있는 우주 내의 한 행성 위에 어떤 우연에 의해 하나의 자촉 질서가 출현했다고 생각해보자. 이것은 그 물질과 에너지 흐름의 성격에 따라 다르기는 하겠지만 이 안에서 최소한 자체촉매적 기능을 수행할 수 있어야 하므로 이에 맞을 정도의 높은 내적 질서를 갖는 것이어야 하고, 따라서 이것이 우연에 의해 처음 만들어지기 위해서는 매우 긴 시간이 소요될 수 있다. 이제 그 형성 시간을 T_1이라 하고, 이것의 존속 시간, 즉 수명을 τ_1이라 하자. 그리고 이것은 자신의 존속 시간 이내에 자신과 닮은 두 개의 새로운 자촉 질서를 형성시키는 데 기여한다고 생각하자. 이 첫 자촉 질서는 이것의 수명이 끝나면 사라지지만 새로 만들어진 두 개의 자촉 질서가 같은 기능을 하게 되므로 다음 세대에는 그 수가 4개로 늘어난다. 그렇게 n번째의 세대에 도달하면 그 숫자는 바로 2^n에 이른다. 그러나 이것이 무제한으로 늘어날 수는 없다. 이를 가능하게 하는 전체의 체계, 예컨대 행성의 크기 및 자원이 유한할 것이기 때문이다. 그래서 결국 어느 숫자 N에 이르러 포화 상태가 될 것이며, 그 후에는 사라지는 것만큼만 생성되면서 사실상 일정한 수 N개 내외의 군집을 이루며 (이러한 외적 흐름이 유지되는 한) 무제한으로 지속될 것이다.

이제 여기서 앞(5-4절)에 예시했던 문제를 다시 생각해보자. 즉, 앞 절에서 말했던 것과 같은 국소 질서 O_1이 하나 존재한다는 상황 아래서, 그 형성 시간이 T_2이고 존속 시간이 τ_2가 되는 또 하나의 국소 질서 O_2가 우연에 의해 형성될 수 있다고 할 때, 처음 아무것도 없던 상황에서 국소 질서 O_2가 만들어지기까지 소요되는 시간이 얼마일까 하는 문제이다. 그런데 이번에는 국소 질서 O_1이 단순한 국소 질서가 아니라 자체촉매적 국소 질서라 생각하자. 이 경우에도 우선 자촉 질서 O_1이 먼저 만들어져야 하므로 시간 T_1이 일단 소요될 것이고, 다음에는 이것이 n번의 세대를 거쳐 N개의 군집을 이루어 포화 상태에 이르기까지 소요되는 시간과, N개의 국소 질서 O_1이 존재할 때 이것 가운데 하나가 새 국소 질서 O_2로 전이되기까지 소요되는 시간을 모두 합치면 된다. 이렇게 해서 얻어질 전체 시간 T는 다음과 같다.•

$$T = T_1 + n\tau_1 + T_2/N$$

여기서도 우리는 자촉 질서 O_1이 자신의 존속 시간 τ_1 이내에 자신과

• 사실 이 식은 하나의 근사식이다. 왜냐하면 시간 $n\tau_1$ 동안에도 O_2로의 전이 가능성이 있는데, 이 가능성을 무시하고 마련한 식이기 때문이다. 따라서 엄격히 말하면 이 식은 다음과 같은 부등식으로 써야 하나 그 차이는 별로 크지 않다. $T \leqq T_1 + n\tau_1 + T_2/N$

닮은 두 개의 새로운 자촉 질서를 형성시키는 데 기여한다고 생각하자. 그렇게 할 경우 n은 다음의 관계식을 만족하는 수치이다.

$$2^n = N$$

다시 앞에서 사용한 수치, 곧 국소 질서들의 형성 시간 T_1, T_2를 각각 10^6년(100만 년)으로 놓고, 이들이 존속하는 수명 τ_1, τ_2를 각각 10^{-2}년(3.65일)이라고 하자. 그리고 O_1 의 개체 수가 $N = 10^5$(10만)에서 포화가 된다고 해보자. 이렇게 하면 포화 개체 수에 이르기까지는 17세대(대략 8~9주)면 충분하다($2^{17} = 131,072$). 이렇게 할 때 소요되는 전체 시간 T는 대략 다음과 같다.

$$T = 10^6\text{년} + 2\text{개월} + 10\text{년}$$

즉, 약 2개월이면 포화 상태인 개체 수 10만에 이르고, 그 후에는 10만 개의 개체 가운데 어느 하나에서 변이가 일어나 새 국소 질서를 이루어도 좋으므로, 확률로 보아 10년만 지나면 이것이 출현하게 된다.

이제 이것을 앞에서 생각한 '비자체촉매적 국소 질서' 형성의 경우와 비교해보자. 이 두 경우 모두 하나의 국소 질서 O_1을 경과해서 다음 국소 질서 O_2가 형성될 확률을 살핀 것인데, 한 경우는 처음 국소 질서 O_1이 자체촉매적 성격을 지니지 않았고, 다른 한 경우는 이것이 자체촉매적 성격을 지녔다는 점 이외에 나머지 모든 점에서는 완전히 동일하다. 그런데 처음 국소 질서 O_1이 생성된 후 다음 국소 질서 O_2가 형성될 때까지 걸리는 시간은 앞의 경우 우주 나이의 7,000배가 넘는 100조 년이 되는 데 비해 뒤의 경우에는 단 10년밖에 되지 않는다.

그렇다면 이런 차이는 도대체 어디서 나온 것인가? 우리는 그 비밀이 자체촉매적 성격을 지닌 각 국소 질서의 구조 어딘가에 숨어 있으리라는 환상을 가지기 쉽다. 그러나 이것은 옳지 않다. 똑같은 구조를 가진 개체들이라 하더라도 이들이 놓인 위치에서의 '흐름'이 달라지면 이러한 자체촉매적 기능이 작동하지 못해 '비자체촉매적 국소 질서'의 경우와 같아진다. 따라서 자촉 질서가 자촉 질서로서의 기능을 나타내려면 이것과 외부의 흐름이 적절하게 부합되어야 하며, 이렇게 만들어진 자촉 질서들이 시간적·공간적으로 넓은 영역에 걸쳐 연이어 이러한 기능을 수행해낼 수 있어야 한다. 그러니까 새 질서 형성의 이런 기적 같은 작용은 이러한 여건을 만들어주는 외적 흐름과 함께 시간적·공간적으로 널리 퍼져 있는 수많은 자촉 질서들이 총체적으로 이루어내는 성과라고 말할 수 있다. 앞에서 살펴본 사례에서는 100만 년에 걸쳐 하나씩 나타나게 될 국소 질서가 자체촉매성 덕분에 매년 1,000만 개씩 10년에 걸쳐 도합 1억 개가 나타나 탐색 과정에 참여한 결과, 이런 놀라운 하나의 질서가 그렇게 빠른 시간 안에 나타나게 된 것이다.

한편 이런 자촉 질서의 군집을 통해 나타난 상위 국소 질서도 자체촉매적 기능을 지닌 자촉 질서일 수 있다. 이렇게 얻어진 상위 자촉 질서를 처음 자촉 질서에 대한 '변이 자촉 질서mutated autocatalytic local order'라고 부른다. 또 우리는 이러한 자촉 질서의 군집에 대해, 이에 속하는 개별 자촉 질서들을 편의상 '개체'라 부르며, 이런 의미에서 자촉 질서들의 군집을 '개체군'이라 부르기도 한다.

다음의 〈그림 5-5〉는 이러한 상황에 해당하는 자유에너지(F)를 구조 파라미터(η) 공간에서 나타낸 것이다. 이것은 자촉 질서의 개체군 형성

그림 5-5 두 자체촉매적 국소 질서 $O_1(\eta_1)$, $O_2(\eta_2)$의 연쇄적 형성 과정

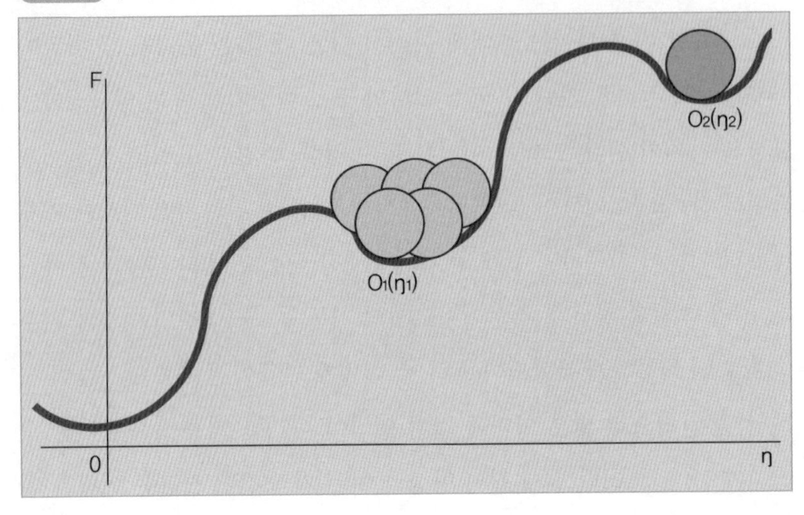

을 통해 한층 높은 질서를 지닌 변이 자촉 질서가 형성되는 과정을 구조 파라미터 공간을 통해 표현한 것이다. 〈그림 5-4〉가 단일(비자체촉매적) 국소 질서를 통해 변이 국소 질서의 형성 과정을 표시한 것이라면, 〈그림 5-5〉는 이를 (자체촉매적) 국소 질서 군집의 경우로 확대하여 표시한 것이다. 〈그림 5-4〉와 〈그림 5-5〉에서 위치 $O_1(\eta_1)$에 각각 표시한 '속이 빈 원'과 '속이 찬 다수의 원들'이 각각 단일 비자체촉매적 국소 질서와 자체촉매적 국소 질서 군집을 나타내고 있다.

앞에 나타난 사례에서 처음 국소 질서가 자체촉매적 성격을 가진 것이 아니었더라면 그 변이 질서는 100조 년이 지나야 한 번 나타날 정도로 그 구현을 기대하기 어려운 높은 질서였지만, 처음 국소 질서가 자체촉매적 성격을 가지게 됨으로써 이것을 불과 10년 만에 구현할 수 있게 되었다. 그런데 자촉 질서를 통한 이러한 변이 자촉 질서의 형성은 오직 한 번에만 그치지 않는다. 이 변이 질서도 자체촉매적 성격을 가진 것이라면 다시 이

것을 통해 수백조 년을 더 기다려야 나타날 정도의 높은 질서를 불과 몇 년 안에 또는 몇 개월 안에 구현할 가능성이 생기는 것이다. 이런 압축적 질서 구현이 몇 번 또는 몇십 번에 그치지 않고 몇만 또는 몇십만 번에 이르게 될 때, 그 결과가 어떻게 될지를 그려내는 것은 우리의 상상력이 허용하지 않는다. 이것이 바로 앞에서 말한 경이로운 이차 질서의 세계이다.

여기서 우리는 누구나 쉽게 구분해낼 수 있는 두 가지 종류의 질서가 지구상에 출현하게 된 연유를 어렴풋이나마 짐작할 수 있게 되었다. 흔히 물리적 질서라 불리는 일차 질서는 자체촉매적 군집을 통한 변이를 거치지 않고 형성된 질서인 데 비해, 생명체들 안에 보이는 이차 질서는 바로 이 자체촉매적 군집을 통한 변이를 무수히 거쳐 만들어진 질서라는 것이다. 그 결과로 이런 두 질서의 담지자들 사이에는 그 질서의 정도, 곧 정연성에서 하늘과 땅 사이의 차이만큼이나 큰 차이가 나타난다. 그렇기에 우리는 모두 이 둘 사이의 차이를 직감적으로 파악하게 된다.

형성 과정상의, 그리고 정연성에서의 이러한 차이로 인해 이들 두 가지 질서는 외견상으로도 너무도 크게 달라 보이며, 사실상 서로 아무런 관련이 없는 것으로 보이기도 한다. 그러나 앞에서 말한 것처럼 이차 질서는 풍부한 일차 질서의 바탕 위에서만 형성될 수 있으며, 본질적으로 일차 질서와 분리될 수 없는 성격을 가진다. 반면 일차 질서는 일반적으로 이차 질서와 무관하게 형성되지만, 일단 이차 질서의 형성이 시작되고 나면 이것 또한 이차 질서의 영향을 받아 계속 변해가는 성질을 가진다. 이러한 일차 질서의 변화는 이차 질서의 발전에 다시 영향을 주며, 이런 일이 거듭 되풀이된다. 이런 식으로 일단 이차 질서가 시작되고 나면 두 질서는 서로 얽혀 더 이상 나눌 수 없는 하나의 전체를 이루게 된다.

이들 두 질서 사이에는 그 정연성의 차이만큼이나 중요한 또 하나의 차이가 있는데, 이것이 바로 부분과 전체 사이의 관계이다. 일차 질서의 경우에는 전체의 질서가 대략 부분들의 질서를 합한 것에 해당한다. 그러나 이차 질서의 경우에는 전체의 질서가 부분들에 할당된 질서의 합을 크게 넘어선다. 이것이 곧 이차 질서의 광역성을 말해주는 또 하나의 방식이다. 계의 물질적 구성은 구별할 수 있는 성분 구성원들로 이루어지지만, 계의 질서는 개별 구성원들의 질서에서뿐 아니라 구성원들 사이의 관계에 크게 의존한다. 그런데 이차 질서가 형성되고 유지되는 것은 바로 이 구성원들 사이의 관계에서이다. 따라서 적어도 이차 질서에 관한 한, 계를 독립적인 부분들로 분리하는 것은 불가능하다. 일단 분리되고 나면 질서는 저절로 사라지고 말기 때문이다. 이것이 바로 우리가 이를 '단순한' 일차 질서에 대비해 '복합 질서'라고 부르게 되는 이유이다.

일차 질서와 이차 질서의 또 다른 차이는 질서의 안정성에서 드러난다. 안정성은 외부의 영향에 대항하여 계의 질서가 유지되는 능력으로 규정할 수 있다. 이것은 예컨대 외부에서 가해진 상해나 섭동을 치료하는 능력과 관계된다. 온도와 같은 외부 조건에 따른 상전이, 화학반응 등에 의해 나타나는 일차 질서는 대체로 가역적이며 외부의 상해나 섭동에 대해 본질적인 안정성을 지닌다. 반면 요동에 따라 우연히 국소 질서를 이루는 경우는 대개 불안정 또는 준안정 상태가 되나, 이미 보았듯이 이러한 일차 질서의 정연성은 상대적으로 무척 빈약하다. 이러한 것들은 대체로 외계로부터의 흐름에 의해 발생하거나 유지되고, 경우에 따라서는 어느 지점에 지속적으로 쌓여가기도 하다가 이른바 '자기 조직화 임계치'에 도달하면 계는 붕괴되어 많은 불규칙한 형태의 조각들을 만들어내지만 이들의 정연성이 그리 높은 것은 아니다.

이와 달리 이차 질서는 거의 모두 준안정 상태들에만 놓인다. 이차 질서는 가벼운 섭동에 대해서는 안정하지만 어떤 문턱을 넘어서는 우연한 충격에 의해 파괴될 수도 있다. 이들 질서는 대개 구성 요소들 사이의 동적 상호 관련의 형태를 띠게 되는데, 이들은 외부뿐만 아니라 내부의 요동이나 섭동에 대해서도 일정한 취약성을 가진다.

5-6
자촉 질서의 한 모형

우리는 앞에서 자촉 질서와 자촉 질서 군집이 지닌 놀라운 특성을 보았다. 그렇다면 구체적으로 어떠한 물질적 구성에 의해 이러한 것이 조성될 수 있을까? 이 점을 생각하기 위해 우리는 자촉 질서의 한 단순한 모형을 생각해보기로 한다.

이제 어떤 복합계 안에 성분 물질 A, B, C, D, E, F, G, H 등을 포함하는 흐름이 있고, 구조체 U, V, W로 이루어진 한 국소 질서 U×V×W가 있다고 생각하자. 여기서 구조체 U와 구조체 V는 각각 성분 물질 A, B, C, D로 구성된 중합체polymer인데, 구조체 U와 V는 서로 간에 공액 관계를 이루고 있어서, 예컨대 U가 ABDACB 형태의 배열을 가졌다고 하면, 다음의 〈그림 5-6〉에서 보는 것처럼 V는 CDBCAD 형태의 배열을 가져, A에는 반드시 C가 대응되고 B에는 반드시 D가 대응되는 성격을 지닌다고 생각하자. 반면 구조체 W는 여타 물질 성분 F, G, H 등으로 구성된 비교적 유연한 가변적 성격을 지닌 것으로, 처음에는 매우 간단한 구조 W_0를 가지고 있다가 외부 흐름에 노출됨으로써 물질 F, G, H 등을 흡수해 점점 성장해가는 성질을 가졌다고 생각하자. 이러한 상황이 〈그림 5-6〉에 간략히 표시되어 있다.

그림 5-6 자촉 질서 U×V×W의 한 모형

A, B, C, D, F, G, H ⇨	U: A B D A C B | | | | | | V: C D B C A D	W(F, G, H)

주: A와 C, B와 D 사이에는 특별한 친화력이 있다.

이제 U×V×W_0를 편의상 '씨앗'이라고 부른다면, 이것이 점점 성장하여 '성체' U×V×W를 이루게 된다. 성장한 W는 일단 성장하고 나면 U와 V 사이의 간격을 조정하는 등 일정한 기능을 수행하게 된다. 먼저 U와 V를 분리시켜 이들이 외부의 물질 A, B, C, D에 각각 노출되도록 한다고 생각하자. 그러면 U 안에 있는 물질 성분 A, B, C, D는 각각 외부에서 유입되는 C, D, A, B와 특별한 친화력이 있어서 자신의 아래에 이들을 끌어들여, 예컨대 다음과 같은 구조물을 형성하게 된다.

A B D A C B

| | | | | |

C D B C…

반대로 V 안에 있는 물질 성분 A, B, C, D는 각각 자신의 위에 외부에서 유입되는 C, D, A, B를 끌어들여, 예컨대 다음과 같은 구조물을 형성하게 된다.

A B D A…

| | | | | |

C D B C A D

이렇게 이러한 구조물들이 완성되면 두 쌍의 대등한 U × V가 만들어지는 셈이 된다. 이때 W의 일부 W_0가 이 가운데 한 U × V에 부착되어 새로운 '씨앗' U × V × W_0가 만들어지고, 이것이 본체에서 분리되면서 하나의 자촉 질서가 완성된다.

이것이 가능하기 위해서는 그 구성 물질들 사이에 다음과 같은 몇 가지 성질이 있어야 함을 유의하자. 첫째로 A, B, C, D는 횡적으로 결합하여 중합체를 이룰 수 있는 물질 요소여야 한다. 설혹 자신들만으로는 이것이 이루어지기 어렵더라도 다른 중합체를 매개로 이것이 어렵지 않게 이루어져야 한다. 동시에 한 중합체를 매개로 다른 중합체를 이루는 과정에서 A와 C 사이, 그리고 B와 D 사이에 충분한 친화력이 있어야 한다. 그러나 이러한 결합력이 지나치게 커서 이 두 중합체의 분리가 너무 어려워져서는 안 된다. 적어도 적절한 물질(예컨대 성장한 구조물 W)의 도움으로 이러한 분리가 가능해야 한다. 실제로 자연계 안에서 이러한 여건들을 만족하는 중합체의 구체적 사례가 있다. 폴리뉴클레오티드polynucleotide의 일종인 RNA 분자들이 그것인데, 여기서 A, B, C, D에 해당하는 물질 요소는 흔히 A, G, U, C로 표기되는 아데닌adenine, 구아닌guanine, 유라실uracil, 사이토신cytosine, 이렇게 네 종류의 뉴클레오티드nucleotide이다. 잘 알려졌다시피 RNA를 구성하는 과정에서 A는 U와, 그리고 G는 C와 적절한 친화력을 가지는데, 이들을 흔히 왓슨-크릭 짝Watson-Crick pairing이라 한다.

둘째로 U × V와 W 사이에는 일정한 관계가 유지되어야 한다. 먼저 W가 W_0로부터 일정한 형태로 성장해가고 또 특정의 기능을 발휘하게 되는 데에는 U 또는 V 안에 각인된 물질의 배열(예: ABDACB)에 중요한 영향을 받는다. 즉, 이 배열이 달라지면 W의 모양이나 기능에 결정적인 변화가 생겨 소기의 기능을 전혀 수행하지 못할 수도 있다. 이와 동시에 W는

U와 V가 새로운 U×V를 형성하는 과정에 일정한 기능을 한다. U와 V 사이의 간격을 조정하여 그 안에 외부 물질이 드나들게 하는 것이 그 하나이다. 그리고 W는 외부 상황에 적절히 대응하며 국소 질서 U×V×W 체계를 되도록 장기적으로 유지시키는 기능도 한다.

그러나 이러한 모든 관계가 고정된 것은 아니다. 일반적으로 U와 V는 상대적 안정성을 지닌 일종의 제어물이지만, 우연한 어떤 이유 때문에 U(또는 V) 안의 배열(예: ABDACB)에 변화가 생길 수 있다. 이러한 변화는 대부분 이 체계를 와해시키는 데 기여하겠지만, 그 가운데에는 오히려 더 나은 복제 및 존속을 가능하게 하는 것이 있을 수 있다. 개별 체계로 보자면 이러한 확률은 극히 낮지만, 복제된 체계가 다수일 경우에는 그 숫자에 비례하여 이러한 확률이 증가해갈 것이므로, 복제된 체계의 숫자가 매우 큰 경우에는 이 확률도 엄청나게 커지게 된다.

셋째로 생각할 점은 이 체계와 흐름을 이루는 주변 상황과의 관계이다. 이 체계는 당연히 성분 물질 A, B, C, D와 F, G, H 등의 흐름이 있다는 전제 아래 가능한 것이지만 특히 다수의 이러한 체계가 만들어져 이 물질들을 흡수하고 또 체내에서 변형되거나 폐기된 물질들을 방출하게 되면 이 전체적 흐름의 체계 역시 바뀌게 된다. 이러한 흐름을 이루는 주변 상황을 Ω라 부른다면 국소 질서 U×V×W는 Ω에 의존하지만, Ω 또한 U×V×W에 의존하면서 서로 변화를 추동하는 상호 의존 관계에 놓이게 된다. 앞에서 언급한 바와 같이 이런 흐름이 장기적 지속성을 가지기 위해서는 일정한 순환 체계를 이루어야 하는데, 그런 경우에도 단순 반복 순환이기보다는 약간씩이나마 변화를 동반하는 순환이 되지 않을 수 없다.

자체촉매적 국소 질서의 한 모형으로 앞에 제시한 U×V×W 체계는 하나의 가능한 모형일 뿐 현실 세계 안에 이러한 것이 있다는 것을 전제하

그림 5-7 링컨과 조이스 실험에 사용된 자촉 질서 U×V×W

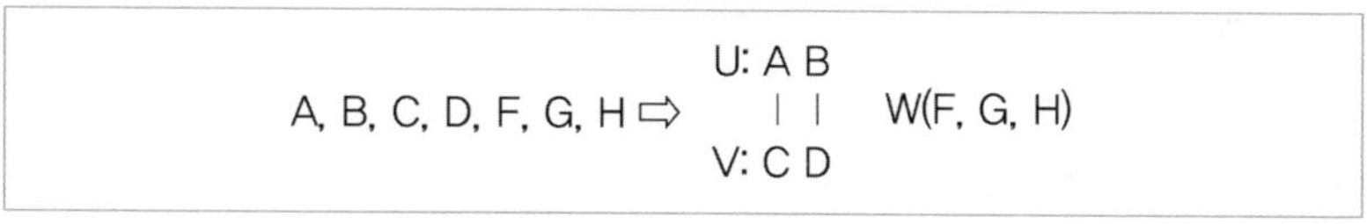

$$A, B, C, D, F, G, H \Rightarrow \begin{array}{c} U: A\ B \\ |\ \ | \\ V: C\ D \end{array} \quad W(F, G, H)$$

지는 않는다. 그러나 이 형태는 매우 간단하면서도 충분히 일반적인 것이어서 각각의 물질 요소 A, B, C, D, F, G, H 등과 이들로 형성된 구성체 U, V, W를 어떻게 택하느냐에 따라 실재하는 많은 자체촉매적 국소 질서를 이 형태로 나타낼 수 있다. 이 점과 관련하여 특별히 우리의 눈길을 끄는 것은 앞의 U×V×W 체계에 해당하는 매우 단순한 사례들이 실제로 실험실 안에서 구현되고 있다는 사실이다.

예를 들어 최근 링컨Tracey A. Lincoln과 조이스Gerald F. Joyce가 RNA 복제 체계를 활용하여 효율이 매우 높은 이러한 형태의 자촉 질서를 실험적으로 구현해낸 것이 하나의 사례이다.[76] 이들은 우리의 A, B, C, D에 해당하는 물질 요소를 모두 네 종류의 뉴클레오티드nucleotide A, G, U, C로 구성된 올리고뉴클레오티드oligonucleotide(뉴클레오티드의 단순 중합체) 형태로 마련하고, 우리의 U와 V에 해당하는 구조체를 단지 A와 B, 그리고 C와 D만으로 연결된 간단한 형태로 구성했다. 이렇게 할 경우 앞의 〈그림 5-6〉에 해당하는 그림은 〈그림 5-7〉과 같이 간소화된다.

여기서 중요한 것은 이 실험에서 사용된 물질 요소 A, B, C, D가 추상적인 모형이 아니라 실제 10여 개 정도의 뉴클레오티드로 구성된 그 구조가 분명한 '올리고뉴클레오티드'라는 점이다. 물론 이는 일차 질서 안에 이러한 올리고뉴클레오티드들이 이미 존재하고 있다는 전제 아래 성립하는 것이지만, 이것이 실험실 안에서 간단히 구현될 수 있다는 것만으로도 초기 자체촉매적 국소 질서의 현실성을 잘 말해준다고 할 수 있다.

생각해볼 거리

➲ 페일리의 '시계'도 '눈먼 시계공'의 작품인가?

1802년에 나온 윌리엄 페일리(William Paley)의 『자연신학』에는 다음과 같은 말이 나온다.[77]

> 풀밭을 걸어가다가 '돌' 하나가 발에 차였다고 상상해보자. 그리고 그 돌이 어떻게 거기에 있게 되었는지 의문을 품는다고 가정해보자. 내가 알고 있는 것과 반대로, 그것은 항상 거기에 놓여 있었다고 답할 수 있을 것이다. 그리고 이 답의 어리석음을 입증하기란 그리 쉽지 않을 것이다. 그러나 돌이 아니라 '시계'를 발견했다고 가정해보자. 그리고 어떻게 그것이 그 장소에 있게 되었는지 답해야 한다면, 앞에서 했던 것과 같은 대답, 즉 잘은 모르지만 그 시계는 항상 거기에 있었다는 대답은 거의 생각할 수 없을 것이다.

그러면서 페일리는 다음과 같은 결론에 아무도 이견을 제시하지 못한다고 주장한다.

> 시계는 제작자가 있어야 한다. 즉, 어느 시대, 어느 장소에선가 한 사람 또는 여러 사람의 제작자가 존재해야 한다. 그는 의도적으로 그것을 만들었다. 그는 시계의 제작법을 알고 있으며 그것의 용도를 설계했다.

그리고 페일리는 시계보다 더 정교한 생명체 가운데 예컨대 사람의 눈을 생각할 때 이것도 설계자가 있어야 한다는 견해로 나아간다. 이것이 유명한 페일리의 '설계로부터의 논변(Argument from Design)'이다. 여기에 대해 도킨스는 다음과 같이 반박한다.[78]

> 모든 자연현상을 창조한 유일한 '시계공'은 맹목적인 물리학적 힘이다. …… 다윈이 발견했고, 현재 우리가 알고 있는 맹목적이고 무의식적이며 자동적인 과정인 자연선택은 확실히 어떤 용도를 위해 만들어진 모든 생명체의 형태와 그들의 존재에 대한 설명이며, 거기에는 미리 계획한 의도 따위는 들어 있지 않다. …… 만약 그것이 자연의 시계공 노릇을 한다면, 그것은 '눈먼' 시계공이다.

여기서 우리가 도킨스의 견해를 따른다면, 결국 모든 생명체는 '눈먼 시계공'이 제작한 것이라고 인정하는 것이다. 그렇다면 풀밭에 떨어진 그 시계 또한 '눈먼 시계공'이 제작했다고 말할 수 있는가?

➲ 전체는 부분의 합인가?
전체는 부분의 합이 아니라는 말이 있다. 이것은 어떤 의미에서 나온 것인가? 전체가 부분의 합이라고 말할 수 있는 상황들과 전체가 부분의 합이라고 말할 수 없는 상황들을 열거해보고 이러한 구분이 어디서 오는 것인지 생각해보자. 그리고 이러한 구분의 본질이 질서의 개념과 어떻게 연관되는지 살펴보자.

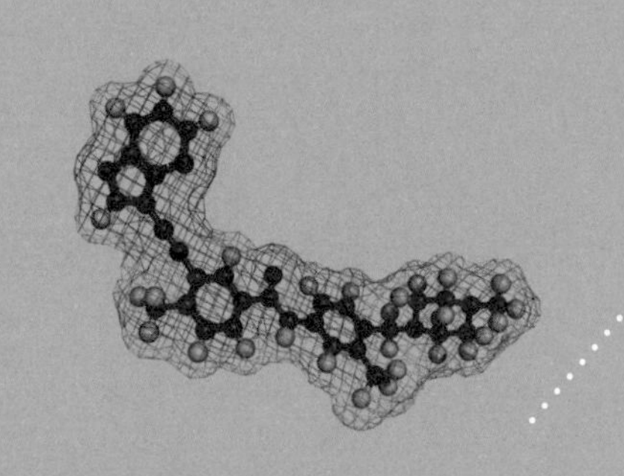

제 6 장
온생명과 낱생명

6-1
이차 질서의 형성 단계

우리는 앞에서 자촉 질서의 출현을 통해 어떤 놀라운 새 질서가 발생할 수 있는지에 대해 살펴보았다. 그리고 이를 계기로 그 정도와 질에서 엄청난 차이를 지닌 일차 질서와 이차 질서가 나뉠 수 있다는 것도 보았다. 우주 안에 있는 어떤 천체 위에도 그 안에 구분 가능한 어떤 형상이 만들어지는 한 일차 질서는 존재할 것이지만, 이것이 곧 이차 질서로 이어지리라는 보장은 없다. 따라서 우리의 중요한 관심사는 일차 질서가 어떠한 상황에 도달할 때 이차 질서로 이어질 것인가 하는 점이 되겠는데, 이를 명시적으로 규정할 체계적 이론은 아직 존재하지 않는다.

그러나 한 가지 분명한 사실은 최초의 자촉 질서가 형성되어야 한다는 것이고, 이것이 가능하기 위해서는 이에 앞서는 일차 질서가 충분히 풍부한 내용을 담고 있어야 한다는 점이다. 앞에서 제시한 모형 체계의 용어를 빌리자면 충분히 풍요로운 흐름을 제공하는 바탕 체계 Ω가 형성됨과 함께 최초의 자촉 질서 U×V×W의 우연한 형성이 실현 가능한 범위 안에 들어 있어야 한다는 것이다. 사실 이 두 조건은 서로 관련을 지니고 있다. 바탕 체계 Ω가 풍요로울수록 자촉 질서 U×V×W의 출현이 비교적 쉬워질 것이고, 바탕 체계 Ω가 빈약할수록 자촉 질서 U×V×W의 출현이 그만큼 더 어려워지거나 아예 불가능해질 것이다.

그러나 우리는 이런 일반론을 넘어 자촉 질서의 출현을 좀 더 쉽게 할 수 있는 바탕 체계의 구체적 모습에 대해 약간의 상상력을 발휘할 필요가 있다. 그 한 가지는 아직 '자체촉매적 기능'에까지는 도달하지 못했지만 다른 많은 점에서 자촉 질서 U×V×W에 근접한 어떤 국소 질서가 있는가를 생각해보는 일이다. 이제 바탕 체계 Ω 안에 어떤 특별한 한 지점이 있어서 어떤 우연한 경계 조건을 매개로 U×V×W를 닮은, 그러나 아직 '자체촉매적 기능'은 가지지 않은 국소 질서를 비교적 쉽게 만들어낼 수 있다고 생각하자. 이것이 이 지점에서 만들어지는 형성 시간 T가 이것의 존속 시간 τ보다 짧다고 하면, 이런 국소 질서의 수는 시간에 따라 증가할 것이다. 설혹 이것이 이 지점에서 만들어지는 형성 시간이 이것의 존속 시간보다 좀 길다 하더라도 이것이 다른 곳에서 우연히 만들어지는 형성 시간보다는 월등히 짧을 수 있고, 이 경우에 이것의 존속비 τ/T는 그만큼 더 커진다. 이제 이런 점들을 염두에 두고 이차 질서가 형성되는 과정을 다음과 같이 몇 가지 단계로 나누어 어떤 일이 일어날지를 요약해보자.

1) 예비 단계

첫 번째 단계는 예비 단계로, '아직 자체촉매 기능을 가지지 않은' 일종의 선행 국소 질서의 개체군이 나타나리라 예상되는 단계이다. 이 단계에서는 바탕 체계 Ω_0의 일차 질서가 충분히 풍부해져서 어떠한 특정 장소 ω_0에서 선행 국소 질서 $(U \times V \times W)_0$가 평균 주기 T에 하나씩 계속 만들어진다. 이제 이것의 평균 존속 시간을 τ라 하면 $\tau / T < 1$인 경우 존속하는 평균 개체 수는 τ / T가 된다. 그러나 만일 이것의 형성 시간 T가 이것의 존속 시간 τ보다 짧다고 하면, 이것의 평균 개체 수는 매 주기마다 τ / T의 비율로 증가하게 되어 시간이 t만큼 경과된 후에는 그 값이 $(\tau / T)(t / T)$에 이를 것이다. 그러나 현실적으로는 바탕 체계 Ω_0의 한계에 의해 이러한 형성 과정이 무제한으로 지속될 수는 없으며, 평균 개체 수가 어떤 특정치 M에 이르러 포화 상태에 이르리라고 기대된다. 이러한 개체군을 집합적으로 $\{(U \times V \times W)_0\}_M$로 표기한다면 이때의 상황을 다음과 같이 나타낼 수 있다.

$$\Omega_0 : \{(U \times V \times W)_0\}_M$$

우리가 여기서 기대하는 것은 유한한 평균 개체 수 M을 지니는 이러한 개체군이 충분히 오랫동안 유지될 경우 그 가운데 하나가 우연적인 과정에 의해 결국 자체촉매적 기능을 지닌 어떤 것으로 전환하리라는 것이다.

2) 시작 단계

다음 단계는 최초의 자촉 질서가 출현하여 본격적인 자체촉매적 기능을 수행하게 되는 단계이다. 이것이야말로 이차 질서 형성을 위해 가장 결정적인 단계이며 성취되기가 가장 어려운 단계일 수 있다. 그러나 앞에서 말한 것처럼 이것과 충분히 유사한 다수의 개체가 오랜 기간에 걸쳐 생겨나고 없어지기를 반복한다면, 그 가운데 어떤 유리한 장소 ω_1에 놓인 하나가 아주 초보적인 자체촉매적 기능을 가진 개체 $(U \times V \times W)_1$로 전환될 수 있을 것이다.

일단 이것이 자체촉매적 성격을 지녀 자신의 존속 시간 내에 하나 이상의 유사한 개체를 생성하는 데 성공하고($\tau > T$), 이렇게 생성된 새 개체들도 이런 자체촉매적 성격을 가지게 된다면 그 숫자는 기하급수적으로 증가할 것이다. 그러나 최초의 이러한 개체들은 주어진 바탕 체계 아래 자체촉매적 기능이 그리 원활하지 않을 수가 있어서 그리 크지 않은 개체 수 N_1에 이르러 곧 포화되어 더 이상 증가하지 않을 수 있다.

이렇게 형성된 첫 세대의 자촉 질서 개체군 $\{(U \times V \times W)_1\}_{N_1}$은 어느 시점에 이르러 그중 어느 하나가 새로운 형태를 지닌 자촉 질서 $(U \times V \times W)_2$로 변이를 일으킬 수 있으며, 이것 또한 자체촉매적 기능을 통해 새로운 세대 자촉 질서 개체군 $\{(U \times V \times W)_2\}_{N_2}$을 이루게 된다. 이 경우 새 세대 개체군은 주어진 여건 아래 그 자체촉매적 기능이 더욱 우수할 수도 있으며, 그렇게 된다면 이것의 포화 개체 수 N_2는 N_1에 비해 훨씬 더 클 수도 있다.

일단 이러한 2세대 개체군이 형성되면 이들은 적어도 당분간 1세대 개체군과 일정한 관계를 지니며 공존하게 된다. 흡사한 방식으로 3세대 개체군 $\{(U \times V \times W)_3\}_{N_3}$이 만들어지고, 이들 또한 이전 세대의 개체군과 상호작용하면서 일정 기간 공존하게 된다.

이러한 과정이 진행되는 동안 초기의 바탕 체계 Ω_0 또한 변화를 일으켜 새로운 바탕 체계 Ω_I로 전환될 것이며, 이때 공존하고 있는 개체군들은 모두 이 새 바탕 체계인 Ω_I을 바탕으로 기능하게 된다. 이러한 상황을 간단히 기호로 요약하면 다음과 같다.

$$\Omega_I: \{(U \times V \times W)_1\}_{N_1}$$
$$\{(U \times V \times W)_2\}_{N_2}$$
$$\{(U \times V \times W)_3\}_{N_3}$$
$$\cdots$$

3) 성숙 단계

다시 시간이 더 경과한다고 생각해보자. 시간이 지날수록 이러한 과정도 지속되어 새로운 변이 개체군들이 계속 늘어날 것이고, 이와 함께 바탕 체계 Ω 또한 계속 새로운 형태로 바뀌게 될 것이다. 이렇게 될 경우 이미 형성된 일부 자촉 질서의 개체군들은 변화된 여건 아래서 자촉 질서로서의 기능을 상실하고 사라져버릴 수도 있다. 사실상 초기에 나타난 개체군일수록 변화된 여건에 적응하지 못할 가능성이 클 것이므로 역사의 어느 시점에 이르러서는 $(U \times V \times W)_m$보다 앞서 나타난 것들은 모두 사라지고 $(U \times V \times W)_m$부터 $(U \times V \times W)_n$에 이르는 개체군들만이 공존하는 단계에 이를 수 있다. 이때에는 바탕 체계 Ω_I 또한 새로운 바탕 체계 Ω_{II}로 전환하게 되고, 공존하는 개체군들은 이 바탕 체계를 바탕으로 기능하게 된다. 이 상황을 역시 간단한 기호로 요약하면 다음과 같다.

$$\Omega_{II}: \{(U \times V \times W)_m\}_{N_m}$$
$$\cdots$$
$$\{(U \times V \times W)_n\}_{N_n}$$

이것이 바로 이차 질서가 출현한 이후 충분한 시간이 지난 어느 시점에서 이 이차 질서의 모습이 지니게 될 개략적인 형태라고 할 수 있다. 앞에서 잠깐 언급했지만 우리가 살고 있는 이 태양-지구 체계는 이러한 이차 질서가 구현되어 있는 세계이며, 따라서 우리는 이러한 이차 질서를 직접 접하면서 살아가고 있다. 그렇다면 우리는 다소 추상적으로 보이는 이러한 질서를 우리의 직접적인 경험을 통해 얻어진 몇몇 개념들과 관련지어 생각해볼 수 있을 것이다.

6-2 생명을 어떻게 규정할까?

우리는 이제까지 논의한 이차 질서가 흔히 '생명'이라 불리는 것과 아주 깊은 관계가 있음을 쉽게 알아차릴 수 있다. 그러나 앞에서 상세히 논의했듯이 적어도 지금까지는 많은 사람들이 만족할 만한 정도로 생명을 정의하는 데 엄청난 어려움을 겪어왔다. 그렇게 된 주된 이유는 생명의 정의를 우리가 이미 마음속에 간직하고 있는 '생명 관념'을 명료하게 정리하는 작업으로 생각해왔기 때문이다. 그러나 마음속에 간직하고 있는 그 관념 자체가 실체가 없는 것이었다면, 이런 노력은 실패할 수밖에 없다.

반면 우리는 여기서 정반대 방향으로 문제에 접근하기로 한다. 우리는 생명이 무엇인지를 일단 모른다는 전제 아래 기존의 '생명 관념'을 던져버리고 출발한다. 그 대신 자연 속에 구현될 수 있는 가능한 질서들이 어떤 것이 있는지를 탐구한다. 그렇게 해서 몇몇 특징적인 질서들을 구분해낸 후, 그 가운데 아주 특징적인 한 질서에 대한 분명한 그림을 얻어낸다. 그러고 나면 우리에게는 이것에 대해 적절한 이름을 붙이는 작업만이 남게 된다. 즉, 이름을 붙일 개념적 대상이 분명해졌으므로 거기에 적절한 이름만 찾아 붙여주면 된다.

이러한 작업은 일차적 경험 대상에 이름을 붙이는 경우와는 다소 차이가 있다. 예를 들어 우리는 어떤 특정한 산에 대해 '금강산'이란 이름을 붙일 수 있다. 이때 이 지칭의 대상은 경험적으로 분명하므로 아무런 문제가 없다. 마찬가지로 토끼에 대해 '토끼'라는 이름을 붙이는 경우에도 별 문제가 없다. 그런데 그 대상을 파악하기 위해 엄청난 개념적 작업이 선행되어야 하는 경우는 문제가 다르다. 예를 들어 그 무엇에 대해 '경제'라는 이름을 붙이는 경우를 생각해보자. 이것은 생산, 소비, 유통과 관련된 사람의 전반적 활동에 대한 어떤 그림을 먼저 그려낸 후에야 비로소 붙일 수 있는 이름이다. 만일 이러한 그림이 그려지지 않은 상태에서 그 어느 것에 '경제'라는 이름을 붙인다면 많은 혼란이 빚어질 것이다. '생명'의 경우에도 이러한 개념적 작업이 선행되어야 하는데, 지금까지는 그 작업이 미비했다고 할 수 있다.

그러나 우리는 이제 아주 분명한 특징을 지닌 '이차 질서'라는 것이 우주 안에 존재한다는 것을 알게 되었고, 이것에 대해 우리의 경험과 좀 더 가까이 부합되는 어떤 이름을 붙여보자는 것이다. 그리고 우리는 이것이 그동안 사람들이 '생명'이라 불러온 것과 깊게 관련되어 있다는 것을 알게 되었다. 그렇더라도 우리가 주목해야 할 점은 이것이 우리가 지금껏 생명이라 불러온 것과 정확히 일치하지는 않는다는 사실이다. 그러므로 우리는 지금까지 묘사한 '이차 질서'로 되돌아가서 그 개념의 존재론적 성격을 좀 더 자세히 살펴보고, 이것 전체 그리고 이를 이루는 각 부분에 어떤 명칭을 부여하는 것이 가장 적합한지를 생각해봐야 한다.

여기서 우선 한 가지 염두에 둘 것은 시간의 흐름과 관련하여 이것의 존재성을 어떻게 규정할 것인가 하는 문제이다. 우리는 공시적인 관점을 택하여 '현재 존재하는 것'에 초점을 맞출 수도 있고, 통시적인 관점을 택하여 처음부터 현 순간에 이르기까지 형성되어 나온 전체를 하나의 실체로 인정하는 관점을 택할 수도 있다. 이는 마치 한 사람을 말할 때 현재 그의 존재성만을 말할 수도 있고, 출생 이후 그의 이력 전체를 포함시켜 말할 수도 있는 것과 같다. 우리는 여기서 일단 후자의 입장을 취하고, 필요하면 전자의 입장을 특수한 경우로 포함시키기로 한다.

이처럼 우리가 통시적 관점을 택하고 보면, 검토 대상이 되는 존재는 앞에서 간략히 요약했던 질서 형성의 전체 과정에 해당한다. 그런데 이 안에 나타난 현상들을 좀 더 자세히 살펴보면 이 안에서 그 존재론적 지위를 달리하는 세 종류의 존재자들이 고려 대상으로 떠오른다. 그 하나가 이 안에 나타나는 개별 자촉 질서들이며, 또 다른 하나는 이 자촉 질서들로 구성된 자촉 질서 네트워크이고, 마지막 하나는 바탕 체계까지 포함한 이차 질서 전체인데, 이들 모두를 각각 의미 있는 존재자로 고려해볼 수 있다. 이제 그 하나하나에 대해 좀 더 자세히 검토해보자.

첫 번째로 우리가 취할 수 있는 관점은 자촉 질서 하나하나를 의미 있는 존재자로 보자는 것이다. 이는 곧 최초의 자촉 질서 $(U \times V \times W)_1$ 이후 $(U \times V \times W)_n$ 에 이르는 각각의 개별 자촉 질서를 독자적 존재성을 지니는 실체로 보아 이들에 대해 존재론적 의미를 부여하자는 것이다. 사실 이러한 자촉 질서들은 우리가 일상적으로 '생명'이라고 할 때 염두에 두게 되는 대상들과 매우 가깝게 대응한다. 그러나 지금 우리가 '생명'이라는 이름을 이러한 자촉 질서에 대해 배타적으로 부여하는 것, 즉 '이것이 생명이고 이것만이 생명이라고 규정하는 것'은 적절하지 않다. 그 한 가지 이유는 이러한 생명 규정이 사람들이 흔히 '생명' 개념 안에 부여하고 싶어 했던 중요한 내용들을 거의 대부분 담아내지 못한다는 점이다. 우리가 경험을 통해 생명 개념을 자득적으로 얻어내는 과정에서, 우리는 이미 현존하지 않은 비교적 초기의 자촉 질서를 직접 접해본 일이 없으며, 따라서 우리의 '생명' 관념 안에는 주로 현존하는 $(U \times V \times W)_m$ 이후의 자촉 질서 개념이 담겨 있기 마련이다. 그런데 이러한 후기 자촉 질서 안에는 그간 이차 질서 체계가 이룩해낸 매우 풍부한 내용이 담겨 있어서 우리는 이 내용들을 '생명' 안에 담고 싶어 한다. 그러나 초기로 갈수록, 특히 최초의 자촉 질서 안에는 이러한 내용이 거의 대부분 제외될 수밖에 없다. 그렇다고 하여 어느 시점 이후의 자촉 질서만을 생명으로 규정하는 것 또한 부적절하다. 이들 모두가 공유하는 가장 중요한 특성이 바로 자촉 질서라는 점이기 때문이다.

여기에 더해, 자촉 질서의 개체들은 자신을 제외한 나머지 이차 질서와의 상호 의존성을 아주 강하게 가지는 것이어서, 이것만을 분리하여 독자적 성격의 존재성을 부여하는 것도 매우 부적절하다. 우리가 일단 그 어느 것에 '생명'이란 명칭을 부여한다면, 이것과 여타의 대상들 사이에 '생명'과 '비생명'이라는 선명한 질적 차이를 부여하는 셈인데, 개체로서의 자촉 질서들이 이런 특권적인 존재론적 지위를 가지는 것으로 보기 어렵다. 그렇기에 우리는 이들이 지니는 존재론적 지위에 좀 더 적합하도록 그 명칭을 다소 한정할 필요가 있다. 그래서 이를 '개체 생명', 그리고 좀 더 줄여 '낱생명'이라 부르는 것이 적절하리라 본다. 이렇게 함으로써 뒤에 논의할 총체적인 생명, 곧 '온생명' 개념과의 대비를 이루게 할 필요가 있다.

우리가 여기서 고려할 두 번째 존재자는 바탕에 놓인 바탕 체계 Ω를 제외한 자촉 질서들 전체의 네트워크이다. 이를 앞에 요약한 기호로 표시하면 다음과 같은 형태로 나타낼 수 있다.

$\{(U \times V \times W)_1\}_{N_1}$
$\{(U \times V \times W)_2\}_{N_2}$
$\{(U \times V \times W)_3\}_{N_3}$
…

$\{(U \times V \times W)_m\}_{N_m}$
…
$\{(U \times V \times W)_n\}_{N_n}$

여기서 상반부는 이미 사라진 부분이고, 하반부는 현존하는 네트워크이다. 이때 이 전체를 하나의 실체로 볼 것이냐, 현존하는 하반부만을 하나의 실체로 볼 것이냐 하는 것은 이를 통시적 입장에서 보느냐, 공시적 입장에서 보느냐 하는 차이에 해당한다. 그 어느 쪽이든 이를 하나의 실체로 보는 관점이 가능하며, 이것이 바로 '생명'의 바른 모습이라고 보는 사람들도 있다. 그 대표적인 사례가 바로 제3장에서 소개된 미라조와 모레노의 견해인데, 이들은 이것이 생명의 정의로서 적절하다고 본다.[79]

이것을 생명의 정의로 보는 이점 중 하나는 이 안에 자촉 질서들 사이의 '관계'가 자연스럽게 포함된다는 점이다. 사실 자촉 질서의 기능과 존속을 위해서는 자촉 질서 내부 구성 요소들 사이의 관계뿐 아니라 자촉 질서들 사이의 관계도 매우 중요한데, 이 네트워크를 하나의 실체로 볼 경우 이 관계가 그 안에 이미 함축적으로 들어 있게 된다. 그러나 이 관점은 여전히 이 네트워크가 바탕 체계인 Ω_I이나 Ω_{II}와 분리될 수 없다는 점을 간과하고 있다. 그럼에도 사람들이 '생명'에 대한 이 정의를 선호하는 이유는 Ω로 대표되는 '물리적' 일차 질서와 $U \times V \times W$로 대표되는 '생물학적' 이차 질서를 직관적으로 구별하려는 데에 있다. 그러나 엄격하게 말해서 일차 질서는 동물의 몸속을 포함해 어느 곳에나 스며들어 있으며, Ω

의 내용 또한 이 네트워크와의 상호작용으로 인해 Ω_0에서 Ω_I과 Ω_{II}로 점차 변해가고 있다. 따라서 일차 질서를 완전히 배제한 이차 질서만의 체계를 생각하는 것은 오직 관념적으로만 가능할 뿐 현실 속에서는 구현되지 않는다.

우리는 앞서 미라조와 모레노의 이 생명 정의를 소개하는 과정(제3장 참조)에서, 이러한 자촉 질서 네트워크만으로의 생명 정의가 어째서 부적절한지를 논의하면서 그에 대한 대안을 제시한 바 있다. 이 대안이 바로 다음에 고려할 세 번째 존재자, 곧 존재론적 의미가 좀 더 분명한 복합 질서로서의 이차 질서이다.

이제 우리가 고려할 세 번째 존재자를 생각해보자. 이것은 이차 질서를 이루기 위해 필연적으로 연결되어야만 하는 전체 체계를 하나의 존재론적 단위로 묶어낸 개념이다. 여기서는 바탕 체계 Ω를 포함한 이차 질서 전체가 서로 분리될 수 없는 하나의 실체가 된다는 점에 주목한다. 그렇기에 이것은 앞에서 고려한 자촉 질서의 네트워크에 바탕 체계 Ω를 첨부한 전체 체계를 나타낸 개념이 된다. 이를 기호로 표시하면 다음과 같은 형태가 된다.

$$
\begin{array}{ll}
\Omega_I: & \{(U \times V \times W)_1\}_{N_1} \\
 & \{(U \times V \times W)_2\}_{N_2} \\
 & \{(U \times V \times W)_3\}_{N_3} \\
 & \cdots \\
\hline
\Omega_{II}: & \{(U \times V \times W)_m\}_{N_m} \\
 & \cdots \\
 & \{(U \times V \times W)_n\}_{N_n}
\end{array}
$$

여기서도 이를 통시적 입장에서 보느냐 공시적 입장에서 보느냐에 따라 이 전체를 하나의 실체로도 볼 수 있고, 현존하는 하반부만을 하나의 실체로 볼 수도 있다. 이 개념이 지닌 중요한 특징은 이것이 더 이상 외부로부터 아무것도 필요로 하지 않는다는 점이며, 이러한 의미에서 이것은 자체충족적이고 자체유지적이다. 따라서 이것은 생명이라는 관념이 함축할 수 있는 모든 속성을 지닌 가장 포괄적인 존재자이다.

이러한 존재자는 표현만 약간 다를 뿐 앞(제3장)에서 제시했던 생명의 정의와 거의 일치한다. 우리는 앞에서 미라조와 모레노의 생명 정의에 약간의 수정을 가해 생명을 다음과 같이 정의한 바 있다.

> 생명은 자체촉매적 국소 질서의 복잡한 네트워크를 그 안에 구현하는 자체유지적 체계이다. 여기서 각 국소 질서의 기본 조직은 지속성을 지닌 규제물들에 의해 특정되는데, 이 규제물들은 열린 진화적 과정을 통해 형성된다.

이제 이러한 생명 정의가 우리가 여기서 말하는 존재자와 어떻게 관련되는지를 조금 자세히 살펴보자.

우선 이 정의에서는 생명을 단순히 자기 복제를 하는 행위자들의 네트워크 자체로 규정하지 않고 이러한 네트워크를 그 안에 구현하는 '자체유지적 체계'로 규정함으로써 이 네트워크와 함께 이를 지탱하는 바탕 체계가 함께해야 한다는 점을 명시하고 있다. 이것이 바로 바탕 체계 Ω까지 첨부한 이차 질서 전체를 하나의 존재론적 단위로 묶어낸 우리의 세 번째 존재자 규정과 일치한다. 그리고 "각 (자체촉매적) 국소 질서의 기본 조직은 지속성을 지닌 규제물들에 의해 특정된다"는 이야기는 자촉 질서 U×V×W 안에서 특히 U와 V에 해당하는 구조체가 (이미 제5장에서 논의한 바와 같이) 상당한 안정성을 지닌 중합체여서 지속성을 지닐 뿐만 아니라 이것이 지닌 배열을 통해 국소 질서 U×V×W 자체의 성격이 일정한 방향으로 특화되고 있음을 말한다. 마지막으로 "이 규제물들은 열린 진화적 과정을 통해 형성된다"라는 것은 이러한 구조체의 배열이 우연적인 변이 과정을 통해 변해감으로써 거듭거듭 새로운 자촉 질서들의 개체군의 네트워크로 전환해 나가는 과정임을 의미한다.

이렇게 볼 때 이 세 번째 존재자는 우리가 그동안 여러 종류의 생명 정의를 비판적으로 검토하여 얻어낸 최선의 결과와 거의 완벽하게 부합한다. 오직 하나의 걸림돌이 있다고 한다면 이 존재자가 지나치게 포괄적이어서 이 안에 모든 것을 담기는 하지만 그렇기에 생명이 아닌 것들과의 구별이 불분명해지지 않는가 하는 의혹이다. 사실 이것은 우리의 일상적 생명 관념과 너무도 동떨어진 것이어서 적어도 생명의 정의로서는 부적절하거나 심지어 반직관적인 것처럼 보이기도 한다.

그러나 여기서 우리가 주목해야 할 점은 이 안에 생명이 생명이기 위해 가져야 할 본질적인 것이 더도 덜도 아닌 형태로 모두 담겨 있다는 것이다. 이것에 조금이라도 못 미치는 것은 우주 안에서 독자적인 생명이 될 수가 없다. 이것에 못 미치는 것이 생명인 것처럼 보이는 것은 이것의 나머지 부분이 우리가 의식하지 않은 채 주변 어딘가에 숨어 있기 때문이다. 우리는 단지 이 모든 필요한 것이 이미 충족되어 있는 지구상의 여건에 너무도 익숙하여 이 전체를 별로 의식할 필요가 없었던 것뿐이다. 지구상에서는 우리가 의식하든 의식하지 않든 이 모든 것이 항상 함께하고 있지만, 우주의 다른 곳에서라면 사정은 완전히 달라진다.

한편 생명이 생명이기 위해 이것을 넘어서는 그 무엇이 될 필요도 없다. 우주 안에는 이것 외에 다른 많은 것들이 있겠지만 생명이 되기 위해서는 이것으로 충분하며 이것 외의 다른 그 무엇도 더 동원할 필요가 없기 때문이다. 이런 의미에서 이것은 생명의 자족적 단위이기도 하다.

6-3
생명의 온생명적 구조

이렇게 볼 때 어떤 존재자에 '생명'이라는 이름을 붙일 수 있으려면 그 존재자는 여기서 말하는 세 번째 존재자, 즉 이차 질서를 이루기 위해 필연적으로 연결되어야 하는 전체 체계 그 자체임에 틀림없다. 사실 나는 꽤 오래전부터 이러한 존재자에 주목하고 이것이 생명의 바른 모습이라 생각하고 있었지만, 이를 명시적으로 '생명'이라 부르기를 주저해왔다. 그 대신 나는 이를 '온생명'이라 명명했다.[80] 굳이 그렇게 했던 것은 이것을 '낱생명'(또는 '개체 생명')의 개념과 구별하기 위해서였다. 생명의 많은 흥미로운 면모들이 지금도 '낱생명' 개념과 관련하여 유익하게 논의될 수 있기 때문에 굳이 '생명'이라는 한 가지 명칭으로 어느 하나를 배타적으로 지칭할 필요가 없을 것으로 보았다.

사실 우리가 어떤 대상에 '생명'이라는 명칭을 부여하기 위해서는 이 명칭과 관련해 우리가 떠올릴 수 있는 기존 관념들을 완전히 배제해서는 안 된다. 오히려 이러한 기존 관념들을 최대한 살려내면서도 기존 관념들이 지칭하려 했던 대상에 대한 이해가 명료해짐에 따라 이에 대한 최소한의 수정 또는 보완만을 해나가려는 자세를 취하는 것이 옳다.

그렇기 위해 우리는 먼저 기존 관념에 비추어 어떤 개념이 생명이라는 명칭을 부여받기에 적합한지 아닌지를 결정할 필요가 있다. 이를 위해서는 두 가지 가능한 요건을 생각할 수 있다. 첫째는 '살아 있음'의 요건이다.

이것은 대상이 '그 자체로' 살아 있는가, 살아 있지 않는가 하는 점과 관련된다. 백합은 들판에 있을 때에는 살아 있지만 '그 자체로'는 살아 있을 수 없다. 백합을 뽑아서 공중에 던져버리면 '살아 있음'이란 성격은 곧 사라진다. 따라서 백합은 그 자체만으로는 생명이라 할 수 없다. 백합은 생명의 부분일 뿐이다. 한 동물 종의 경우도 마찬가지다. 동물 종 또한 그 자체만으로는 살아 있을 수 없다. 동물은 먹이와 공기를 필요로 한다. 그렇다면 미라조와 모레노의 생명 정의가 말하는 자촉 질서의 네트워크는 어떨까? 이것도 이 기준에 따르면 적절하지 못하다. 이는 이를 지지하는 바탕 체계 없이는 살아갈 수 없기 때문이다. 이러한 점에서 온생명만이 이 기준을 만족한다. 이것이 바로 온생명만이 진정한 의미의 생명을 나타내는 것으로 정당화할 수 있는 이유이다.

생명이라는 관념이 내포하는 또 하나의 요소는 '죽음'이다. 이것이 두 번째 요건을 결정한다. 어떤 존재자가 죽는다고 하면, 이는 곧 그것이 생명을 가지고 있다가 빼앗긴다는 것을 의미한다. 이러한 점에서 백합은 생명을 가지고 있다. 죽을 수 있기 때문이다. 그리고 동물 종도 마찬가지다. 이것도 멸종될 수 있기 때문이다. 실제로 죽을 수 있는 많은 대상들은 더 큰 살아 있는 계의 부분계들이다. 이 부분계들은 그것을 둘러싸고 있는 더 큰 생명에 무관하게 죽을 수 있지만, 더 큰 생명 없이 살아 있을 수는 없다는 특징을 지닌다. 이런 경우 이들에게는 '조건부 생명'이라는 지위를 부여하는 것이 적절하다. 이러한 의미에서 모든 종류의 '낱생명', 곧 '개체 생명'들은 모두 '조건부 생명'이라는 존재론적 지위를 가진다.

이러한 점에서 우리는 생명을 말하기 위해 이것이 함축하는 두 가지 개념, 곧 온생명과 낱생명을 구분하고 이들 사이의 관계에 주목할 필요가 있다. 즉, 생명이란 기본적으로 온생명이지만, 이를 구성하는 또 하나의 단위로서 그 자체로 태어남과 소멸함을 겪고 있는 낱생명에 대해서도 응분의 주의를 기울여야 비로소 이해될 수 있는 존재라는 것이다. 이처럼 생명이란 전체로서의 온생명과 함께 그 안에 있는 낱생명을 함께 보아야 비로소 이해될 수 있는 존재이며, 생명의 특성은 이들과 이들 사이의 관계가 밝혀질 때 비로소 드러나게 된다.

이러한 관점은 지금까지 주로 낱생명을 중심으로 생명을 이해하려던 입장과 대비된다. 사실 그동안 생명의 이해에 많은 어려움을 주었던 것이 바로 이 같은 편향된 관점 때문이라 할 수 있다. 그러므로 이제 온생명 개념을 도입하고 이 안에서 다시 낱생명을 이해하는 방식을 택할 경우 그간의 많은 어려움들을 해소할 뿐 아니라 생명에 대해 지금까지는 알지 못했던 많은 새로운 내용들을 파악할 수 있게 된다. 그러나 불행히도 온생명이라는 개념은 우리의 직접적 경험을 통해 쉽게 파악할 수 있는 성격의 것이 아니어서 이러한 이해가 널리 공유되기는 매우 어려운 듯하다.

그러므로 무엇보다도 시급한 것은 온생명의 성격에 대한 바른 이해이다. 우리는 지금까지의 논의를 통해 온생명의 성격에 대한 상당한 수준의 암묵적 이해에 도달했지만, 이것에 대한 좀 더 구체적인 이해를 위해서는 이와 관련된 여러 방향의 논의들을 종합해볼 필요가 있다. 이러한 점에서 우주 내의 질서를 다시 한 번 요약하고 이것과 온생명의 관계를 간단히 정리해보자.

우주 안의 모든 것은 크게 보아 아무런 질서를 가지지 못한 것과 어떤 형태의 질서를 가진 것으로 나뉜다. 우주 초기의 아무것도 구분할 수 없었던 완전 혼돈 상태는 무질서의 대표적인 사례이며, 이것이 식어가며 그 안에 어떤 형상이라도 지닌 대상이 나타난다면 이는 이미 일정한 질서를 가지게 되었음을 의미한다. 그러니까 우리가 구분할 수 있는 어떤 대상도 이미 이 안에 일정한 형태의 질서가 들어 있다고 말할 수 있다. 이것이 바로 일차 질서이다. 모든 대상들은 그 안에 최소한 일차 질서를 가지고 있다. 그러나 그 가운데 어떤 특수한 일부 대상에서는 다시 이를 바탕으로 이차 질서가 나타날 수 있다. 이러한 이차 질서는 시간적·공간적으로 상당한 영역에 걸쳐 서로 분리될 수 없는 하나의 체계를 이루며 나타나게 되는데, 이러한 체계를 일러 우리는 '온생명'이라 한다. 즉, 온생명은 내부적으로는 서로 분리될 수 없는 체계를 이루면서 외부적으로는 더 이상 다른 어떤 것의 도움 없이 그 이차 질서를 지속시켜 나가는 하나의 자족적 체계를 의미하게 된다.

이러한 점에서 온생명은 그 시간적·공간적 규모가 엄청나게 클 수 있지만 원론적으로 말한다면 유한하다. 예를 들어 우리가 속한 우리 온생명은 시간적으로 대략 40억 년 전에 출발하여 오늘에 이르고 있으며, 공간적으로는 태양과 지구를 포괄하는 우주의 한 영역을 점유하고 있다. 즉, 우리 온생명은 이 안에서 자족적인 이차 질서의 체계를 형성·유지해 나가고 있다. 또 원론적으로 말한다면 우주 안에 이러한 이차 질서의 자족적 체계, 곧 온생명이 여러 개 존재할 수 있다. 예를 들어 우리가 속한 우리 온생명의 공간적 규모는 그 자체로서 결코 작은 것이 아니지만, 수천억 개의 항성을 지닌 우리 은하계, 그리고 다시 수천억 개의 그러한 은하계를 가진 우리 우주 전체의 규모에 비하면 너무도 작다. 그러므로 동일한 자연법칙이 적용되는 이 넓은 우주 안에 오직 우리 태양-지구계 안에서만 이러한 자족적 이차 질서가 형성되리라는 것은 합당한 추측이 아니다. 다만 우리는 아직 우리가 가진 인식적 한계에 의해 우리가 속한 우리 온생명 하나만을 알고 있을 뿐이다. 그러니까 외계에 어떤 생명체가 있다면 이는 곧 외계에 우리 아닌 또 다른 온생명이 존재하는 것이라 말할 수 있다.

여기서 한 가지 분명히 해야 할 점은 온생명 개념이 결코 어떤 전체론적 사고의 소산이 아니라는 것이다. 이 개념이 말하는 핵심 내용은 자족적인 이차 질서를 형성·유지한다는 것이데, 이를 위해 필요한 모든 것을 이 안에 포함시킬 뿐 그 이상의 어떤 것도 더 요구하지 않는다. 물론 우주 안의 모든 것은 서로 연관되어 있어서 우주 전체가 함께하지 않으면 다른 어떤 것도 있을 수 없다는 전체론적 형이상학을 수용한다면, 온생명은 곧 우주가 되어야 하며, 따라서 우주가 곧 생명이라는 말을 할 수도 있다. 그러나 우리가 말하는 온생명은 이러한 형이상학적 명제와 아무런 관련이 없다. 오직 자족적 형태의 이차 질서가 어떠한 조건 아래 가능한가 하는 과학적 물음에 관심을 가지며, 이 물음의 해답이 지시해주는 데에 따라 온생명의 영역이 결정될 뿐이다.

그리고 모든 과학적 물음이 그러하듯이 이 물음 또한 현재 우리가 수용하고 있는 최선의 과학적 지식을 동원한 잠정적인 해답만 가지고 있다. 현재 우리가 동원할 수 있는 최선의 과학적 지식에 따르면 우리 온생명은 태양-지구계 이외의 어떤 외적 존재가 주는 결정적 지원 없이도 존속해 나가는 존재이며, 따라서 우리 온생명의 영역을 태양-지구계로 한정할 수 있다. 그러나 만일 새로운 어떤 '과학적 발견'에 의해 우리의 이차 질서가 직녀성으로부터의 어떤 물리적 영향에 결정적으로 의존한다는 것이 입증된다면 우리는 온생명의 영역을 직녀성까지 포괄하도록 넓혀야 한다. 이를 조금 다른 말로 표현하자면 우리 온생명은 우리가 생명이라 부르는 현상을 가능하게 하는 인과적 관련의 총체를 그 안에 내포한 하나의 실체를 말하며, 그 구체적 모습은 이런 인과적 관련에 대해 우리의 최선의 지식, 곧 과학이 제시하는 바에 따라 찾아볼 수밖에 없다는 이야기가 된다.

현재 우리가 가진 최선의 지식을 동원해본다면, 우리 온생명에 대해 이렇게 말할 수 있다. 우리 온생명은 태양-지구계 위에서 약 40억 년 전에 태어나 지금까지 지속적으로 성장해오고 있다. 이것은 지금 살아 있거나 한때 지구상에 살았던 적이 있는 모든 낱생명들을 포괄하고 있으며, 무기물이든 유기물이든 가리지 않고 이러한 낱생명들의 생존을 가능하게 하는 모든 필수적인 것들을 기능적 전체로 포괄한다.

이러한 온생명 개념을 인정하더라도 하나하나의 낱생명들 또한 그 자체로서 의미 있는 생명 활동을 펼쳐 나간다. 앞서 이야기한 것과 같이 이들은 죽음의 단위가 되고 있기에 죽음에 이르지 않기 위해 나름의 노력을 기울이게 된다. 그러나 자체만으로는 생존이 유지되지 않기 때문에 결국 자신을 제외한 온생명의 나머지 부분과 어떠한 관계를 맺느냐 하는 것이 결정적으로 중요하다. 이들의 생존 활동은 대부분 이러한 '온생명의 나머지 부분'과의 관계 맺음에서 오는 것이며, 따라서 '자신을 제외한 온생명의 나머지 부분'이라는 것이 이들 각자에게 중요한 의미를 가지게 된다. 여기서 우리는 '낱생명' 개념과 함께 이에 짝을 이루는 또 하나의 주요 개념으로 '보생명' 개념을 도입할 필요가 있다. 즉, 어느 한 '낱생명'의 '보생명'이라 함은 '온생명에서 이 낱생명을 제외한 나머지 전체'를 지칭하는 개념이다. 그러니까 각각의 '낱생명'은 자신의 '보생명'과의 관계를 통해 생존을 유지하며, 조건부 단위의 생명인 낱생명은 자신의 보생명과 더불어 비로소 온전한 의미의 생명이 된다. 이 관계를 간단한 도식으로 표시하면 다음과 같다.

낱생명 + 보생명 = 온생명

여기서 한 가지 유의할 것은 이러한 보생명 개념은 개별 낱생명에 대한 상대적 개념이라는 점이다. 그러니까 A라는 사람의 보생명에는 A를 제외한 나머지 모든 사람이 포함되며, B라는 사람의 보생명에는 B를 제외한 나머지 모든 사람이 포함된다. 그리고 같은 한 사람의 경우에도 그 사람을 낱생명으로 보느냐, 아니면 그 사람의 세포 하나를 낱생명으로 보느냐에 따라 그 보생명은 달라진다. 사람을 구성하는 한 세포를 낱생명으로 보는 경우에는 그 사람의 보생명 전체는 물론이고 그 특정 세포를 제외한 그 사람의 나머지 세포들도 모두 보생명에 포함된다.

반대로 '집합적 의미의 인간'을 하나의 낱생명으로 본다면, 이러한 '인간'의 보생명 안에는 인간을 제외한 온생명의 모든 것이 포함된다. 이렇게 볼 때 우리가 흔히 환경이라 부르는 것은 바로 이 '인간'의 보생명에 해당하는 것이 된다. 그러나 기존의 인간 중심 또는 낱생명 중심의 세계관 아래서 흔히 말하는 '환경'과 이러한 '인간'의 보생명 사이에는 그 함축하는 의미에서 많은 차이가 있다. '환경'이라고 할 때에는 삶을 위한 여건 또는 배경이라는 의미를 짙게 함축하는 반면, '보생명'이라 할 때에는 '함께 생명을 이루는 삶의 파트너'라는 훨씬 더 강한 의미를 내포한다.

상자 6-1 달 표면에 비친 온생명

우리가 온생명 개념을 이해하기 어려운 이유 중 하나는 이것이 우리 눈에 보이지 않는다는 것이다. 그러나 눈에 직접 보이지 않기로는 얼굴도 마찬가지다. 누구도 자기 얼굴을 직접 볼 수는 없다. 그러나 우리는 자기 모습을 대략은 안다. 거울이 있기 때문이다. 그렇다면 온생명을 비추어볼 거울은 없을까?

18세기 조선의 뛰어난 실학자 홍대용의 대표적인 저술인 『의산문답(醫山問答)』에 다음과 같은 대화가 나온다. 이것은 낡은 생각에 얽매여 살던 허자(虛

子)가 세상의 바른 이치를 관통하고 있는 실자(實子)를 만나 새로운 사실을 깨달아가는 이야기이다.

> 허자 달 가운데의 밝고 어두운 부분을 어떤 사람들은 물과 흙이라고 하고, 또 어떤 사람들은 지구 모습이 비친 영상이라고 하니 원컨대 그 설명을 듣고 싶습니다.
>
> 실자 …… 달 속의 밝고 어두운 부분이 물과 흙이라는 말은 옳은 것 같으나 틀린 것이오. 대개 월체(月體)는 거울과 같아서 지계(地界)의 반쪽 면이 여기에 투영됩니다. 동쪽으로 떠오르는 달의 영상은 지계의 동쪽 절반이, 중천에 떠 있는 달의 영상은 지계의 가운데 절반이, 서쪽으로 지는 달의 영상은 지계의 서쪽 절반이 비친 모습입니다. 그러니 지구의 모습이 비친 영상이라고 말하는 것이 또한 옳지 않겠소?

나는 이 이야기를 읽으면서 한편으로 그 상상력에 감탄하면서도 어떻게 그런 큰 학자가 이런 터무니없는 과오를 범할 수 있을까 하고 생각해본 일이 있다. 분명히 달 가운데의 밝고 어두운 부분은 햇빛에 비친 그 지형의 모습이라는 점이 너무도 분명한데 어떻게 이 같은 엉뚱한 설명을 하는 걸까 하는 생각이었다.

그런데 좀 더 찬찬히 생각해보면 홍대용 선생의 생각이 전혀 틀린 것도 아니다. 지구의 표면에서 방출된 빛이 달 표면에서 반사되어 되돌아오는 것도 분명히 있을 것이기 때문이다. 하지만 홍대용 선생의 생각이 놓친 것 두 가지가 있다. 첫째는 달 표면이 선생이 생각했던 것처럼 그렇게 매끈한 거울 면이 아니라는 점이다. 그래서 지구 표면의 모습이 있는 그대로 반영될 수는 없고 오직 거친 표면을 통해 난반사를 이룬 빛들의 혼합체만을 관측할 수 있을 뿐이다. 그리고 더욱 중요한 점은 보름달이나 반달의 밝은 면처럼 밝은 달에서는 이를 관찰할 수 없다는 것이다. 태양에서 오는 빛이 너무 강해서 지구에서 오는 빛은 여기에 묻혀버려 전혀 구분해낼 수가 없기 때문이다. 따라서 이것은 오히려 그믐 때와 같이 태양 빛을 받지 않을 때에 관측해야 한다. 하지만 이때에도 달은 너무도 멀고 지구의 빛은 너무 약해서 현실적으로 이런 관측이 이루어지기는 어렵다.

그러나 오늘처럼 관측 장비가 좋고 관측 기술이 발달한 때에는 사정이 다르다. 사실 최근 달에 비친 지구의 모습을 관측하는 프로젝트가 실제로 만들어지고 있다. 한마디로 홍대용 선생의 아이디어가 실제로 활용되고 있는 것이다.

그렇다면 이들은 도대체 왜 달에 비친 지구의 영상을 보려 하는 걸까? 좀 과장되게 말한다면 달에 비친 온생명의 모습을 보고 싶어서라고 할 수 있다. 달에 비친 온생명의 모습? 그렇다. 좀 더 정확히 말하면 생명이 서식하는 지구를 엄청나게 먼 외계에서 관측하면 어떻게 보일까 하는 것을 알기 위함이다. 지구에서 나가는 빛 가운데 달에서 반사되는 것은 극히 소량일 것이므로, 이는 먼 거리의 물체를 보는 것과 흡사한 점이 있다. 그리고 달 표면에서 난반사하여 빛이 뒤섞이는 현상 또한 먼 거리를 오면서 빛이 도중에 산란되는 효과와 흡사한 점이 있다. 그러니까 달 표면에서 반사되어 돌아오는 극소량의 빛을 분석함으로써 아주 먼 거리에서 지구를 관측하는 효과를 얻겠다는 것이다. 이것은 곧 아주 먼 거리에서 보면 우리 온생명이 어떤 모습으로 보일까 하는 것을 알기 위함이다. 우리가 이것을 안다면 아주 먼 천체에서 오는 빛을 보고 그곳에 우리와 비슷한 또 다른 생명이 있는지를 알 수 있기 때문이다.

실제로 몇 년 전 미국과 프랑스에 있는 두 관측 팀에서 각각 이러한 작업을 수행하여 지구 생명의 흔적을 잡아내는 데 성공했다.[81] 이들은 이 빛의 스펙트럼을 분석하여 지구에 생명이 없다면 나올 수 없는 특별한 스펙트럼 형태들을 찾아낸 것이다. 이는 앞으로 먼 외계 행성에서 오는 빛을 분석하여 그 안에 생명이 있는지를 판정하는 데 쓰일 소중한 자료들이다.

상자 6-2 지구 생명의 기원

우리는 앞에서 무엇을 생명이라 할 것인가에 대해 깊은 논의를 했으며 점차 많은 사람들이 이러한 견해에 가까이 접근하고 있음을 보았다. 그러나 여전히 매우 흥미롭고 중요한 여러 문제들이 남아 있다. 그중 하나가 우리 온생명은 언제부터 존재하게 되었는가 하는 점이다. 이는 곧 언제부터 지구상에 생명이 존재하게 되었는가 하는 것과 같은 문제이다.

우선 우리는 지금 방사능 연대 측정 방식을 통해 지구가 약 46억 년 전에 형성된 것으로 추정하고 있다. 그리고 그 후 처음 6~8억 년 동안에는 지구의 상황이 너무도 격렬하여 생명 형성 여건에 적합하지 않았을 것으로 보고 있다. 그러니까 생명 출현의 상한선은 대략 40억 년에서 38억 년에 이른다고 할 수 있다. 그러나 이것은 일반적인 추정일 뿐 그 정확한 연대는 아무도 확실히 말할 수 없다.

현재 지구 생명의 과거, 특히 초기 생명의 역사를 추적하는 방법으로는 대략 세 가지가 활용된다. 고생물학적 기록을 활용하는 방법(palaeobiological tool)과 계통발생론적 분석을 활용하는 방법(phylogenetic tool), 그리고 선 생물 단계의 화학을 살펴보는 방법(prebiologic chemistry)이 그것이다.

먼저 고생물학적 기록을 살펴보면, 최초의 분명한 생물 흔적이 미세 유기체의 화석 조각들에서 나타나는데, 이는 약 34억 년 전의 것들이다.[82] 이보다 이른 시기의 생물에 대한 간접 증거로는 38억 년 전의 것도 있지만, 아직은 논란의 여지가 있다.[83]

다음으로 서열 분석(sequence analysis)이라고도 하는 계통발생론적 분석(phylogenetic analysis)을 살펴보자. 이것은 1970년대 이후 획기적 성과를 이룬 것으로, DNA의 염기 서열이나 단백질의 아미노산 서열을 분석하여 이들이 역사적 경과에 따라 어떤 변화를 가져왔는가를 보는 방식이다. 1970년대 후반에는 특히 칼 우즈(Carl Woese)의 서열 분석 작업을 통해 세 종류의 아주 강한 박테리아가 발견되었다. 리보솜(ribosomal) RNA 분석을 통해 발견된 이들은 소금기에 강한 호염성 세균, 열에 강한 호열성 세균, 그리고 메탄을 생산하는 메탄균이 그것이다. 이들은 다른 박테리아에 비해 서로 간에 공통성이 강하고 일반 박테리아보다는 오히려 진핵 세포(eukaryotic cells)에 가까운 특징을 가지고 있어서 이들을, 최초 생물의 직계라는 의미로, 원시 세균(archaebacteria, archaea)이라 부르고 있다.[84] 그러나 이 방법에는 수평 유전자 전이(horizontal gene transfer)로 인한 유전자 변이가 첨부된다는 사실이 알려짐으로써 생명의 역사적 추적 방식으로의 효용성이 감퇴되고 있다.[85]

초기 생명의 역사에 접근하는 또 다른 방식인 전 생물 단계의 화학(prebiologic chemistry)에 대해 살펴보자.[86] 이것 역시 오직 부분적인 성공만을 거두고 있지만, 그간 많은 연구를 통해 널리 알려지고 있는 방법이다. 이 가운데 가장 유명한 것이 스탠리 밀러(Stanley Miller)의 실험인데, 그는 초기 지구에 널리 분포되어 있었을 것으로 생각되는 네 가지 기체, 즉 수소(H_2), 메탄(CH_4), 암모니아(NH_3), 수증기(H_2O)의 혼합물이 들어 있는 밀폐된 용기에 초기의 번개 등의 효과에 해당하는 전기 방전을 가하여, 아미노산 등을 포함한 유기물질들을 생성해내는 데 성공했다.[87] 이는 당시로서는 매우 획기적인 실험으로서, 생명을 구성하는 물질로 알려졌던 유기물들이 무기물을 통해 자연스럽게 형성될 수 있음을 실험을 통해 보였다는 데 큰 의미가 있다.

그 후 이어진 초기 지구의 여건에 해당하는 상황을 상정한 다른 연구에서 핵산(nucleic acids) 등 다른 주요 유기물들이 생성되는 것도 곧이어 확인되었다. 그러나 이것들이 초기 지구의 어떤 위치에서 발생했느냐 하는 문제는 여전히 남아 있고, 이에 대해서는 여러 견해들이 존재한다. 초기에 선호되었던 견해로 '원시수프(prebiotic soup)'설이 있지만 여기에는 여러 의문들이 제기되었다. 그 대안으로 현재 유력시되는 것 중 하나가 '열수분출구(hydrothermal vents)'설이다.[88] 이는 해저 지각에 균열이 생겨 용암이 흘러나오는 지역으로 뜨거운 용암과 차가운 해수가 접하게 되어 주변에 강력한 온도 구배가 발생하고 이로 인해 산화-환원 작용이 활발히 일어나 국소적 질서가 발생하게 된다는 것이다. 이 밖에도 종종 거론되는 또 다른 대안으로 '점토표면(clay surfaces)'설이 있다.[89] 이미 좀 오래된 제안이기는 하나 광물질의 점토 표면이 초기의 촉매제로 작용하여 원시 생명체의 원조가 될 국소 질서가 태어났다는 설이다.

이와 함께 생명의 기원 문제와 관련하여 오래전부터 활발히 논의되어왔던 주제는 이른바 'DNA(유전정보)가 먼저냐, 단백질(촉매)이 먼저냐' 하는 문제이다. 이는 '닭이 먼저냐, 달걀이 먼저냐' 하는 문제와 같은 성격을 띠고 있다. 그런데 근자에 이르러 여기에 대한 강력한 대안이 제시되고 있다. 이것이 바로 'RNA 세계(RNA World)'설이다. 이는 간단한 RNA 분자들이 유전정보와 동시에 촉매의 역할을 함께 할 수 있다는 사실이 밝혀지면서 급격히 각광을 받기 시작했다. 즉, 초기에는 일종의 RNA 분자들이 유전정보와 효소의 역할을 함께 했고, 이것이 점차 발전하여 이후 'DNA-단백질' 체계로 발전했다는 것이다.[90]

물론 여기에 대한 비판적 시각도 없지 않았는데, 그것은 주로 'RNA 세계'에서 그 구성 요소들인 RNA 뉴클레오티드가 자연스럽게 발생할 방법이 모호하다는 것이었다. 그런데 최근에 이르러서는 실제로 'RNA 세계'에서 그 구성 요소들(RNA 뉴클레오티드)이 자연스럽게 발생하게 됨이 알려지고 있다.[91] 이와 함께 'RNA 세계' 이전에 RNA보다 좀 더 간단한 핵산들로 구성된 선구적인 세계가 있었으리라는 가능성도 유력하게 제기되고 있으며,[92] 그 구체적인 사례로 TNA(threose nucleic acid),[93] PNA(peptide nucleic acid)[94] 등이 거론된다.

그러나 직접적인 증거가 없는 상황에서 이런 역사적 기원을 확정하는 데에는 한계가 있고, 설혹 이것을 정확히 구명해낸다고 하더라도 이는 오직 하나의 온생명에 대한 이야기밖에 되지 않는다. 그러므로 이것보다 더 중요한 과제는 생명이 발생하는 근본 원리를 구명하는 일이다. 이것은 비단 우리 온생명뿐 아니라 모든 온생명들에 적용될 원리이기 때문이다. 이 점과 관련하여 생명의 기원 문제를 다소 비판적으로 검토한 애디 프로스는 다음과 같이 말하고 있다.[95]

> 나는 우리가 생물학적 복잡성 아래 깔린 물리화학적 원리들에 대한 충분한 해명 없이 생명의 분자적 시원을 추구하려는 것은, 마치 시계의 작동 원리에 대한 이해 없이 시계의 부품 — 용수철, 톱니바퀴, 회전 부분 — 들만 가지고 시계를 조립하려는 것과 같다고 생각한다.

6-4 온생명과 여타 유사 개념들

여기서 이러한 '온생명' 개념이 기왕에 설정된 여러 유사 개념들과 어떠한 점에서 유사하며 또 어떠한 점에서 차이가 있는지를 살펴보기로 하자. 이러한 점에서 제일 먼저 검토할 개념은 2-2절에서 비교적 상세히 소개한 베르나드스키의 '생물권biosphere' 개념이다.

1) 베르나드스키의 생물권

베르나드스키의 '생물권' 개념은 외형상 온생명 개념과 매우 유사하다. 이미 언급한 대로 베르나드스키는 '생명life'이라는 개념을 의식적으로 피하는 대신 '살아 있는 물질'과 '살아 있지 않은 물질'이라는 개념을 도입하면서 '생물권'을 '살아 있는 물질'이 놓이게 되는 전체 공간 영역과 그 안에 포함된 모든 것을 지칭하는 개념으로 사용한다. 그러므로 이 안에는 '살아 있지 않은 물질'도 함께 놓이게 되지만, 그는 이들의 구분보다는 오히려 이들 사이의 분리할 수 없는 연관 관계를 중요시한다. 이런 점에서 그가 말하는 '살아 있는 물질'을 우리가 말하는 자촉 질서 U×V×W의 네트워크로, 그리고 그가 말하는 '살아 있지 않은 물질'을 우리가 말하는 바탕 체계 Ω로 해석한다면 그의 생물권은 우리의 온생명 개념과 매우 가깝다.

그러나 그의 생물권 개념은 다음의 몇 가지 점에서 우리가 말하는 온생명과 다르다. 첫째로 그의 생물권은 지구상에 한정된 특정 개념인 데 반해 자족적 이차 질서로서의 온생명 개념은 특정 지역을 제한하지 않고 우주 어디에서나 형성될 수 있는 존재를 지칭하는 하나의 보편 개념이다. 이를 좀 더 확대해 말하자면, 그의 생물권 개념을 포함해 생명에 관한 대부분의 논의는 지구 생명에 한정되고 있지만 우리가 여기서 말하는 생명 논의는 우주 안에 있을 수 있는 보편적 존재로의 생명에 관한 논의이다. 둘째로 베르나드스키는 특별한 설명 없이 '살아 있는 물질'과 '살아 있지 않은 물질'을 나눔으로써 낱생명 중심의 생명 관념을 이미 암묵적으로 받아들이는 데 반해, 온생명 개념 안에서는 이러한 의미의 구분을 하지 않는다는 점이다. 후에 낱생명으로 명명할 자촉 질서 개념을 설정하지만 이는 그 구성 요소로서의 기능적 성격에 대한 구분일 뿐 '살아 있음'을 처음부터 전제하지 않는다. 셋째로 베르나드스키의 생물권 안에 있는 '살아 있지 않은 물질' 안에는 그가 특히 강조하는 우주로부터의 에너지, 즉 태양 방사선은 포함되지 않는다는 점이다. 그는 이것이 생물권에 미치는 작용을 중시하고 있지만 여전히 이 둘은 분리된 개념으로 보고 있다. 따라서 그의 생물권은 온생명 개념과 달리 그 자체로서 자족적 복합 질서의 성격을 만족시키지 않는다. 이에 비해 온생명에서 말하는 바탕 체계 Ω 안에는 에너지 원천을 포함해 자족적 복합 질서를 가능하게 하는 모든 요소가 포함된다. 예를 들어 태양-지구계에 형성된 우리 온생명 안에는 태양 자체가 중요한 요소로 포함되고 있다.

온생명과의 사이에 이러한 차이에도 불구하고 베르나드스키의 '생물권' 개념은 여전히 생명이 지닌 온생명적 성격에 접근하는 중요한 가교로서의 구실을 한다. 그는 특히 이 개념을 통해 생물권 안에 있는 '살아 있는 물질'과 '살아 있지 않은 물질' 사이, 그리고 이것과 외부 에너지 사이의 분리될 수 없는 성격을 구체적으로 보여줌으로써 생명 현상을 근본적으로 개체 중심의 관점에서 이해할 수 없음을 보여주었을 뿐 아니라, (온생명과 상당 부분 일치하는) 이러한 '생물권'이 지니는 중요한 성격들을 밝혀내는 데에 커다란 기여를 하고 있다.

베르나드스키의 이러한 '생물권' 개념은 지금까지 전승되어 일반적 학술 용어로 널리 활용되고 있다. 이는 흔히 "지구상의 생물들이 놓여 있는, 그리고 이들의 생존을 위해 필요로 하는 모든 물질들이 놓여 있는 지구상의 전 영역"이라고 정의되는데,[96] 이에 따르면 지구의 어느 한 부분이 생물권에 포함되느냐 포함되지 않느냐 하는 것은 이 부분의 물질이 생물의 생존을 지탱하는 데 얼마나 의미 있게 기여하느냐 기여하지 않느냐 하는 것에 달려 있다. 예컨대 지구의 표면을 이루는 땅과 물, 그리고 생물의 생존에 관계되는 영역까지의 대기는 이에 포함되지만 지각 내부의 맨틀이라든가 성층권에 속하는 대기들은 일단 생물권에 속하지 않는 것으로 본다. 여기서 태양 자체를 포함시키고 있지는 않지만 여기에 유입되고 있는 태양에너지는 불가피하게 포함된다. 이러한 생물권 개념은 이미 말한 바와 같이 온생명 개념과 상당한 차이가 있지만 개략적으로 말해 태양-지구 온생명의 '신체적' 구성을 이루는 한 주요 부분이라 말해도 좋을 것이다.

2) 생태계와 생태권

'생물권' 개념과 유사한 면이 있으면서도 다소 그 성격을 달리하는 또 하나의 개념으로 '생태계ecosystem'라는 개념이 있다. 이 개념은 본래 '살아 있는 것들(생물)'과 그 환경 사이의 관계를 다루는 학문인 생태학ecology에서 파생된 개념인데, 흔히 한 지역에 형성된 다양한 생물 개체군들이 자기들끼리, 그리고 주변 환경과 관계를 맺으면서 서로 간에 삶의 여건을 이루어가는 체계를 지칭한다. 원칙적으로는 서로 간의 상호작용을 통해 생명 활동을 유지시켜 나가는 자족적 체계를 말하는데, 엄격한 의미에서 이를 만족시키는 체계는 오직 온생명뿐이다. 따라서 현실적으로는 이 조건을 다소 느슨하게 적용하여 주로 먹이사슬의 한 고리를 이루는 체계에 이 개념을 적용하고 있다. 그러니까 어떤 단위의 먹이사슬을 중심으로 보느냐에 따라 다양한 수준의 생태계를 생각할 수 있다.

이를 다시 온생명의 관점에서 풀이해보면, 주로 유입되고 전환되는 에너지의 흐름에 초점을 맞추는 온생명의 한 기능, 즉 그 생태적 기능을 중심으로 살펴 나가는 다양한 하위 체계들이라 할 수 있다. 그러므로 만일 태양까지도 포함한 지구 생태계 전체를 말한다면, 이는 그 지칭되는 물리적 대상에 있어서 온생명을 구성하는 물리적 대상과 대체로 일치한다고 볼 수 있다. 그리고 만일 태양을 제외한 지구 생태계 전체를 말한다면, 이는 그 지칭되는 물리적 권역이 앞서 말한 지구 '생물권'과 대략 일치하게 된다. 생태계 자체는 기본적으로 기능 중심의 체계이지만 이것이 놓인 권역을 말할 때에는 생태권ecotope이란 말을 쓰기도 한다. 이 용어를 활용한다면 '지구 생태권'이 곧 '생물권'이 되는 셈이다.

한편 생태계 개념 속에 내포된 생명 이해의 양식을 보면, 역시 낱생명을 생명의 기본 단위로 보고 생대계는 단지 이들이 모여 이루어가는 공동체적 집단이라고 생각하는 것 이상으로 생명의 개념 자체를 확대해 나가지 않는다. 다시 말해 생태계라는 것은 어디까지나 개체적 생명 단위들로 구성된 하나의 체계일 뿐, 그 자체가 또 하나의 그리고 좀 더 본질적인 생명의 단위를 이루는 것으로는 보지 않는다. 그러므로 설혹 그 지칭하는 대상이 동일하다 하더라도 어떠한 입장에서 개념화하느냐에 따라 그 함축하는 내용에는 엄청난 차이를 가져올 수 있다. 예를 들어 '고양이'라는 개념을 사용할 때와, '고양이 세포'들의 체계라는 입장에서 '고양이 세포계'라는 개념을 사용할 때, 그 지칭하는 대상의 물리적 내용은 동일할 수 있겠지만, 이들이 함축하는 의미는 엄청나게 서로 다를 수 있다. '고양이'라고 한다면 그 안에 고양이 세포들과 이들의 관계로 이해될 예컨대 세포 생리적 측면 이외에도 행동적 측면 기타 다양한 여러 의미를 담고 있으나, '고양이 세포계'라고 한다면 이러한 대부분의 의미가 묻혀버리고 만다.

더구나 이들 개념이 지닌 통시적 정체성identity의 측면에서 보면 이들 사이의 차이는 더욱 커진다. 우리가 하나의 '사람'을 지칭할 때 이는 출생 이후 현재까지의 통시적 정체성을 가진 존재로 인정하듯이 '온생명'이라고 할 때 우리는 출생 이후 40억 년이란 연륜을 지닌 하나의 지속적 존재로 인정하고 있으나, '지구 생태계'라 하면 이는 대체로 공시적 존재로서의 양상을 나타내는 측면이 강하다.

3) 러브록의 가이아

제임스 러브록James Lovelock에 의해 제안되어 근자에 널리 회자되고 있는 '가이아Gaia'라는 말도 기본적으로는 생물권 개념, 그리고 지구 생태계 개념과 크게 다르지 않다. 그런데 이것이 특히 주목을 받게 된 것은 이 안에 항상성homeostasis이라는 중요한 특성이 나타난다고 하는 이른바 '가이아 가설' 때문이다. 외부의 상황에 무관하게 일정한 내부 상태를 유지하려는 특성인 항상성은 그간 생명체 안에서만 나타나는 성질로 인정되어왔는데, 이 특성이 지구 생물권 전체에도 존재한다는 것이 '가이아 가설'의 내용이다. 러브록은 여러 가지 관측 자료와 모형 이론을 이용해 지구의 온도, 대양의 염도, 대기의 산소 비율 등에도 이러한 항상성이 적용된다는 가설을 입증하려 하는데, 이것이 바로 '가이아 가설'이다. 이것이 입증될 경우, 생물권 그 자체가 하나의 유사 생명체로 인정받아야 한다는 것이 러브록의 생각이며, 그는 이러한 유사 생명체로서의 생물권을 그리스 신화에 나오는 지구 여신의 명칭을 따서 '가이아'라 부르고 있다.[97]

이처럼 지구 생물권을 하나의 유사 생명체로 보아 '가이아'라 부르게 되면, 이는 일견 우리가 말하는 온생명 개념과 더욱 가까운 것으로 느껴질 수 있다. 그러나 이미 말한 것처럼 러브록의 가이아 이론이 지니는 중요한 점은 이것이 생명을 보는 새로운 관점이라기보다는 이러한 생물권이 항상성 유지라는 특수한 성질을 가졌다는 사실을 지적했다는 데 있다. 그러나 우리가 말하는 온생명 개념은 기본적으로 이러한 성질을 가지느냐 가지지 않느냐 하는, 그리하여 일종의 '유사 생명체'로 볼 수 있느냐 볼 수 없느냐 하는 점과 아무런 관련이 없다. 이러한 성격은 단지 낱생명들 안에서 나타나는 것인데, 온생명 자체가 이러한 성격을 나타내어야 할 이유는 따로 없다. 온생명 관점에 따르면 낱생명이야말로 그 자체로 진정한 의미의 생명이 될 수 없는 존재이며, 오직 온생명만이 진정한 의미의 생명이 된다. 따라서 진정한 의미의 생명인 온생명이 조건부적 단위의 생명인 낱생명의 성격 일부를 부여받는다고 하여 더 생명다워지는 것은 아니다. 이에 반해 러브록의 관점은 어디까지나 낱생명 중심의 생명관을 따르면서, '가이아'도 이러한 생명의 반열에 올려야 하지 않겠느냐는 입장에 해당한다.

온생명의 관점에서 보면 베르나드스키의 생물권이나 러브록의 가이아가 모두 온생명의 '신체'가 지닌 한 국면을 대표하는 개념들이라 할 수 있으며, 이 이론들이 보탬이 된다면 이는 온생명의 '신체'가 지닌 (어쩌면 매우 중요한) 일부 특성들을 밝혀주었다는 점이 될 것이다. 이러한 점에서 베르나드스키의 생물권 이론이나 러브록의 가이아 이론 모두가 온생명적 사고와는 상호 보완적 관점에서 중요한 기여를 하고 있다.

이와는 조금 다른 측면에서 최근에 등장한 '자기 조직화 임계성' 이론 또한 온생명이 지닌 신체적 면모에 대해 흥미로운 조명을 가해주고 있다. 제5장에서 잠깐 소개한 바와 같이 '자기 조직화 임계성' 이론은 지속적인 흐름에 의해 일정한 규모의 짜임이 생길 경우 어떤 임계치에 도달할 수 있으며, 일단 이런 임계치에 이르면 그 계는 일정한 확률에 따라 붕괴되게 마련인데, 이때 그 붕괴의 형태는 이른바 '스케일 불변성'의 형태를 따른다는 것이다. 즉, 온갖 규모의 조각들로 깨어지는데, 그 확률은 규모의 일정 제곱에 반비례해 나타난다는 것이다. 자연계에 나타나는 여러 불규칙한 양상들이 바로 이러한 자기 조직화 임계성의 결과물이라는 사실을 이미 언급한 바 있다. 그런데 이러한 자기 조직화 임계성은 비단 자연계의 일차 질서에만 적용되는 것이 아니라 이차 질서, 곧 온생명의 신체에도 적용된다는 사실이 최근 밝혀지고 있는 것이다.

자기 조직화 임계성 이론을 제창한 페르 박Per Bak은 러브록의 가이아를 언급하면서 다음과 같이 주장한다.

> 임계 상태에서 종들의 집합은 서로 엮인 한 단일한 생명체로서 고유한 진화 동역학을 따른다. 단 하나의 방아쇠 사건만으로도 그 생태 네트워크는 얼마든지 큰 조각으로 무너져 내릴 수 있고, 그러다가 다시 안정된 새 생태 네트워크로 바뀌게 된다. 이것이 바로 전역적 생명체global organism가 '변이되어가는' 모습이다. 임계점에서 모든 종들은 서로 영향을 미친다. 이 상태에서 모든 종들이 단일한 메타 생명체처럼 행동하며, 다수가 운명을 함께한다. 그 극적인 경우가 바로 대규모 멸종 사건들이다. 운석은 이 생명체의 작은 부분을 때리지만, 아주 큰 부분이 결과적으로 사멸한다.
>
> 자기 조직화 임계성의 그림으로 보면, 전체 생태계는 임계 상태로 진화해왔다. 개별 종들의 진화를 독립적으로 본다는 것은 아무런 의미가 없다.[98]

이 인용문에서 박이 말하는 '전역적 생명체' 또는 '메타 생명체'가 바로 러브록의 가이아이고, 우리의 용어로 보면 '온생명의 신체'라 할 수 있다.

가이아 또는 온생명의 신체가 자기 조직화 임계성에 이르는 것은 박이 수행한 모형 시늉 내기simulation에서 잘 드러나며, 실제로 셉코스키J. John Sepkoski, Jr.[99] 등의 방대한 화석 기록의 면밀한 검토를 통해 입증되고 있다. 이러한 온생명의 자기 조직화 임계성은 앞의 인용문에서 암시되듯이 두 가지 중요한 함의를 지닌다.

첫째로는 온생명에서 종들의 네트워크는 너무도 깊이 서로 연결되어 있어서 전체 계가 단일한 생명체처럼 행동하며, 붕괴하는 것도 단일 존재자처럼 붕괴할 수 있다는 점이다. 이 특징은 온생명의 통일성을 강조해줌으로써 온생명의 존재론적 지위를 지지하는 개념적 틀을 크게 강화해준다. 그리고 둘째로 온생명의 자기 조직화 임계성은 온생명의 신체적 취약성을 말해준다. 자기 조직화 임계성의 특징적 속성으로 인해 계의 사소한 충격이나 불균형도 막대한 재앙을 불러일으킬 수 있다. 특히 이 점은 앞으로 온생명의 건강 문제를 보살펴야 할 우리 인간의 입장에서 볼 때 중요한 새 관심사로 떠오르게 된다.

4) 마굴리스와 세이건의 '시적 표현'

가이아라는 관점 말고도 온생명 개념에 유사한 생각을 별도의 명칭 부여 없이 제시한 사람들이 더러 있다. 마굴리스와 세이건도 그러한 사람에 속한다. 이들은 자신들의 저서 『생명이란 무엇인가』에서 '생명이란 무엇인가?'라는 질문을 거듭거듭 물으면서 여기에 대한 다양한 대답을 시도하고 있는데, 그 대답 가운데 하나로 이들은 다음과 같은 말을 하고 있다.

> 그렇다면, 생명이란 무엇인가?
> 생명은 지구에서 뻗어 오르는 태양 현상이다.
> 이것은 우주 한 모퉁이에서, 지구의 공기와 물, 그리고 태양이 한데 얼려 세포 속으로 잦아드는 천문학적 전환이다.
> 이것은 자람과 죽음, 생겨남과 없어짐, 변모와 부패가 한데 어우러진 정교

한 패턴이다.

생명은, 다윈의 시간을 통해 최초의 미생물에 연결되고, 베르나드스키의 공간을 통해 생물권의 모든 거주자에 이어지는, 팽창하는 단일 조직이다. 신이 되고, 음악이 되고, 탄소가 되고, 에너지가 되는 생명은 성장하고, 융합하고, 사멸하는 뭇 존재들의 소용돌이치는 접합이다.

이것은, 불가피한 열역학적 평형, 곧 죽음의 순간을 부단히 앞지르려고 자신의 방향을 스스로 선택하는, 고삐 풀린 물질이다.

생명은 또한 우주가, 인간의 모습을 띠고, 자신에게 던져보는 한 물음이다.[100]

이는 온생명에 대한 하나의 시적 표현에 해당한다. 마굴리스와 세이건이 생명 현상들을 깊이 있게 살펴가는 가운데 이러한 직관적 이해에 이르렀다면, 우리가 여기서 논하는 온생명 개념은 그 바탕에 흐르는 자연의 질서를 포착하여 이를 개념적으로 정리한 내용이라고 말할 수 있다. 흥미로운 점은 이 두 가지 접근이 매우 가깝게 서로 만난다는 사실이다.

마지막으로 이 인용문 마지막 구절에 잠시 주목해보자. 이 구절은 지금까지와는 전혀 다른 새로운 문제를 제기한다. 생명이 어떻게 '질문'일 수 있으며, 스스로에게 질문을 던질 수 있을까? 이제까지 논의한 생명은 그것이 아무리 크고 복잡하더라도 엄격하게 물질적 요소들로 이루어져 있는데, 이 안에서 과연 '질문'과 같은 정신적 속성이 생겨날 수 있는가?

이것은 생명을 이해하기 위해 답해야 할 또 하나의 피할 수 없는 물음이며, 이 물음에 대해 우리는 다음 장에서 좀 더 자세히 살펴보기로 한다.

생 각 해 볼 거 리

➲ 먹어야 산다는 것은 무엇을 의미하는가?

이차 질서로서의 자촉 질서들 사이에 나타나는 결정적인 상호 의존성을 보여주는 대표적인 사례가 먹는다는 행위이다. 이는 자신에게 필수적인 외적 흐름의 일부 내용 속에 또 다른 자촉 질서가 포함된다는 것을 의미하며, 이는 다시 먹는 존재와 먹히는 존재가 원천적으로 나눌 수 없는 하나의 질서, 곧 복합 질서임을 천명한다. 이는 곧 '한몸'임을 말해준다. 이러한 새 관점과 기존의 약육강식 또는 생존경쟁이라는 관점을 대비시켜 생각해보자.

➲ 인공생명도 생명인가?

요즘 인공생명(ALife) 만들기라는 흥미로운 프로젝트들이 진행되고 있다. 그중 하나로 이탈리아의 'ECLT(European Center for Living Technology)'에서 진행 중인 한 프로젝트 '프로토라이프(ProtoLife)'를 보면, 이들은 인위적 여건 아래 기능하는 최소한의 인공 세포를 창출하여 지속적인 생존을 유도한 후 점차 인위적 여건들을 제거해 나갈 것을 목표로 작업하고 있다. 구체적으로 이들은 세 가지 종류의 재료, 즉 '컨테이너를 구성하는 지질(lipids)', '원시 대사 체계에 필요한 아미노산을 비롯한 각종 영양물질', '1991년에 인공적으로 합성된 유전물질 PNA(peptide nucleic acid)' 등을 활용한 인공 세포를 만들고 있는데, 외부에서 햇빛을 조정하여 물질의 극성을 자극하면 이들이 안으로 조여드는 성질이 있어서, 이것이 충분히 클 경우 반으로 갈라져 자체 재생산에 이르게 된다.

이렇게 얻어진 인공 세포가 경계를 가지고 대사를 하며 자체 복제를 해나간다면, 이것 또한 생명이라 불러야 할 것인가? 온생명과 낱생명의 관점에서 생각해보자.

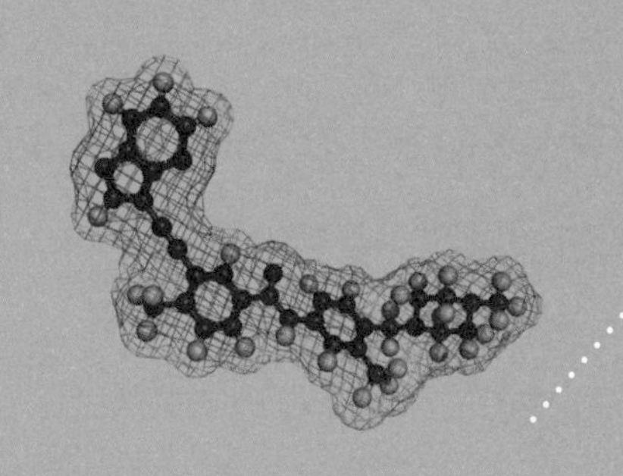

제 7 장
의식과 주체

7-1 복합 질서와 정신세계

우리는 앞 장에서 생명이 어떻게 '질문'일 수 있으며 스스로에게 질문을 던질 수 있을까, 그리고 이제까지 논의한 생명은 그것이 아무리 크고 복잡하더라도 엄격한 물질적 체계인데, 이 안에서 어떻게 '질문'과 같은 정신적 속성이 생겨날 수 있을까 하는 새로운 물음을 제기했다.

이제 우리는 이 물음과 정면으로 대결할 차례이다. 사실 이 물음은 그 자체로 매우 심오한 것임에도, 우리 자신이 모두 정신적 속성을 지닌 존재들이고 이를 일상적으로 경험하고 있기에 너무도 당연한 것으로 여기고 지나치는 경향이 있다. 그러나 자신이 주체적으로 느끼고 있다고 해서 이를 이해하는 것이 아니며, 일상적으로 경험한다고 해서 이것이 사소해지는 것이 아니다. 중요한 점은 이러한 것의 존재 자체를 받아들이느냐 받아들이지 않느냐 하는 것이 아니라, 이를 지금까지 우리가 논의해온 '생명'의 틀 안에서 어떻게 위치지울 것인가 하는 점이다.

이 문제에 접근하기 위해 우리가 제일 먼저 생각해야 할 점은 생명을 이루는 이차 질서가 하나의 복합 질서를 구성하고 있다는 사실이다. 이것이 복합 질서를 이룬다는 것은 이 안에 상대적인 자율성을 가지면서도 서로 밀접히 연관된 부분 질서들이 존재한다는 것인데, 이차 질서 안에서는 자촉 질서들이 바로 이러한 성질을 가지고 있다. 이러한 부분 질서를 우리는 편의상 이 전체 질서의 참여자partner라고 부르기로 하자. 이를 다시 생명과 관련한 용어로 표현한다면, 온생명이 바로 이러한 복합 질서를 이루고 있으며 이 안에 있는 하나하나의 낱생명이 바로 이 부분 질서, 곧 참여자가 된다.

이는 곧 높은 수준의 복합 질서가 하나 이루어지기 위해서는 이 안의 각 참여자들이 (이 질서의) 나머지 부분과 긴밀한 조정을 유지해가야 한다는 것을 의미한다. 이를 물질적 체계의 입장에서 보면 각 참여자들과 나머지 부분 사이에 이 조정을 위한 정교한 동역학적 메커니즘이 작동되고 있음을 말한다. 그러나 이를 다시 한 참여자의 입장에서 보면, 이 참여자는 이 메커니즘의 일부를 체득하여 다른 참여자 또는 체계의 여타 부분들의 기대되는 움직임을 예상하고 이에 맞춰 적절한 행위를 수행해가야 함을 의미한다. 사실 이 두 가지 입장은 서로 다른 실재에 관한 것이 아니라 동일한 실재에 대한 서로 다른 묘사에 해당한다. 간단히 말해서 앞의 것이 물리학적 묘사에 해당한다고 하면, 뒤의 것은 생물학적 묘사라고 할 수 있다. 실제로 생태계 안에 나타나는 각 생물 개체들의 행위가 바로 이러한 성격의 것이다.

여기서 매우 흥미로운 문제가 하나 발생한다. 즉, 실제로 생태계 안에서 행동하는 생물들이 과연 '의식'이라는 것을 따로 가지고 있어서 이렇게 하느냐, 아니면 단순히 의식을 가지고 행동하는 것처럼 보일 뿐이냐 하는 것이다. 그런데 이 문제는 엄격히 말해 그 생물들 자신이 되어보지 않고는 대답할 수 없다. 의식이라는 것 자체가 주체가 주체적으로 느끼는 것을 말하는 것이기 때문이다. 그런데 우리는 적어도 일부 생물들은 의식을 가진다고 말할 수 있다. 우리 자신이 이러한 생물이고 우리 자신이 바로 이것을 주체적으로 느끼고 있기 때문이다. 물론 인간과 여타 생물 사이에는 이 점에서 커다란 차이가 있지만, 이는 어디까지나 정도의 차이일 뿐 본질적인 차이라고 할 수는 없다. 따라서 복합 질서의 참여자 가운데에는 단순히 동역학적 메커니즘에 따라 수동적으로만 반응하는 것이 아니라 이를 의식적으로 체득하여 이에 맞는 적절한 행위를 수행해가는 존재가 있다는 사실을 우리는 인정해야 한다.

그런데 이것은 참 놀라운 사실이다. 지금까지 우리는 생명을 온전히 시공간적 우주 안에 형성된 물질적 질서만을 통해 이해했다. 그런데 이러한 물질적 질서가 복합 질서를 이룰 때 적어도 그 일부 참여자들 안에는 물질적 질서와는 전혀 범주를 달리하는 주체적 성격의 그 무엇이 나타난다는 것이다. 그리고 우리는 주체적 성격을 지닌 이 의식의 내용물들로 채워진 세계를 상정할 수 있으며, 우리는 이를 일러 정신세계라 부르기도 한다. 하지만 이러한 정신세계는 주체가 주체로서 의식해내는 세계일 뿐 물질세계를 떠난 별도의 실체를 형성하고 있는 것은 아니다.

예를 들어 의식의 주체가 되는 참여자의 물질적 바탕이라고 할 수 있는 중추신경계의 활동과 그가 그려내는 정신세계 사이에는 밀접한 관계가 있어서, 어느 하나에 일정한 변화가 일어나면 반드시 다른 하나에 부합되는 변화가 나타나게 된다. 우리는 이와 유사한 관계를 컴퓨터의 하드웨어와 소프트웨어 사이에서 찾아볼 수 있다. 컴퓨터는 단순한 물질적 대상일 뿐이며 이러한 점에서 소프트웨어라는 별도의 실체가 따로 있는 것은 아니지만 마치 알고리즘이라는 독자적 세계에 속한 것 같은 행위를 보여준다. 그런데 생명의 경우 진정 놀라운 점은 이러한 물질적 대상이 스스로 자신의 행위를 의식하는 의식의 주체가 되기도 한다는 것이다.

그렇다면 어째서 이런 놀라운 사실이 나타나게 될까? 이는 적어도 물질적 세계 안에서는 설명할 수 없는 메타적 현상이다. 우주 안에 물질적 현상이 존재한다는 것은 그 자체로 설명할 수 없는 하나의 신비이며, 마찬가지로 이 안에 이러한 주체들이 나타날 수 있다는 것 역시 이에 비견할 또 하나의 신비이다. 우리의 과학은 이런 기본적인 신비를 인정하는 가운데 이들 사이의 관계에 주목해야 한다. 이미 말한 것처럼 복합 질서 안에 나타나는 참여자의 행위를 물질적 체계의 입장에서 보는 것과 참여자의 주체적 입장에서 보는 것은 서로 다른 실재에 관한 것이 아니라 동일한 실재에 대한 서로 다른 묘사에 해당한다. 이는 다시 우주 안에 나타나는 물질성과 정신성이 두 가지 별개의 실체가 아니라 같은 실체가 지닌 두 가지 양태에 해당한다는 말과 같다. 물질성이 물리적·외면적 양태라고 한다면, 정신성은 주체적·내면적 양태라 할 수 있다.

상자 7-1 물리법칙과 자유의지

우리는 생명이 지닌 두 가지 성격, 즉 물질적 현상으로서의 생명과 주체로서의 생명은 서로 다른 두 대상에서 나타나는 것이 아니라 하나의 대상이 지닌 두 가지 측면이라는 점을 이야기했다. 이러한 점은 이들 서로 간에 일정한 관계가 맺어진다는 점에서 잘 나타난다. 예를 들어 어떤 의식이 어떤 범위에서 발생할 것인가 하는 것은 전적으로 이 의식을 담아내는 신체의 물리적 여건에 의해 좌우된다. 사람의 몸에 마취약을 투여하면 의식을 잃고 마는 것이 그 단적인 예이다.

그런데 여기에 한 가지 까다로운 문제가 끼어든다. 즉, 이 의식과 물리적 여건 사이에 인과관계가 존재하는가 하는 것이다. 생명 현상을 물리적 입장에서 바라볼 때에 이것이 물리적인 인과관계를 벗어난다는 아무런 증거도 찾을 수 없다. 이 점은 의식을 담당하는 기구인 중추신경계에 대해서도 마찬가지다. 그렇다면 의식 자체도 물리적 인과관계에 예속되는 것인가? 의식 주체의 이른바 자유의지라는 것도 실은 물리적 인과의 사슬에 묶여 있는 허상에 불과한 것인가? 이 점이 매우 혼란스러운 매듭이다. 우리는 분명히 제한된 범위에서나마 신체의 일부를 '마음대로' 움직일 수 있다. 내가 마음먹기에 따라 나는 내 팔을 들어 올릴 수 있다. 그런데 이것이 이미 물리적 필연에 의해 들어 올릴 수밖에 없게 되어 있는 것이라면, 내 의지로 들어 올렸다고 하는 이 느낌은 도대체 어떻게 된 것인가?

그 해답이 바로 '의식은 물질을 바탕으로 일어난다'고 하는 간단한 사실 속에 숨어 있다. 내 의식이 물질을 떠나 있을 수 없는 것이므로, 내가 어떠한 의식을 지닌다는 사실은 곧 내 신체를 구성하는 물질이 이러한 의식을 가지도록 뒷받침하고 있다는 이야기가 된다. 그러므로 내가 자유의지를 가지고 내 몸을 움직인다고 할 때에는 이미 내 몸이 이를 움직여낼 물리적 여건을 갖추고 그러한 움직임을 일으킬 여건에 당도해 있다는 것을 의미한다. 이는 곧 내가 자유를 느끼는 것만큼 내 몸이 이에 상응하는 상황에 놓여 내 자유의지를 구사할 수 있게 해주고 있음을 말하는 것이다. 이것은 내 의지가 물질에 종속된다는 말과 다르다. 이러한 물질의 상황을 떠나 '내 의지'라는 것이 따로 있지 않기 때문이다. 그럼에도 '내가 의지를 발동하여 몸(물질)을 움직인다'든가, 혹은 '내가 몸(물질)에 이끌려 그러한 의지를 발동하게 된다'고 생각하게 되는 것은 우리가 무의식적으로 '나'라는 것과 '물질'이라는 것을 별개의 존재로 보는 이원론적 관념에 매여 있기 때문이다. 우리가 일단 이러한 이원론적 전제를 벗어나 마음과 물질이 한 가지 대상의 다른 두 측면이라고 생각한다면 이러한 것은 전혀 문제의 소지가 없다.

우리가 설혹 이러한 점을 받아들인다 하더라도, 일정한 형태의 물질적 구도에 지나지 않는 우리의 중추신경계 안에서 '나'라고 하는 의식이 발생한다는 사실은 여전히 자연법칙의 틀 안에서는 해명해낼 수 없는 커다란 신비로 남는다. 자연법칙 그 자체는 사물의 물질적 측면에 대한 서술을 일관되게 해내는 것이며, 적어도 물질적 측면에 관한 한, 생명체라든가 심지어 사람의 의식을 발생시키는 중추신경계에 대해서도 예외를 허용하지 않는다. 하지만 이에 위배되지 않으면서, 즉 그 안에 어떠한 물리적 질서도 거스르지 않으면서, 자기의 의지에 따른 주체적 삶을 영위해 나갈 존재로 내면화된다고 하는 이 사실 자체는 자연법칙의 관여만으로는 이해할 수 없는 별개 차원의 일이다. 그런데 이런 신비한 일이 실제로 나타나고 있으며, 우리 자신이 바로 이 사실의 주인공이 되어 주체로서의 소중한 삶을 누리고 있다.

7-2 지식과 정보

이처럼 물질성과 정신성이 하나의 실체가 가진 두 가지 양태임을 인정한다면, 우리는 이들에 관련된 여러 기존의 생각들을 좀 더 체계적으로 엮어볼 수 있다. 우선 우리는 그간 서로 별개의 것이라고 생각해왔던 많은 것들이 사실은 동일한 내용을 서로 다른 언어로 표현한 것임을 알게 된다. 이러한 점에서 한쪽 양태의 어떤 항목을 다른 양태의 어떤 것으로 번역하는 일도 가능하다. 예를 들어 정신적 양태에서의 지성과 행동은 물질적 양태에서의 조직과 운동으로 번역될 수 있다. 다른 참여자들과의 긴밀한 조정을 위해 정신적 주체는 날카로운 지성에 따른 실천적 활동을 수행하게 되지만, 이를 물질적 관점에서 보면 두뇌 안에 마련된 정교한 신경세포 조직과 이에 연결된 신체 근육의 움직임에 해당하게 된다.

이런 점과 관련하여 우리가 너무도 당연시하는 '지식'과 '정보' 개념 역시 새로운 각도에서 조명해볼 수 있다. 이들은 대체로 보아 지성을 가능하게 하는 주요 구성 요소들인데, 물질적 양태의 언어로 표현하자면 복합 질서 안에 있는 한 참여자가 여타의 참여자 또는 물질적 요소들과의 조정을 위해 이미 갖추고 있거나 새로 갖추어야 할 자체 조직의 특정 패턴을 의미한다. 이런 조직의 패턴이 이미 갖추어져 있는 경우 이를 '지식'이라 하고, 새로 갖추어야 할 상황에서 그에 필요한 외적 자극을 접수하는 경우 이를 '정보'라 한다. 많은 경우 '정보'는 독자적으로 이루어지는 것이 아니라 이미 지닌 '지식'을 바탕으로 그 필요에 맞추어 이루어지는 것이다.

지식과 정보의 이러한 성격을 이해하기 위해 하나의 전형적인 지적 활동을 생각해보자. 지금 참여자 A는 다른 참여자 B와 정교한 관계를 맺어 나가야 할 상황에 있다고 하자. 이를 위해 주체 A는 대상 B에 관련한 지식과 정보를 얻어야 한다고 말하는데, 이는 곧 대상 B가 지닌 어떤 성격이 있음을 전제하고 주체 A가 B의 이러한 성격에 해당하는 그 무엇을 자신의 중추신경계 안에 각인시켜야 함을 의미한다.

이때 대상 B가 가졌다고 생각되는 성격을 다시 상대적으로 잘 변하지 않는 내용과 상대적으로 잘 변하는 내용으로 구분하여, 상대적으로 잘 변하지 않는 내용을 대상 B의 '특성'이라 하고, 상대적으로 잘 변하는 내용을 이것의 '상태'라 부를 수 있다. 한편 A는 이러한 B와 적절한 관계를 지속적으로 맺어 나가기 위해 B가 가진 상대적으로 잘 변하지 않는 내용, 즉 B의 '특성'에 해당하는 내용을 항상 자기 안에 간직하고 있는 것이 유리하다. 이처럼 B의 '특성'에 관해 A가 간직하고 있는 내용을 A가 가진 B의 '특성에 관한 지식'이라고 말한다. 반면 B의 '상태', 즉 상대적으로 잘 변하는 내용은 A가 지속적으로 간직할 필요도 없고 또 간직할 수도 없다. 그러나 이것 또한 구체적인 관계 맺음을 위해 필요한 것이므로 A는 그 어떤 방식으로 이에 관련된 상황 자료를 수시로 접수해야 하는데, 이를 B의

'상태에 관한 정보'라고 말한다. 이제 이러한 상황을 간단히 도식적으로 표시해보면 다음과 같다.

대상 B		주체 A
특성	➡	(B의 특성에 관한) 지식
상태	➡	(B의 상태에 관한) 정보

그런데 이러한 방식으로는 A는 B의 지나간 상태, 그리고 (현 순간의 상황 자료를 접수한다면) 현재의 상태를 알 수 있을 뿐이다. 그러나 많은 경우 B의 미래 상태에 대한 내용을 예측할 필요가 있다. 그래야 A는 충분한 시간을 가지고 이에 대비할 수 있기 때문이다. 그렇다면 이러한 예측은 어떻게 가능한가? 이를 위해 A는 '상태 변화의 법칙'에 해당하는 지식을 가져야 한다. 이것은 B의 특성에 관한 지식의 일부일 수도 있고, B를 포함한 더 넓은 대상들에 적용되는 일반적 법칙에 해당하는 것일 수도 있다. 그러면 이미 알아낸 현재의 상태와 상태 변화의 법칙을 결합하여 미래의 상태를 유추해낼 수 있다. A가 수행하는 이러한 지적 작업을 우리는 '사고'라고 부르며, 이러한 사고의 기능 또한 A의 신체 조직 안에 그 어떤 형태로든 각인되어 작동하게 된다.

한 가지 구체적인 예를 들자면, 야구 경기에서 타자(A)는 날아오는 공(B)과 자기 사이의 관계를 잘 조정해야 한다. 이를 위해 타자는 어느 순간 공의 상태, 즉 그 위치와 속도를 시각을 통해 확인하고 자기 신체(두뇌) 안에 이미 각인되어 있는 공의 특성과 상태 변화의 법칙을 적용하여, 공이 어느 순간 어디에 도달할 것임을 되도록 정확히 예측하고, 바로 그 순간 그 지점에 방망이가 적절한 방식으로 마주치도록 능동적으로 대처한다.

우리가 보기에 이 모든 과정은 거의 기계적으로 진행되지만, 미처 의식하지 못하고 있는 그의 두뇌 안에서는 이 모든 절차가 빠짐없이 진행되고 있는 것이다. 결국 이러한 것을 잘해내는 선수가 성공적인 선수가 되는 것과 마찬가지로, 복합 질서 안에서 그 질서의 한 부분을 이루어 나가는 모든 참여자들은 의식적이든 무의식적이든 이러한 행위에 성공함으로써 그 체계의 일부로 존속하게 된다.

우리는 여기서 하나의 간단한 모형 사례를 중심으로 미래에 대한 예측이 어떻게 가능한지를 살펴보았지만, 이것이 보여주는 구조적 특성은 매우 일반적인 성격을 가진다. 즉, 미래 예측에 관한 어떤 지적 활동도 이러한 구도를 벗어나 이루어질 수는 없다. 적을 알아보고 민첩하게 대처하는 가장 간단한 동물의 행위에서부터 현대 양자역학의 가장 정교한 인식적 구조에 이르기까지 미래를 예측하는 모든 지적 활동은 일단 이러한 형태의 '단위 인식 과정'을 거치게 된다. 〈상자 7-2〉는 양자역학을 비롯한 물리학의 동역학이 지닌 인식적 구조 안에 이러한 구조적 특성이 어떻게 반영되는지를 보여준다.

상자 7-2 예측적 앎의 인식적 구조

사고의 중요한 목적 가운데 하나가 미래에 일어날 일을 예상하고 이에 대비하는 일이다. 이것은 매우 다양하고 복합적인 작업이지만 이것을 이루어내는 인식 형태의 요소는 비교적 간단하다. 즉, 〈그림 7-1〉에 보인 것처럼 인식의 주체(한 사람으로 가정함)가 있고 인식의 대상(하나의 공으로 가정함)이 있어서 인식의 주체는 어느 순간(초기) 인식의 대상을 만나게 된다. 이때 이미 인식 주체는 인식 대상에 대한 바탕 지식(대상의 특성)을 자신의 두뇌 회로(뉴런 조직) 속에 각인해 지니고 있었으나 이 순간 이 대상이 여기 있다는 것은 새로운 사실로 접하게 된다. 그러나 현명한 사람(인식 주체)이라면 여기에 그치지 않고

공(인식 대상)이 앞으로 어떻게 행동하리라는 것을 예측하여 자신의 처신을 여기에 맞출 것이다. 여기서는 편의상 이후 임의의 어느 시각(말기)에 공이 어디에 있을 것인지를 예측하는 문제로 좁혀 생각하기로 한다.

〈그림 7-1〉 인식 주체가 인식 대상을 만나면 자신의 내면에 대상 서술을 수행한다

〈그림 7-2〉 예측적 앎의 구조

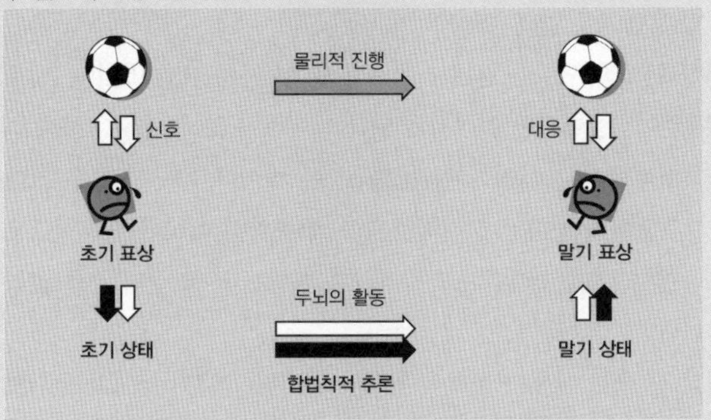

이것은 미래 예측을 수행하는 한 전형적인 앎의 사례이지만, 〈그림 7-2〉에서 보는 바와 같이 이 안에는 '예측적 앎'이 필수적으로 가져야 할 구도가 잘 요약되어 있다. 이 그림을 보면 처음 순간(초기)에 인식 대상으로부터의 어떤 물리적 신호가 인식 주체의 두뇌 조직에 전달되고 전달된 신호는 물리적으로 두뇌의 활동을 유발하지만 인식적으로는 이것이 대상에 대한 초기 표상을 야기

한다. 이후 이것이 최종적으로 말기 표상에 도달하기까지 인식 주체 안에서는 서술적(흰색으로 표시)·의식적(검은색으로 표시) 양 측면을 지닌 인식 활동이 이루어진다. 먼저 서술적 측면은 주체의 두뇌(컴퓨터)의 작동에 해당하는 것이며, 의식적 측면은 주체의 의식에 떠오르는 지적 작업에 해당한다. 이 둘은 서로 분리될 수 없는 하나의 활동이면서 앞(7-1절)에서도 언급한 바와 같이 실체가 지닌 두 가시 양태를 나타낸다. 여기서 특히 강조되어야 할 점은 그 어떤 인식적 활동도 이러한 물질적 바탕이 없이는 이루어지지 않는다는 것이다.

이처럼 인식적 활동은 초기에 대상으로부터의 물리적 자극을 '초기 표상' 형태로 인지하지만, 이후 대상의 행동을 서술하기 위해서는 이것이 다시 '초기 상태'라는 개념으로 전환되어야 한다. 일단 대상의 '초기 상태'가 알려지면 이제 대상의 '특성'에 대한 기존 지식과 '상태 변화에 관한 일반 법칙'을 활용해 원하는 시각에서의 상태, 곧 '말기 상태'를 산출할 수 있게 된다. 이 '말기 상태'는 다시 지정된 방식에 의해 '말기 표상'으로 재해석될 수 있으며, 이것이 바로 인식 주체가 대상의 행동에 대해 예측해낼 수 있는 내용이다. 이러한 예상이 대상의 실제 물리적 진행보다 앞서 수행되어야 인식 주체는 그 행동을 미리 예상하고 그에 걸맞은 대처를 할 수 있다.

이러한 인식적 구도와 함께 유의해야 할 몇 가지 사항이 있다. 첫째로 대부분의 경우 우리는 이러한 인식적 구도를 의식하지 않고 예측적 사유를 하고 있지만 그 어떤 예측도 이러한 일반적 구도를 벗어나 이루어질 수 없다는 점이다. 그러니까 어떠한 사람이 이러한 구도에 분명히 어긋나는 방식으로 미래에 대한 예측이나 예언을 해낸다고 주장한다면 이는 분명 신뢰할 수 없는 것임을 알아야 한다.

둘째로 이 구도 안에는 물리적 법칙과 인식적 규약이 정교하게 뒤얽혀 있다는 점이다. 이 추리의 과정 안에 적용되는 물리적 법칙은 오직 초기 상태로부터 말기 상태를 도출하는 연산의 과정에만 한정되어 있으며, 나머지 부분은 모두 인식적 규약을 통해 연결되어 있다. 〈그림 7-2〉에서 보면, 서술의 대상이 위쪽 첫 줄에 표현되어 있고, 물리법칙에 따라 이를 서술하는 부분이 아래쪽 바닥에 표현되어 있다. 그리고 그 나머지는 모두 규약에 따른 사고의 진행을 나타내는데, 이 모두가 합쳐져 비로소 예측적 사고가 이루어진다.

한편 대상으로부터의 '물리적 신호'에서 주체의 뉴런 조직에 이르는 과정 또한 물리적 과정이므로 여기에도 물리적 법칙이 적용되어야 한다는 생각 때문에 많은 혼동이 발생하기도 한다. 여기에 적용되는 물리적 법칙은 주체를 구성하는 질서 형성에 기여하는 것일 뿐, 그러한 물리적 서술이 주체의 서술 활동을 설명해주는 것은 아니다. 그럼에도 종종 물리학자들은 특히 측정의 과정을 이해하기 위해 서술 기구(주체)의 일부분인 측정 장치마저 대상의 일부로 여기고 여기에 물리법칙을 적용하려 함으로써 많은 모순과 혼란을 자초하고 있다.

이런 몇 가지 점들은 특히 양자역학의 성격을 이해하는 데 결정적인 중요성을 가진다. 양자역학은 이 모두를 잘 만족하는 수학적 형태를 취하고 있지만 이런 구조적 성격을 잘 파악하지 못한 초기의 물리학자들은 이를 이해하는 데 적지 않은 어려움을 겪었고, 지금까지도 일부 학자들 사이에서 '양자역학의 해석 문제'라 하여 논란이 되고 있다. 그러나 이것은 양자역학 자체의 문제가 아니라 예측적 앎이 지니는 일반적 구조에 대한 명확한 인식 없이 기존에 형성된 편협한 관념의 틀을 바탕으로 이해하려 했던 데서 온 결과라 할 수 있다. 이 점과 관련된 좀 더 자세한 논의는 필자가 쓴 다른 저서인 『과학과 메타과학』 제5장에서 찾아볼 수 있다.[101]

7-3 학습과 질문

앞에서 우리는 대상 B가 가졌다고 생각되는 성격을 상대적으로 잘 변하지 않는 내용, 즉 그 '특성'과 상대적으로 잘 변하는 내용, 즉 '상태'로 구분하고, 이와 적절한 관계를 이루어야 할 주체 A는 이 특성에 관한 지적 내용물, 곧 그 지식을 자기 안에 이미 간직하고 있어야 한다는 이야기를 했다. 그렇다면 주체 A는 어떻게 대상 B에 대한 지식을 처음부터 가지게 될까? 여기서 처음이라는 것은 앞에서 예로 든 '단위 인식 과정'의 처음이라는 뜻일 뿐, 굳이 주체 A의 출현 시점을 지칭한 것은 아니다. 설혹 그렇다 하더라도 이러한 기존 지식이 주체 A에 각인되어온 경위에 대한 이해는 필요하다.

우리가 여기서 주체 A라 부르는 존재는 복합 질서의 한 참여자이며, 이는 다시 U×V×W 형태로 모형화한 자촉 질서 중 하나이다. 앞에서 이야기했듯이 이러한 자촉 질서는 처음 그 씨앗 형태인 U×V×W_0에서 출발하여 성장해가면서 U×V×W 형태의 성체를 이루게 된다. 여기서 서로 간에 공액 관계를 이루고 있는 구조체 U와 V는 상대적으로 안정성을 지닌 중합체로서 이를 이루고 있는 성분 물질들의 배열 속에 나머지 구조체 W가 수행하게 될 기본적 행위의 지침이 담겨 있다. 그러니까 이러한 지시를 따라 W가 맹아인 W_0로부터 일정한 형태로 성장해가는 과정의 일환으로 신경세포의 연결망이 형성되며, 이 연결망 구조 속에 가장 기본적인 지식 내용도 담기게 된다.

그러니까 주체 A가 대상 B에 관한 일정한 지식을 가지게 되는 것도 기본적으로는 이 메커니즘 안에서 이해해야 한다. 특히 A가 접해야 할 대상 B가 A의 생존에 결정적으로 중요한 위치를 점유할 경우, 이러한 B의 특성에 해당하는 주요 관련 내용이 이미 이런 기본적 연결망 구조 안에 담기게 된다. 이것이 바로 아무런 학습이 없이도 특정 대상을 본능적으로 알아보고 이에 대처하는 행위가 가능한 이유이다. 그러나 많은 경우 주체 A가 성장해가면서 주변의 여러 대상들과 가벼운 상호작용을 해가는 가운데 이들에 대한 지식을 발전시켜 나가게 되는데, 이것이 바로 학습 과정이다. 주체는 자신의 행위 결과를 계속 되먹임하면서 기왕에 지니고 있던 잠정적 지식을 수정·보완하여 좀 더 나은 것으로 전환시켜 나간다. 그러니까 하나의 '단위 인식' 과정에는 이미 지니고 있던 최선의 지식을 활용하지만, 그 결과를 재검토하는 과정에서 이 지식을 다시 개선해 나가는 것이다.

이러한 학습 과정 속에 자연스럽게 등장하는 것이 '질문'이라는 형태의 지적 욕구이다. 가장 낮은 차원에서 이것은 '정보'에 대한 욕구, 즉 필요한 대상의 '상태' 추구 과정에서 올 수도 있지만, 더욱 의미 있는 질문은 불완전한 '지식'에 대한 개선 욕구에서 나온다. 즉, 주체는 자신의 지식이 지닌 일부 허점 또는 정합성의 결여를 스스로 의식하고 이를 적극적인 탐색 또는 반성적 사고를 통해 극복하려는 노력을 수행하게 되는데, 이것이 물음의 형태로 구체화된 것을 '질문'이라 한다. 그러니까 학습 과정의 가장 진전된 형태는 의식적으로 '질문'을 던지고 그 해답을 직접 추구해가는 과정이라 할 수 있다.

한편 이러한 모든 것이 하나의 이차 질서, 곧 복합 질서 안에서 이루어지는 것이며, 이러한 질서도 끊임없이 새로워지고 있는 것이므로 이 안에 나타나는 지적 확장 또한 그 어느 단계에서 멈추어 설 수 없다. 이를 주체의 측면에서 보자면 부득이하게 '질문'이 떠오르며 그 해답을 설혹 얻어낸다 하더라도 또 다음 단계의 질문이 꼬리를 물고 떠오르게 됨을 의미한다. 설혹 그렇다 하더라도 단순한 순환의 과정은 아니며 좀 더 폭넓고 깊이 있는 물음을 던지게 되고, 또 이를 통해 기왕에는 예상하지 못한 더 깊은 차원의 이해에 도달하게 한다.

결론적으로, 한 복합 질서의 참여자는 그 질서의 한 동적 구성원으로 있는 한 여타 구성원들에 관련된 앎을 통해 전체 복합 질서에 참여하게 되고, 행여 부족하거나 그릇된 앎을 가지는 경우 이 질서에서 이탈하여 참여자로서의 생존을 마감하게 된다. 그러므로 바른 앎이라는 것은 삶의 한 부수적인 요소가 아니라 삶의 본질적이고 필수적인 요소이다. 인간을 제외한 대부분의 참여자는 스스로 의식하지 못하는 가운데 앎을 습득하고 활용해가고 있으나, 인간은 이제 의식적 학습에 나설 뿐 아니라 더 나은 앎을 의식적으로 제작하는 단계에 이르고 있다. 그러나 다른 모든 인위적 산물의 경우와 마찬가지로 이렇게 제작된 앎은 오히려 소기의 목적에서 벗어나 해악을 끼칠 수도 있는 앎이 될 수 있다는 점에 유의해야 한다.

상자 7-3 진리는 뫼비우스의 띠와 같다

우리는 '물음'의 성격에 대해 잠시 생각할 필요가 있다. 이 물음들 가운데 중요한 것들은 대부분 '왜?'라는 부사를 동반한다. 사실 자체뿐 아니라 사실과 연관된 인과의 뿌리를 찾겠다는 것이다. 그런데 여기에 원천적인 문제가 하나 따른다. 다행스럽게도 한 물음의 해답을 찾았다고 하자. 이때 그 해답은 "이러이러해서 그러해"라는 형태를 취한다. 즉, '이러이러해서'라는 근거를 제시한다. 그러면 우리는 또 물을 수 있다. '이러이러하다'는 그 근거는 어떻게 정당화될 수 있는가? 그러면 그 근거의 근거를 또 제시할 수 있다. 그러면 그 근거의 근거의 근거를 다시 묻는다. …… 그런데 과연 이렇게 한없이 나갈 수 있는가?

과학에서조차 그것은 불가능하다고 본다. 그렇게 나가다가 결국 제1원리에 도달하게 되고 제1원리에 도달하면 더 이상 갈 곳이 없다고 한다. 그러면 제1원리는 어떻게 정당화되는가?

이것은 반대로, 이 원리를 바탕으로 도출되는 모든 결과가 실험 사실에 맞으면 이것을 잠정적으로 인정하고, 만일 이 가운데 하나라도 실험 사실에 어긋나면 이를 폐기하거나 수정해야 한다는 논리를 편다. 그러니까 이 원리에서 도출되는 모든 결과가 실험 사실에 어긋나지 않는다는 전제 아래 이를 받아들인다는 것인데, 이것은 결국 일종의 순환 논리이기도 하다. 설혹 순환 논리에 바탕을 두는 것이기는 하나, 이 원리가 적용되는 영역이 충분히 넓고 이것이 많은 것을 설명하고 예측해낸다면 이를 굳이 거부할 이유는 없다.

그런데 현실에서는 이런 이상적 이론 체계는 잘 구현되지 않는다. 한때 뉴턴 역학을 비롯한 고전물리학이 그러한 지위를 누리는 듯했으나 곧 불완전함이 드러나고 이보다 훨씬 더 보편적이고 정밀하다고 할 수 있는 양자역학이 현재는 이른바 제1원리의 지위를 누리고 있다. 그런데 앞서(〈상자 7-2〉) 언급한 바처럼 많은 사람들은 양자역학의 이론 체계가 그다지 깔끔하다고 느끼지 않는다. 그리고 그 불만의 주된 요인은 (지금까지의 과학 이론 속에는 등장하지 않던) 인식 주체의 역할이 명시적으로 드러난다는 점이다. 즉, 양자역학은 동역학 자체로 완결되지 않고 메타 이론적으로 재구성되어야 하는데, 이를 위해서는 '예측적 앎의 인식적 구조'(〈상자 7-2〉)에 대한 이해가 요망된다는 것이다. 이는 곧 양자역학이 더 이상 최종적 제1원리가 아니라 더 보편적인 인식론을 통해 설명되어야 하며, 이러한 인식론은 다시 생명에 대한 이해를 바탕으로 설명되어야 하는 상황에 도달하고 있다.

우리는 생명을 이해하기 위해 우주의 기원을 비롯해 우주의 기본 질서를 살펴봤고, 우주의 기원이나 기본 질서는 양자역학이 주축이 되는 물리학의 기본 원리를 통해 이해된다. 즉, 양자역학을 통해 우주가 이해되고 우주를 통해 생명이 이해되며 생명을 통해 앎의 구도가 이해되고 앎의 구도를 통해 다시 양자역학이 이해되는 하나의 커다란 '이해의 순환 구조' 속에 놓인 것이다. 엄격히 말해 이것도 순환 논리에 해당하지만, 이 순환이 우주의 모든 것을 망라하는 대순환일 경우 이는 곧 모든 것을 하나의 틀 속에서 이해하는 지식의 완결된 모습을 보여주기도 한다. 앎이 어떤 절대 진리에서 도출되는 구조를 가지지 않은 이상, 이것을 넘어서는, 더 이상 합당한 진리 주장을 해낼 다른 방도가 없다.

물론 우리가 지금 이러한 '이해의 순환 고리'를 빈틈없이 채워 넣은 것은 아니다. 그러나 적어도 이러한 시도를 수행해보았으며, 이러한 연결이 가능하리라는 하나의 실마리는 찾았다고 할 수 있다. 어느 의미에서는 생명을 이해하려다 보니 모두를 이해하는 자리에 서게 되었고, 달리 말하면 생명을 이해하려면 결국 이 전체를 이해해야 한다는 이야기도 된다. 그러나 이러한 순환적 이해는 결코 한 번으로 끝나는 것이 아니라 거듭거듭 반복함으로써 그 폭과 깊이를 키워 나가는 나선형의 오름길과도 흡사하다.

이제 우리가, 어쩌면 최초로, 이 순환의 한 여정을 마치면서 다음과 같은 한 가지 흥미로운 사실을 발견하게 된다. 즉, 이 순환의 여정이 마치 뫼비우스의 띠와 같은 모습을 지녔다는 사실이다. 우리는 분명히 자연의 물리학적 원리에서 출발했음에도, 결국 한 바퀴 돌아 이 물리학적 원리를 이해하는 자리에 서게 될 때는 물리학적 원리 자체로 돌아온 것이 아니라 이것을 주체적으로 담아내고 있는 정신에 대한 논의로 되돌아온 것이다. 물질과 정신이 뫼비우스의 띠가 지닌 양면을 나타낸다고 하면, 우리는 뫼비우스 띠의 앞면(물질적 측면)에서 출발했지만 되돌아오고 보니 어느덧 띠의 뒷면(정신적 측면) 위에 서 있는 자신을 발견하게 되는 것이다. 그리고 이 가운데서 생명이라는 존재가 바로 이러한 꼬임을 가능하게 해주는 마력을 발휘한 것이 아닌가 하는 생각이 든다. 진리는 과연 뫼비우스의 띠와 같은 모양을 하고 있는 것인가?

7-4 인간과 온생명적 자아

앞에서 우리는 삶의 주체는 자신의 지식을 개선하기 위해 끊임없이 물음을 던지게 되며 이를 통해 기왕에는 예상하지 못한 새로운 차원의 이해에 접근하게 된다고 했다. 그런데 매우 흥미롭게도 어느 단계에 이르게 되면 그 물음의 방향을 바꾸어 물음을 던지는 자기 자신에게로 그 물음을 되돌릴 수도 있다. 이를 일러 테야르 드샤르댕은 '반성적 사고'라 했으며, 이러한 반성적 사고의 능력을 인간의 중요한 특징으로 설정하기도 했다.[102] 어쨌든 생명으로 지칭되는 이 복합 질서 안에서는 이러한 일이 실제로 나타나고 있고, 이것이 앞의 인용문에서 마굴리스와 세이건이 '생명'을 놓고 "우주가 인간의 모습을 띠고 자신에게 던져보는 한 물음"이라고 한 말의 의미일 수도 있다. 그런데 이 저자들이 단순히 "우주가 자신에게 던져보는 한 물음"이라 말하지 않고, "우주가 인간의 모습을 띠고 자신에게 던져보는 한 물음"이라 말하고 있다는 점에 주목할 필요가 있다. 그들은 왜 굳이 우주가 '인간의 모습'을 띠고 이러한 물음을 던진다고 했을까? '인간'은 과연 이 '생명' 안에서 독특한 의미를 가지는 존재일까? 이 점에 대해 우리는 좀 더 깊이 생각할 필요가 있다.

지금까지 우리는 정신과 사고를 말하면서 굳이 이를 인간과 관련지어 말하지 않았다. 이러한 정신과 사고는 복합 질서 안에 있는 '참여자'가 지닐 수 있는 주체적 성격에 해당하는 것이지만 이러한 참여자가 굳이 인간이라거나 다른 어떤 특정한 참여자여야만 할 이유는 없었다. 그런데 일단 이러한 주체가 형성되고 그 안에서 사고가 이루어진다고 하면 그 사고는 어떤 특정 참여자의 사고일 수밖에 없다. 그리고 이러한 사고는 그 참여자 자신의 주체적 활동이므로 그 참여자 이외의 존재는 원칙적으로 이에 가담할 수가 없다.

예를 들어 나와 고양이를 생각해보자. 나와 고양이는 모두 한 복합 질서 안에 나타난 참여자들이지만 내 사고는 한 인간인 '나'의 사고이지 고양이의 사고일 수는 없다. 여기서 우리는 주관성과 객관성을 나누어볼 수 있다. 나는 내 사고를 주관적으로 수행하지만 고양이의 사고를 주관적으로 수행할 수는 없다. 반대로 고양이는 고양이의 사고를 주관적으로 수행하겠지만 내 사고를 주관적으로 수행할 수는 없다. 단지 나는 고양이의 사고에 대해서는 오직 객관적으로만 말할 수 있으며, 고양이 또한 내 사고에 대해서는 객관적으로만 접근할 수 있다.

이러한 점은 사람과 사람 사이에도 마찬가지다. 철수의 주관적 사고 속에 영이의 주관적 사고가 들어갈 수 없으며, 영이의 주관적 사고 속에 철수의 주관적 사고가 들어갈 수 없다. 철수의 주관적 사고는 철수의 사고일 뿐 영이의 사고가 아니며, 영이의 주관적 사고는 영이의 사고일 뿐 철수의 사고가 아니다. 철수는 영이의 사고에 대해 객관적으로 사고할 수 있지만, 이는 어디까지나 영이의 사고에 대한 철수의 사고일 뿐 영이의 사고 자체는 아니다. 철수의 사고에 대한 영이의 사고 또한 마찬가지다.

이처럼 모든 사고는 한 주체의 주관적 영역 안에서만 이루어지지만, 세계에는 다수의 주체가 존재하므로 서로 포괄할 수 없는 다수의 사고가 있을 수 있으며, 한 주체의 사고에서 보는 다른 주체의 사고는 원칙적으로 외적 접근을 통한 사유만을 통해 이루어질 수 있다. 그런데 흥미롭게도 한 주체는 다른 주체의 사고 상당 부분을 자신의 사고 영역 안에 포섭할 수가 있다. 즉, 통신이라는 특정한 방법을 통해 타 주체의 사고 내용을 자기 속에 받아들임으로써 실질적으로 자신의 사고 영역을 넓혀 나가는 것이다. 이렇게 해서 '나' 속에는 타 주체의 사고가 일부 접합되지만 이는 기본적으로 여전히 '나'이며 이 '나'라고 하는 주체를 벗어날 길은 없다. 이러한 구속은 주체가 지닌 숙명적 속성이다. 그러니까 이를 넘어설 오직 한 가지 길이 있다면 이런 '나'를 확장해 더 큰 '나'를 만들어가는 길이다.

그 한 가지 방식은 여타의 주체를 대등한 주체, 곧 '너'로 인정하면서, 다시 '나'와 '너'를 결합해 더 큰 '나', 곧 '우리'를 형성하는 일이다. 이러한 '우리' 안에는 '나'와 '너'가 포함되므로, 이 둘이 합하여 상호 주체적 성격을 지니면서 여전히 '너'와는 완전히 같을 수 없는 '나'의 일부가 남아 있는 복합적 성격의 주체가 된다. 이는 물론 단일한 '너'에 국한되는 것이 아니라 다수의 '너'를 포함하는 '우리'가 될 수 있으며, 인류 전체를 포함한 '우리', 곧 '집합적 의미의 인간'으로의 '나'를 이룰 수 있다.

한 주체로서의 인간, 특히 집합적 의미의 인간은 우리 생명 안에서 대단히 중요한 의미를 지닌다. 현재 우리가 수행하는 거의 모든 지적 활동이 바로 이러한 인간의 주체적 사고 안에서 일어나고 있기 때문이다. 즉, 지금 저자가 이 책을 써가면서 수행하고 있는 사고, 그리고 독자가 이 책을 읽으면서 수행하게 될 사고, 그 외에 알고 말하게 될 모든 정신 활동이 모두 이 인간의 주체적 사고 영역 안에서 이루어지고 있으며 또 이를 벗어날 수 없기 때문이다. 그리고 적어도 현재로서는 이 생명 안에, 어쩌면 이 우주 안에, 이에 버금가는 다른 주체의 정신세계가 존재하지 않은 것으로 보이며, 설혹 존재하더라도 이와의 연결이 전혀 없는 상태이다.

그러나 이러한 인간 역시, 집합적 의미에서든 개별적 의미에서든, 더 큰 복합 질서, 곧 온생명의 일부이다. 다른 모든 동물과 식물처럼 인간도 온생명의 참여자로 행동하며, 복합 질서를 유지하기 위해 다른 참여자들과 긴밀하게 조정한다. 신체적으로 보면 인간은 온생명의 한 부분이며, 정신적으로 보면 온생명 안에서 유일하게 통합적인 사고를 수행할 수 있는 의식의 주체이다. 이러한 의미에서 인간은 온생명의 중추신경계와 같은 기능을 한다. 마치 인간 신체 안에서 중추신경계가 의식과 사고를 포함한 모든 정신 활동을 담당하듯이, 온생명 안에서 인간 또한 온생명이 나타낼 수 있는 모든 정신 활동을 담당하는 존재라 할 수 있다. 즉, 집합적 의미의 인간을 물질적 측면에서 보면, 사람 신체 안의 중추신경계가 하고 있는 물질적 활동과 대단히 유사하며, 또 정신적 측면에서 보면 중추신경계를 통해 나타나는 정신적 활동과 매우 유사하다. 실제로 온생명의 몸 안에는 노동 분업이 이루어지고 있다. 어떤 종들은 태양에너지를 영양이 있는 화학물질로 변형하는 데 특화되어 있으며, 다른 종들은 폐기물들을 분해하여 유용한 물질로 되돌리는 데 특화되어 있다. 그렇다면 인간이란 생물종은 어떤 분업적 기여를 하고 있는가? 아무리 생각해보아도 인간은 중추신경계가 하고 있는 이러한 인지적 활동과 정신적 활동 말고 특별히 더 하는 것이 없다. 다른 생물종들과 달리 인간은 온생명 속 어딘가에서 어려움이 발견되면 고통을 느끼고, 필요하다고 판단되면 거기에 대해 적절한 조처를 취하기도 하는데, 이것이야말로 온생명 안에서 인간이 할 수 있고 또 해야 할 주요 기능이라 할 수 있다.

그렇다면 인간을 중추신경계로 하고 있는 온생명은 그 자체로서 의식의 주체라 할 수 있는가? 즉, 온생명 또한 스스로에 대해 '나'라고 느끼는 자아의식을 가지고 있는가? 언뜻 매우 심오해 보이는 이 문제의 해답은 의외로 간단하다. 적어도 주체성에 관한 한, 이에 대한 가장 명백한 증거는 주체적 주장 자체이다. 즉, 그 무엇이 주체가 된다고 하는 사실은 그 자체가 스스로를 주체라고 느낀다고 하는 것 이외에 달리 증명할 방법이 없다. 그렇다면 온생명에 대해서도 온생명 안에서 스스로를 온생명이라 느끼는 어떤 존재가 있다면, 이것이 곧 온생명이 주체의식을 가진다는 가장 분명한, 그리고 사실상 유일한 증거가 된다. 그러므로 만일 어떤 존재가 (인간이든 아니든) 그 마음속에서 명시적으로 스스로를 온생명과 동일시한다면 이를 아니라고 부정하기는 매우 어렵다.

분명히 우리는 우리가 주체적으로 함께하고 있는 생명이 나눌 수 없는 전체, 곧 온생명임을 알고 있다. 그러니까 내가 살아 있다는 말은 내가 온생명 자신이라는 말이 되며, 이를 실제로 마음속 깊이 느낄 수 있다면 이는 곧 온생명이 자신을 자신이라 느끼는 것이라 할 수 있다. 실제로 역사의 여러 시기에 걸쳐 현인들과 깊은 지성의 소유자들 가운데에는 자신을 온생명과 동일시해온 듯한 말을 남긴 이들이 있다. 이들이 정말 직관적으로나마 온생명의 전모를 파악했는지, 그리고 자신을 이러한 온생명과 얼마나 진지하게 동일시했는지는 우리가 지금 정확히 판단하기 어렵다. 그러나 오늘 우리는 온생명이 어떠한 모습을 가졌는지 그 어느 때보다도 잘 파악할 수 있으며 또 이것이 더 이상 나눌 수 없는 내 생명임을 더욱 분명히 알게 되었다. 그러니까 '나'라는 어떤 주체가 있다면 이것은 개체로서의 '나' 또는 인간 공동체로서의 '나'에 그치지 않고 온생명으로서의 '나'에 이르게 됨을 의식하게 되었고, 이를 온생명의 입장에서 풀이해보면 우리 온생명이 결국 자아의식을 가진 존재가 되었다는 이야기가 된다.

그러나 이것만으로는 아직 우리 온생명이 이 의식에 맞추어 자신의 삶을 주체적으로 영위해가는 단계에 이르렀다고 말하기는 어렵다. 아직 인간의 집합적 지성 안에는 이러한 의식이 일부 소수자의 의견에 불과하며 온생명 신체를 현실적으로 움직이고 있는 대다수의 의견은 아직 여기에 크게 못 미치고 있다. 그러니까 오늘의 현실은 우리 온생명이 이제 자신의 존재를 스스로 파악하는 깨어남의 첫 단계에 놓여 있지만, 아직 이 깨어남이 자신의 몸을 스스로 움직여 각성된 삶을 현실 속에서 영위할 단계에 이르지는 못했다고 할 수 있다.

7-5 우주사적 사건과 우주사적 비극

이제 만일 이러한 깨어남이 완성되어 우리 온생명이 그 자체로 의식의 주체가 된다면, 이것이야말로 역사적 사건이라는 말로는 다 표현할 수 없는 우주사적 사건에 해당하는 일이다. 우리 온생명은 약 40억 년 전 우리 태양-지구 체계를 바탕으로 태어나 크고 작은 어려움들을 겪으며 지속적인 성장을 거듭해왔지만, 아주 최근에 이르기까지도 대부분의 식물들이 그러하듯이 스스로를 의식하지 못하고 오로지 생존 그 자체만을 수동적으로 이끌어왔다. 그러다가 이제 인간의 출현과 함께 이들의 집합적 지성에 힘입어 40억 년 만에 처음으로 스스로를 의식하며 이 의식에 맞추어 자신의 삶을 주체적으로 영위해 나가는 존재로 부상할 계기를 맞게 된 것이다.

주체적 자아의식, 그리고 이를 통한 주체적 삶의 영위라는 것은 개별 개인의 차원에서도 매우 놀라운 일이지만, 더욱이 이것이 온생명 차원에서 온생명 전체를 단위로 하여 나타나게 된다는 것은 정말 놀라운 사건이라 해야 할 것이다. 이러한 존재가 이러한 의식을 가지고 과연 어떠한 세계를 개척해낼지 아직 이것을 충분히 겪어보지 못한 우리로서는 오직 그 경이롭고 기대에 찬 상황 전개를 한정된 상상력을 동원해 마음속에 떠올려 볼 뿐이다.

여기서 한 가지 생각해야 할 중요한 점은 이것은 저절로 이루어질 일은 아니고 각성을 지닌 우리 인간의 집합적 의식을 통해 이루어내야 할 일이라는 사실이다. 다시 온생명 안에서 중추신경계로서의 기능이라는 유비를 통해 생각하자면 오늘의 인간은 신경세포 간의 상호 연결이라는 지적 통합 활동을 통해 온생명이 하나의 통합적 의식에 도달하게 만들고 이 의식 안에서 자신의 모습, 즉 온생명의 존재를 자각하게 만들어간다는 이야기이다. 그러한 점에서 바로 이 시기에 인간으로 존재하는 우리 모두의 삶은 그만큼 중요하다. 우리 자신이 바로 이 놀라운 우주사적 과제에 직접 그리고 의식적으로 참여하고 있기 때문이다.

그러나 안타깝게도 우리는 이 일에 대해 낙관만을 할 수는 없는 사정에 놓여 있다. 이 온생명이 신체적으로 매우 위험한 지경에 놓였기 때문이다. 우리 인간은 단순히 온생명의 신경세포 구실만 하는 것이 아니라 어느 때부터인가 암세포로서의 구실도 하게 되었다. 잘 알려진 바와 같이 암세포는 숙주의 몸에 침투한 외부의 침입자가 아니라 그 신체의 일부이다. 암세포가 정상적인 세포와 다른 점은 오직 자신을 더 증식시켜야 할 때와 그렇지 않을 때를 구분하지 못하고 지속적으로 증식만을 해나간다는 점이다. 이로 인해 암세포는 끝없이 증식만을 하게 되는데, 이것이 결국 숙주 생명체의 정상적인 기능을 가로막아 숙주 생명체를 죽음으로 이끌어간다. 인간 또한 암세포처럼 온생명의 중요한 부분에 자리를 잡고 있으면서 온생명의 정상적 생리를 파악하지 못하고 오로지 자신의 번영과 증식만을 꾀함으로써 온생명의 몸, 곧 생태계를 크게 파손시키고 있다. 비극적인 역설은 우리 온생명이 태어난 지 40억 년 만에 드디어 높은 지성과 자의식을 갖고 진정 삶의 주체로 떠오르려 하는 바로 그 시점에, 이러한 것을 가능하게 하리라 기대되는 바로 그 인간이란 존재가 동시에 암세포가 되어 이 온생명의 생리를 위태롭게 하고 있다는 사실이다.

그렇다면 인간은 도대체 왜 온생명 안에서 이런 암적인 존재가 되고 있는 것인가? 그 하나의 실마리를 아직 널리 펴져 있는 좁은 의미의 '생명관'에서 찾을 수 있다. 제정신을 가진 사람이라면 자신이 하고 있는 일이 자기 몸을 해치는 암세포의 역할임을 알고도 이를 기쁘게 지속하지는 않을 것이다(8장의 생각해볼 거리 '생존경쟁 문제는 어떻게 보아야 하는가?' 참조). 사람들은 누구나 자기 생명을 소중히 여기며 그렇기에 자신을 죽음의 길로 몰아가는 암세포의 기능을 혐오한다. 그러나 불행히도 대다수 사람들은 아직도 온생명이 자신의 몸임을 알지 못하고 있다. 이들은 일상생활 속에서 온생명의 전체 모습을 그려볼 필요도 별로 없었거니와 또 가능하지도 않았다.

지금까지는 사람이 생존해가기 위해 굳이 온생명의 전모를 파악할 필요가 없었다. 오히려 이 안에 살아가는 참여자들이 그 안에서 서로 간에 적절한 관계를 맺어가야 하므로 이들 서로를 식별해내는 것이 일차적인 중요성을 가졌다. 이러한 중요성은 다시 사람의 본능적 인식 구조 안에 반영되었고, 따라서 사람의 눈은 낱생명들만이 쉽게 식별되는 구조를 가졌다. 그러면서도 이러한 낱생명들은 일차 질서에 속하는 여타의 존재물들과는 확연히 구분되는 생명으로서의 특성을 나타내고 있었으므로 사람들은 여기에 관심을 집중시키면서 이를 '생명'이라 불렀다. 이렇게 형성된 생명 관념은 낱생명을 구분해내고 보호하는 데 중요한 기능을 하며 우리의 정상적인 생존을 위해서도 필수적인 역할을 하고 있지만, 이러한 생명 관념에 지나치게 익숙해져서 실질적으로 이 관념에 사로잡혀 버린다면 생명의 바른 모습을 볼 수 없게 된다. 그럴 경우 생명의 본질을 낱생명 안에서 헛되이 찾게 되고, 결과적으로 생명에 관련해 잘못된 이해와 판단에 이르게 된다. 이것이 바로 낱생명만을 '나'로 보고 진정한 '나'인 온생명을 알아보지 못하게 되는 기본 사유이다.

사실 한 생물종으로서의 인류는 긴 생존의 과정을 거쳐 오면서 자신의 본능적 행위 성향을 수정할 필요가 있었으며 또 실제로 수정해왔다. 다른 생물종들의 경우처럼 인간의 생존 본능도 그 유전정보 안에 새겨져 있다. 이 본능에는 크게 두 가지 종류가 있다. 하나는 개체 자신을 보호하고 증식시키는 것이고, 다른 하나는 온생명의 나머지 부분과 협동하고 이를 보존하는 것이다. 그렇지 않으면 종의 생존이 유지될 수 없었기 때문이다. 그러나 이 두 상반된 경향 사이의 균형은 언제나 이상적인 형태로 유지되는 것이 아니다. 인류의 문명이 진전되면서 유전자에 새겨진 본능만으로는 충분하지 않다는 사실이 곧 드러나게 되었다. 여분의 협동이 필요해졌기 때문이다. 사회적인 법과 도덕이 바로 이러한 협동과 보존의 균형을 바로잡기 위해 나타난 문화적 장치의 한 형태이다.

그런데 이러한 균형을 바로잡는 데에는 더 자연스러운 다른 수단이 있다. 더 높은 자기 정체성을 찾아내는 일이다. 가족이라든가, 공동체라든가, 국가가 바로 그것이다. 흔히 '우리'라고 지칭되는 이러한 새 자기 정체성이 확보된다면, 오직 자기 보호의 본능을 자극하여 이를 새로 획득된 더 높은 자아를 향하도록 만들기만 하면 된다. 흥미롭게도 인간은 인위적인 자기 정체성을 정신적으로 조작함으로써 자신의 선호 경향을 임의로 전환시킬 능력까지 가지고 있다. 스포츠에서 자신이 선호하는 팀을 일단 정하고 나면 그 팀을 향한 선호의 경향이 자연스럽게 나타나는 것이 그 대표적인 사례이다. 이처럼 인간은 '인위적 자아'에 대해서조차 자기 정체성을 느낄 수 있는 존재이므로, 좀 더 실질적 의미를 지닌 사회 집단을 묶어 상위의 자아 관념을 구축하게 되면 이에 속한 개별 구성원들 사이의 이해관계를 조정하는 일이 월등하게 쉬워진다. 예를 들어 전체 인류를 하나의 '인간 가족'으로 묶고 자신들이 모두 여기에 속한다고 생각하면 이에 따른 어떤 집합적 자기 정체성이 나타날 것이며, 이것은 인간 사회의 많은 윤리적 문제들을 해결하는 데 기여할 것이고 실제로 그러한 관념이 활용되고 있다. 그러니까 여기서 한 걸음 더 나아가서 나 자신을 온생명과 동일시할 수도 있게 된다면, 앞서 언급한 온생명의 암적 질환을 치유하는 데에 커다란 도움을 주게 될 것이다.

상자 7-4 진정 내 삶을 살기 위해

참 이상하게 들릴지 모르겠지만, 나는 이따금 이런 물음을 던져본다. '나는 진정 내 삶을 살고 있는가?' 왜 이 물음이 필요한가? 혹시 내가 나 자신이 아닌 다른 무엇에 이끌려 살고 있을지도 모른다는 생각 때문이다. 어떤 허깨비가 내 안에 들어앉아 내 행동의 모든 것을 결정하고 있다면, 이것은 분명 내가 내 삶을 살고 있는 것이 아닐 터. 그러니까 내가 진정 내 삶을 살고 있는지를 확인하기 위해서는 내 안에서 내 행동들을 결정하고 있는 그 어떤 존재가 과연 나 자신인지, 그렇다고 한다면 그건 또 어떤 의미에서 그러한지를 한번 깊이 생각해 보아야 한다.

이를 생각하기 위해 자신의 삶을 스스로 이끌어간다는 말의 의미를 좀 더 깊이 되새겨보자. 자신의 삶을 스스로 이끌어간다는 것은 자기 행동의 선택을 자기 스스로 하고 있다는 것인데, 이는 곧 자기 내면에 있는 그 무엇이 이런 행동의 선택에 가담한다는 것을 말한다. 그렇다면 내면에 무엇이 있기에 그 안에서 이러한 선택이 이루어지는가? 가장 분명하고 단순한 것부터 말한다면 내가 지니고 있는 각종 본능들이 있다. 이는 나 그리고 내 종족의 존속을 위해 내 몸에 구현된 매우 중요한 생리적 기능의 일부이다. 몸이 음식을 필요로 할 때 배고픔을 느끼지 못한다면, 그리고 몸이 적절한 온도 영역에서 벗어났을 때 추위와 더위를 느끼지 못한다면, 우리는 아마도 생존 그 자체가 불가능할 것이다.

이와 함께 내 안에는 또 이러한 본능들을 억제할 문화적 장치가 마련되어 있다. 배가 고프기는 하나 남의 음식을 함부로 집어 먹어서는 안 되며, 덥기나 춥더라도 상황에 따라 이를 견뎌낼 줄도 알아야 한다. 이러한 모든 것은 많은 경우 내 성장 과정에서 교육적으로 주입되기도 하지만 때로는 자기도 모르는 사이에 무의식적으로 터득되기도 한다.

또 내 안에는 그 무엇을 이루거나 갖고자 하는 염원이 들어 있다. 현재의 상황이 모든 점에서 만족스러운 것은 아니기에, 더 나은 상황이 무엇일까를 생각하고 이를 지향하려는 심리적 성향이 자리 잡고 있다. 나는 또 더 나은 그 무엇을 해야 하겠는데 그것이 무엇인지 아직 뚜렷이 잡히지 않아 불안해하거나, 이를 놓고 고민하는 마음도 지니고 있다. 그리고 내 안에는 그 어떤 대상을 사랑하거나 미워하는 심정도 함께한다. 내 안에는 또 특정의 정치적 이념이 있고 종교적 신앙이 있다. 그리고 내가 의식하든 안 하든 간에 그 어떤 형태의 가치관이 내 내면에서 작용하고 있을 것이다.

이 모든 것들이 내 안에 있고 이것들이 이리저리 복합적으로 작용해 내 행위를 결정해주고 있다. 그렇다면 이것이 전부일까? 이것들을 빼버린다면 내 안에 '나'라고 불릴 그 무엇이 더 이상 없는 것일까? 만약 그렇다면 나는 '내'가 아니라 이러한 모든 것들의 총체에 불과할 것이고, 그러한 점에서 나는 여전히 이것들에 이끌려 살아가는 수동적 존재에 그치는 것이다.

그런데 이 물음에 대해 내가 그렇다고 딱 부러지게 인정하기에는 어디엔가 아쉬움이 남는다. 여전히 이것들 안에, 이것들을 조정하는, 그래서 나로 하여금 여전히 주체가 되게 해주는, 그 무엇이 도사리고 있으리라는 느낌을 버릴 수가 없다. 이러한 그 무엇, 끝없이 내려가도 여전히 이 모든 것을 조정하고 이 모든 것을 총괄하고 있는 그 무엇을 나는 끝내 부정하고 싶지 않은 것이다. 이러한 그 무엇이 있을 때, 이것을 놓고 비로소 이게 바로 '나'에 해당하는 것이라 말해도 좋지 않을까?

그렇다면 과연 이러한 것이 존재하는가? 이제 내 내면을 좀 더 깊이 파헤쳐 보자. 무엇이 내 가장 깊은 내면에서 내 마음을 움직이고 있는가? 내게 주어진 본능, 내 안에 심어진 가치관, 내가 항상 열망해온 그 어떤 성취의 꿈 등이 뒤엉켜 때로는 서로 맞물려 들어가고 때로는 서로 갈등을 일으키면서 그때그때의 행위가 결정되어가고 있음을 부정할 수 없다. 나 자신이 설혹 자신의 주인이 되려고 최선을 다한다 해도 결국 어느 선에서인가 이들에게 결정을 내맡기지 않을 수 없는 상황에 당도한다. 그러니까 내가 누구냐 하는 것은 최종적인 결단을 내리는 이들의 작용 그 이상도 그 이하도 아니라고 말할 수 있다. 그리고 이것들은 모두 내게 주어지고 심어진 것이지 내가 스스로 만들어낸 것이라 말하기가 어렵다.

이것이야말로 내가 당면하고 있는 커다란 딜레마이다. 내가 나 자신을 애써 찾아보니 그것은 이미 밖에서 주어진 그 무엇이라는 이야기가 아닌가? 그렇다고 하여 이것이 내가 아니라고 말하기도 어렵다. 아무리 찾아보려 애써도 이것 이외에 또 다른 나를 찾아볼 수 없기 때문이다. 그러니까 설혹 나를 내가 스스로 만들어낸 것이 아니라 하더라도 이것이 바로 나임을 일단 인정하지 않을 없다. 그런데 이것을 인정한다면 나는 나 자신에 대해 책임질 일이 아무것도 없게 된다. 나는 이렇게 되게끔 만들어진 존재이니까 내가 나를 달리 어떻게 할 방도가 없었고, 따라서 좋든 나쁘든, 잘했든 못했든 간에 그것은 내가 어찌할 바 없는 일이라는 이야기가 된다.

그렇다면 이 딜레마는 어떻게 해결해야 할까? 이를 가만히 들여다보면 이 둘은 결국 두 개가 아니라 하나임을 알 수 있다. 두 개의 실체가 아니라 한 실체가 지닌 두 개의 측면일 뿐이다. 나는 이렇게 될 수밖에 없도록 만들어진 존재이지만, 동시에 이것이 나라고 여기지 않을 수 없으며, 이것이 바로 나라고 여기는 순간 이것은 내 주체의 관할 아래 들어오게 된다.

어떤 이유로 이것이 '나'가 되었든 일단 이것이 바로 나라고 여기는 이상 이로 인해 발생하는 모든 결과는 내 책임 아래 들어오게 된다. 한마디로 이것이 나냐 아니냐 하는 기준은 이를 내가 주체로 여기느냐 아니냐에 달려 있는 것일 뿐, 그 외에 다른 어떤 것도 생각할 수 없다. 그러니까 내가 어느 선에서 주체적 판단을 포기하고 이러한 요인들에 나 자신을 맡겨버린다면, 그 순간 바로 나는 '나'이기를 포기한다는 이야기가 된다.

이렇게 볼 때, 내가 '나' 된다는 것, 곧 내가 한 주체로 살아간다는 것은 생각보다 그리 쉬운 일이 아니다. 내가 한 주체로 살아간다고 생각하는 순간, 나는 이미 나 자신을 비판하고 수정해야 하며, 이는 다시 내가 나 자신을 만들어가야 한다는 이야기가 된다. 이러한 작업은 그 어느 것에도 매임이 없는 전적으로 내 고유의 작업일 수밖에 없으며, 따라서 이를 이떻게 해나갈까 하는 문제 또한 내 스스로가 해결해가야 한다.

이는 곧 내가 자신에게 가하는 비판적 행위가 내 안에 이미 작동하고 있는 그 어떤 행위의 기준도 모두 넘어서야 하는 극한적 대결의 지속을 의미한다는 이야기이다. 내가 진정한 삶을 살아간다는 것은 이러한 점에서 나 자신에 대해 최대한의 충실을 기한다는 이야기가 되며, 이는 다시 내 내면을 뚫고 들어가 끝없이 나 자신의 깊이를 되새기는 일이 된다.

이에 견주어 최대한의 충실을 기하지 않는 삶, 진정한 의미에서 나 자신이 되지 않는 삶은 어떤 것인지도 생각해볼 수 있다. 이것은 그러니까, 더 깊이 생각해보면 삶을 위해 더 좋은 결정을 내릴 수 있을 것임에도 불구하고 아예 생각을 멈춘다든가, 어느 선에서 더 이상의 추구를 포기하고 내 기존의 내부 결정 기구에 내 행위를 내맡기는 경우라 할 수 있다. 나 자신의 기존 관념에 매여 더 이상의 반성적 사고를 수행하지 않는 경우가 바로 그런 것이다.

이런 점들을 좀 더 자세히 살피기 위해 사람의 생애를 성장 단계별로 나누어 생각해보자. 갓 태어난 어린아이는 거의 아무런 반성적 사고를 하지 않는다. 그는 단지 본능에 의해 몸을 움직이고 있으며 또 본능적 생리에 의해 빠른 성장을 이루어 나간다. 그러다가 점차 두뇌의 기능이 활발해짐에 따라 주위의 사물을 인식하게 되고, 부모의 보살핌과 함께 의식적 또는 무의식적으로 행동의 규범을 익히게 된다. 이렇게 유년기와 소년기를 거치면서 사고의 기능이 크게 향상되지만 아직 독자적인 통합적 사고의 단계에는 이르지 않는다.

이런 성장기를 거쳐 대략 청년기로 넘어가는 시기에 이르면 기존의 행태에 대한 의문들이 제기되고 반성적 사고의 단초를 드러낸다. 사람에 따라 많은 차이가 있지만, 다시 경험과 사고가 성숙해짐에 따라 반성적 사고 또한 어느 정도 향상되다가 어느 단계부터는 점진적으로 정체되어가는 경향을 보이고, 노년에 이르면 많은 경우 새로운 사고를 하기보다는 기왕의 사고에 고착되어버리는 성향을 가진다. 그러니까 같은 사람이라 하더라도 충실한 자신의 삶을 사는 기간이란 그리 길지 않을 수 있다는 이야기이다.

물론 사람이 지닌 이러한 성향을 삶의 가치를 평가하는 절대적 기준으로 삼아서는 안 된다. 그 어떤 사고를 지니든 본인으로서는 이에 만족하고 이를 즐길 수도 있으며, 이러한 삶이 주위의 사람들을 행복하게 해줄 수도 있다. 그렇기에 그 어떠한 삶도 그 자체로 존중되어야 하며 더구나 제3의 척도에 의해 이것의 본원적 가치가 폄하되어서는 안 된다.

하지만 다시 주체의 입장에서 볼 때 의식적인 내 결단이 아닌 어떤 다른 것에 따라 내 행위가 결정되는 것은, 그것이 설혹 내 안에 들어 있는 무엇이고 그 결과가 설혹 내게 만족스러운 것이라 하더라도, 그만큼 내 삶의 주체성을 훼손시키는 것임에 틀림없다. 적어도 내 삶의 소중함이 바로 이 주체성 여부에 달려 있다고 할 때, 내 사고가 이렇게 고착되어버린다고 하는 것은 내 삶의 소중함을 그만큼 덜어버리는 결과가 된다. 이러한 점에서 삶 그 자체가 아무리 존중되어야 하고 또 본인과 주변에 만족을 주는 것이라 하더라도 주체적 삶이 지니는 이런 반성적 자세를 충분히 발휘하지 못한다면 이는 곧 주체적 삶을 통해 자신이 기여할 중요한 한 가지 가능성을 방기해버리는 결과가 된다.

그렇다면 주체적인 삶을 통해 내가 기여할 중요한 가능성이란 무엇인가? 내가 이렇게 나 자신의 정체성을 끝없이 뚫고 내려가 보면 매우 흥미로운 사실 하나를 발견하게 된다. 이는 곧 나라고 하는 것이 나를 만들어주고 있는 이 전체와 결코 분리될 수 없다는 사실이다. 내게 주어진 이 모든 것은 내 작은 몸과 내 짧은 생애 안에서 만들어진 것이 아니라 더 큰 전체 생명에서 왔고 더 큰 전체 생명과 맞물려 활동하는 것임을 알게 된다. 내가 이미 오래전에 명명했듯이 이 전체 생명을 '온생명'이라 이를 때, 내 몸은 바로 이 온생명의 일부로 기능하고 있다는 것이다. 그러면서도 내가 주체적 삶을 살고 있다는 것은 나는 이미 온생명을 주체로 살고 있다는 것이며, 이는 곧 '온생명의 주체'가 되고 있다는 이야기이기도 하다.

나는 물론 이러한 내 활동이 시간적으로 그리고 신체적으로 제한되어 있음을 알고 있다. 즉, 이러한 내 삶은 일단 내 생애라는 좁은 영역 안에서 한시적으로 이루어지고 있는 것이다. 내 삶이 이 온생명의 삶임에도 불구하고 내가 이 안에서 이를 주체적으로 영위할 시간과 여건은 이런 한계를 벗어나지 못한다. 그러나 이 한계에 대해 너무 섭섭해할 필요는 없다. 이러한 물리적 제약 안에서도 가치와 의미의 차원에서는 무제한의 가능성이 열려 있기 때문이다. 즉, 제한된 여건 아래 무제한의 의미를 담아낼 가능성을 나는 이미 내 안에 안고 살아가는 것이다.

이 점을 나는 종종 흔히 릴레이라 불리는 이어달리기 경기를 통해 생각해본다. 잘 알려진 대로 이것은 한 팀에 넷 또는 그 이상의 선수가 나와서 바통을 주고받으며 일정한 거리를 나누어 달리는 경기인데, 우리 삶이 이 경기와 매우 흡사하다. 이어달리기 선수가 바통을 받아 자기에게 할당된 구간을 달리게 되듯 내가 살아가는 것도 어느 날 현생이라는 바통을 이어받아 한평생을 살아가다가 마침내 다음 세대에게 이를 물려주고 조용한 휴식을 취하게 된다.

한 가지 다른 점이 있다면, 이어달리기 경주에서는 바통을 받아 쥐기 전부터 내가 이 경주에 참여하고 있음을 익히 알고 있음에 비해 우리의 삶에서는 경주가 한참 진행되는 가운데 비로소 내가 지금 바통을 쥐고 달리고 있구나 하는 것을 알게 된다는 점이다. 각별히 의식하지 않는다면 맡은 뜀박질이 다 끝날 때까지도 자기가 지금 이런 경기를 하고 있다는 사실조차 모르고 마칠 수도 있다. 이런 차이가 있지만, 우리의 삶 또한 자기가 이 세상에서 무엇인가를 기여하기 위해서는 아쉽지만 현역으로 뛰는 이 기간에 할 수밖에 없다는 점에서 바로 이 이어달리기 경기를 빼닮았다.

그런데 가만히 생각해보면 우리의 삶과 이어달리기 경기는 훨씬 더 깊은 의미에서 서로 닮아 있다. 이어달리기의 경우, 참여하는 선수들은 모두 이중의 자기 정체성(self-identity)을 지닌다. 팀 전체로서의 자신과 그 일원으로서의 자신이 그것이다. 경기에 임하는 사람에게는 당연히 팀 전체로서의 승부가 주된 관심사이지만, 그 일원의 입장에서는 자기 자신의 기여 여부 또한 중요한 관심사가 된다. 자기 팀이 이겼더라도 자기 자신이 여기에 별 기여를 하지 못했다면 그만큼 기쁨이 덜할 것이고, 자기는 잘했는데 팀이 졌어도 그것 또한 원통한 일이 된다. 우리의 삶도 이러하다. 삶의 이어달리기에서 우리는 태고로부터 이어지는 삶 전체, 곧 온생명으로서의 자신과 그 일원인 낱생명으로서의 자신으로 여기에 참여한다. 이것이 '큰 나', 곧 '온생명으로서의 나'와 '작은 나', 곧 '낱생명으로서의 나'이다.

우리는 흔히 낱생명으로서의 나만을 의식하고 온생명으로서의 나는 잊어버리고 사는데, 이는 크게 잘못된 일이다. 우리는 대개 나라는 것이 출생할 때에 나타나서 사망할 때 없어지는 것으로 생각하지만, 이는 낱생명으로서의 나만을 생각하기 때문이다. 앞에서도 언급했듯이 우리의 삶은 아무것도 없는 무無에서 시작하는 것이 아니다. 내가 태어나는 순간 이미 내 몸을 비롯하여 내 삶을 가능하게 해주는 내 주위의 많은 것들이 함께하고 있다. 그리고 이것은 단순히 부모 혹은 그 위의 몇몇 선조들에게서만 물려받은 것이 아니다. 이것은 적어도 수십억 년에 이르는 장구한 세월에 걸쳐 만들어지며 지구와 태양, 그리고 그 안의 전체 생태계가 하나로 엮여 기능하고 있는 커다란 한 생명체, 곧 온생명의 일부이다.

그러니까 이 커다란 생명체가 '큰 나'를 이루는 것이고, 다시 한 개인의 생애에 해당하는 출생에서 사망까지의 활동이 흔히 생각하는 '나', 곧 '작은 나'를 이루는 것이다. 이와 함께 내가 의식해야 할 것은 팀의 승패, 곧 온생명의 성공적인 생존이 일차적인 것이며, 다시 이 팀의 일원으로 내가 현역으로 뛰면서 여기에 어떻게 기여하느냐 하는 것이 나 개인으로서의 중요한 관심사가 된다. 즉, 나 또한 온생명으로서 그리고 낱생명으로서 이중의 자기 정체성을 가지고 삶의 무대에 올라와 있는 것이다.

이런 점에서 삶 그 자체가 가지는 본원적 가치와 주체적 삶이 지니는 이런 독특한 성격이 서로 어떻게 관련되는지를 이해할 수 있다. 온생명으로서의 내가 소중히 여기는 것은 삶 그 자체가 지닌 본원적 가치를 공유하는 것인데, 이는 마치 이어달리기 경기에서 팀의 정체성을 공유하는 것과 같은 일이다. 반면 낱생명으로서의 나는 내게 주어진 내 삶의 몫을 살아내야 하는데, 이는 곧 이어달리기 경기에서 바통을 이어받아 내 몫을 뛰고 있는 입장에 해당한다.

여기서 내 몫을 살아낸다고 하는 것은 단순히 개체로서의 내 신체를 유지해 나가는 것만이 아니라 이를 주체적으로 살아낸다는 것을 의미한다. 만일 이러한 주체성이 결여된다면 내가 한 생명 현상의 부분으로 존재하는 것은 되어도 이를 진정한 의미의 '내 삶'이라 규정하기는 어렵다. 이미 말했듯이 하나의 삶이 지니는 삶으로서의 깊이는 여기에 가해지는 내 주체성의 깊이를 말하는 것이고, 이는 다시 내가 얼마나 의식적으로 나 자신의 삶을 영위해가느냐에 달려 있는 것이다.

이와 함께 나는 여기서 매우 놀라운 사실 하나를 발견하게 된다. 우리 온생명은 이미 30~40억 년에 걸쳐 이어달리기 경주를 해왔으면서도, 극히 최근에 이르기까지 그 바통을 주고받으며 달려온 대부분의 주자들은 자신이 이러한 경주에 참여하고 있다는 사실조차 모르고 참여해왔다는 점이다. 더욱 놀라운 것은 오늘날 우리는 내가 여기에 주체적으로 참여하고 있음을 스스로 깨달아 알게 되었다는 것이며, 이제부터는 내가 어떻게 사느냐에 따라 이 온생명의 우주적 승부가 판가름 나게 되었다는 사실이다.

이는 곧 이 거대한 생명이 30~40억 년 만에 처음으로 자의식을 가진 존재로 깨어났다는 것을 의미하며, 우리 인간은 바로 이 온생명의 '정신'에 해당하는 위치에 놓여 이를 주체적으로 이끌어갈 존재가 되었다는 것을 의미한다. 그리고 한 개체로서의 나는 비록 제한된 기간이기는 하지만 여기에 독자적으로 참여하여 하나의 주체로서 기여하게 될 더없이 소중한 기회가 부여되고 있다는 사실이다.

도대체 무엇 때문에 내게 이런 소중한 기회가 부여되었는지, 또 나라고 하는 존재가 과연 무엇인지도 아직 나는 잘 알지 못한다. 그리고 이 우주 안에 놓인 온생명이라고 하는 이 거대한 물줄기가 어떤 신비한 목표를 향해 내닫고 있는지 아직 소상히 알지 못한다. 그러나 한 가지 분명한 것은 나는 이 거대한 삶의 무대에 이미 올라와 있으며, 그 어떤 연습이 아닌 실제의 삶을 이미 영위하고 있다는 사실이다. 이는 곧 내가 이 거대한 생명의 주체가 되어 이를 일정한 방향으로 이끌어갈 위치에 놓이게 되었으며, 여기서 내가 취할 태도는 오직 최선을 다해 바른 삶의 방향을 찾아 나가겠다는 마음가짐 이외에 어떤 다른 것일 수 없음을 말해준다.

이를 위해 나는, 내 안에 이미 작동하고 있는 그 어떤 본능이나 취향 그리고 고착된 그 어떤 가치관에도 매이지 않고, 항상 더 분명한 그리고 더 신뢰할 만한 앎을 최선을 다해 추구하면서, 이것이 말해주는바 내 최선의 판단에 귀를 기울여야 한다. 이러한 자세를 추구할 때 모든 것을 아우르며 가장 깊은 바닥을 훑고 떠오르는 내면의 내 목소리가 내 삶 전체를 통해 울려나오게 된다. 반면 내 앎의 작동이 끝나고 더 이상 이 생생한 내면의 목소리가 울려나오지 않을 때, 내 주체는 주체로서의 기능을 잃게 될 것이고, 내 손에 들린 생명의 바통은 오직 굴러가는 관성 덩어리로 굳어버릴 것이다.

* 이 글은 7~8년 전에 어느 수녀님의 부탁을 받고 쓴 것이다. 그분은 내 마지막 글이라 생각하고 후세에 꼭 남기고 싶은 글을 하나 써달라고 했다. 그분은 이러한 글들을 몇몇 사람들에게 청탁하여 책을 한 권 만들려 했던 것인데, 무엇인가 여의치 않은 일이 생겨 그 계획은 수행되지 않았고, 원고는 내게 되돌아왔다. 그 후 나는 이 글을 내 다른 저서인 『공부의 즐거움』(생각의 나무, 2011) 마지막 장에 수록했다. 그러나 이 책을 읽고 있는 독자들이 한 삶의 주체로서 정말 내가 내 삶을 살아간다는 것이 어떤 의미를 가진 것인지를 함께 생각해주기를 바라는 마음에서 다소 분량이 길지만 여기에 재수록한다.

생각해볼 거리

➲ 몸을 떠난 마음이 가능한가?

많은 사람들이 사후 영혼만의 세계를 생각하고 있으며 더러는 전생의 존재를 믿기도 한다. 이러한 것들은 각각 어떤 점에서 정당화되며 또 어떤 점에서 배격해야 할 것인가? 우리가 이해하는 의식과 주체의 성격에 비추어 생각해보자.

➲ '예언'은 믿을 수 있는 것인가?

미래에 올 일을 '예언'하는 신령한 능력이 존재한다고 믿는 사람들이 있다. '예언'은 어디까지 어떤 근거로 인정될 수 있으며, 또 그 이상에 대해서는 어떻게 봐야 할 것인가?

➲ 나는 지금 무엇을 향해 살고 있는가?

삶이라는 것은 무엇인가? 나는 지금 어떤 삶의 지향을 가지고 있는가? 아니면 왜 살아야 하는가?

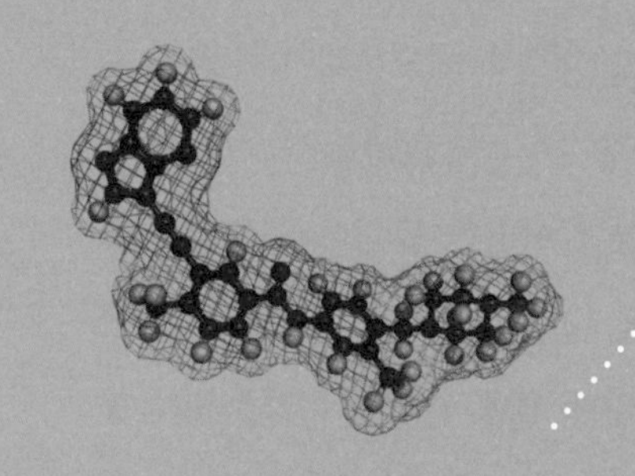

제 8 장

몇 가지 물음과 잠정적 해답

8-1
온생명의 주체가 당면하는 큰 물음들

우리는 지금까지 우주 안에 형성되는 복합 질서라는 관점에서 생명에 대한 이해를 추구해왔고, 이 복합 질서 안에 다시 스스로를 주체로 느끼는 존재가 나타난다는 것을 알게 되었다. 그런데 생명에 대해 이러한 물음을 던지는 우리 자신이 바로 이 생명의 주체이므로 결국 생명에 대한 물음은 우리 자신에 대한 물음, 곧 '나'에 대한 물음으로 되돌아온다. 그렇기에 이러한 이해의 추구를 통해 얻어진 내용은 '나'에 대한 이해이며, 이 가운데 새로 발견한 사실이 있다면 이는 곧 '나'에 대한 발견이 된다.

그러니까 우리가 지금까지의 논의를 받아들인다면 '나'는 온생명의 주체이며, 이제부터는 개체로서의 내 삶뿐만 아니라 온생명으로서의 내 삶을 영위해가는 입장에 섰음을 알게 된다. 이는 현상으로서의 생명을 이해하고 현상의 한 부분으로서의 나를 받아들이는 것과는 전혀 다른 새로운 차원의 이해, 곧 나에 대한 각성에 해당한다. 일단 이러한 각성에 이르고 보면 우리는 다시 새로운 종류의 물음에 부딪힌다. 즉, '내가 무엇을 해야 하는가?' 하는 물음이다. '삶'이란 곧 '함'을 의미하는데, '주체적 삶'이란 '함의 방향을 내 스스로 찾아내야 된다는 것'을 말하기 때문이다.

이렇게 할 때 떠오르는 가장 기본적인 과제는 삶의 의미를 설정하는 일이다. 우리는 분명히 물리적 현상 속에서 '삶의 의미'를 찾아낼 수는 없다. '의미'란 어디까지나 삶의 주체에 관여되는 일이기 때문이다. 우리 자신은 얼떨결에 온생명의 주체가 되었지만 온생명이 어디를 향해 가야 하는지, 온생명의 삶을 어떻게 살아야 하는지, 온생명의 삶을 도대체 왜 살아야 하는지, 그 답을 처음부터 가지고 나온 것이 아니다. 사실 온생명적 삶 속에는 이런 물음의 추구 자체가 그 내용의 일부로 들어 있다. 문득 깨달아 보니 내가 온생명의 삶을 살고 있지만, 나는 온생명적 삶을 단순히 수행하는 것이 아니라 수행의 이유를 찾는 과제부터 내 수행 과제의 일부로 이미 내게 주어져 있는 것이다.

그렇다면 이 무거운 과제를 회피할 방법은 없는가? 방법은 있다. 포기하면 된다. 결국 이것은 결단의 문제이다. 내게 주어진 이러한 수행 과제를 수용할 것이냐, 아니냐 하는 것은 내 결단에 달려 있다. 내가 이를 수용한다면 이는 곧 온생명의 주체라는 이 자리를 수용하는 것이고, 이를 배격한다면 이 자리를 포기하는 것이 된다. 이것은 기본적으로 내게 주어진 선택권인 동시에 내 주체적 삶의 관문이기도 하다.

이 결단은 근본적으로 삶의 의미를 긍정할 것이냐 부정할 것이냐 하는 자세와 직결된다. 우리 내부에서 나를 추동하는 생존 본능의 작용 여부를 떠나, 내가 진정 주어진 삶을 의미 있는 것으로 여기고 있다면 이는 긍정하는 것이고, 그렇지 않다면 부정하거나 겨우 본능에 이끌려 살아가는 것이 된다. 이러한 자세를 결정할 때 우주의 과정 속에서 내 삶이 어떻게 이루어졌는지, 그리고 이것이 지금 어떠한 위치에 놓여 있는지에 대한 객관적 이해도 커다란 한몫을 하게 된다. 그러한 이해가 없을 때 사람들은 미처 이를 실감하지 못하고 자신의 삶을 방기하거나 혐오하기도 한다.

한편 우리의 삶을 긍정하고 나면 우리는 이를 어떻게 더 뜻있는 것으로 만들 것이냐 하는 물음을 묻게 된다. 이 물음도 여러 갈래로 나뉘겠지만 우선 두 가지로 대별한다면, 그 하나는 온생명의 물리적 존속 문제에 관련된 것이고, 다른 하나는 온생명의 정신적 지향 문제에 관련된 것이다.

먼저 온생명의 물리적 존속 문제를 생각해보자. 우리가 우리의 삶을 긍정한다고 할 때, 가장 기본적이고 필수적인 관심사는 이것을 어떻게 존속시켜 나갈 것이냐 하는 것이 된다. 이는 곧 어떻게 하면 죽음을 피하고 삶을 이어갈 것이냐 하는 것인데, 이를 낱생명 차원에서만이 아니라 온생명 차원에서도 생각해봐야 한다는 것이다. 말하자면 온생명의 건강 문제를 생각하자는 것이다. 낱생명의 경우에서와 달리 온생명의 경우 이것은 매우 생소한 문제이기도 하다. 낱생명으로서의 인간의 건강을 보살피는 전문가들은 수없이 많지만, 이보다 훨씬 더 크고 복잡한 온생명의 건강을 보살필 전문가라 할 사람은 아직 찾아볼 수 없다. 하지만 그 중요성에 있어서는 낱생명의 건강 문제에 견줄 일이 아니다. 온생명이 사멸해버린다거나 그 주요 기능의 일부만이라도 상실해버리면 이는 곧 모든 낱생명의 생존을 위협하는 엄중한 사태이기 때문이다.

한편 이러한 온생명의 물리적 생존이 보장된다 하더라도 온생명적 삶의 주체로서 항상 염두에 두지 않을 수 없는 것은 온생명이 도대체 어떠한 정신적 지향을 가져야 하느냐 하는 문제이다. 한 개체로서의 삶뿐 아니라 온생명으로서의 삶에 있어서도 단순한 생존만을 위한 생존으로는 만족할 수 없는 일면이 있다. 결국 어떤 목적과 지향이 있어야 할 것인데, 이것이 무엇이냐 하는 점이다. 이것 역시 개별 인간의 삶의 경우에도 쉬운 문제가 아니겠지만, 온생명의 경우에는 더욱 어렵고 생소한 문제이다. 앞서 말한 것처럼 여기에 대한 정답이 이미 마련되어 있는 것이 아니다. 그러나 한순간 한순간을 살아가야 할 사람은 비록 잠정적으로나마 이에 대한 그 어떤 해답이 있어야 할 것이다.

따라서 우리는 여기서 불완전한 대로 이러한 문제들에 대해 좀 더 깊이 생각해보기로 하자.

8-2
온생명의 정상적 생리

먼저 온생명의 건강 문제에 대해 좀 더 깊이 들여다보자. 온생명이 건강하냐 그렇지 않느냐 하는 것은 이것이 정상적인 생리에 맞는 상태에 놓여있느냐 아니냐 하는 문제에 해당한다. 그렇기에 우리에게 먼저 요구되는 것은 온생명의 정상적 생리가 무엇인지를 밝히는 일이다. 그러나 이 일은 생각보다 그리 간단하지 않다.

우리가 '생리'라고 하면 이는 으레 낱생명의 생리를 말하게 된다. 그리고 낱생명의 생리, 그리고 더 좁혀 인체의 생리는 많이 알려졌을 뿐만 아니라 연구하기도 쉽다. 우리가 접하는 어떤 생물종에 대해서도 이에 속하는 많은 수의 정상적인 개체들이 있으므로 이들이 공통적으로 지닌 신체의 조직과 기능을 살펴보면 이것이 바로 이 생물종의 생리가 된다. 이 가운데 혹시 이러한 조직과 기능에서 크게 벗어나는 것이 있으면 이는 대체로 병적인 상황에 있는 것으로, 건강하지 못하다는 판정을 받게 된다. 그러나 온생명의 경우 우리는 여러 사례의 정상적인 온생명을 알지 못한다. 오직 하나의 온생명만을 알고 있으므로 이것이 정상적인 생리 상태에 있는 것인지 또는 병적 징후를 가진 것인지를 판정하기가 매우 어렵다.

그렇다고 하더라도 온생명의 정상적 생리를 찾아내는 일이 전혀 불가능한 것은 아니다. 이 생리는 기본적으로 온생명을 가능하게 만드는 인과의 법칙에 바탕을 둘 것이므로, 우리가 만일 이러한 인과의 실타래를 잘 살펴 나가면 이것이 지금 정상적으로 작동하고 있는지 아닌지를 찾아낼 수 있다. 문제는 우리가 이러한 인과관계를 제대로 파악하고 있느냐 하는 것인데, 이것에 대한 우리의 이해는 아직 초보 단계에 있음이 사실이다. 그렇기는 하나 우리의 과제가 워낙 중요한 것이기에, 이런 초보적 이해를 통해서나마 온생명의 정상적 생리에 대한 가능한 실마리를 찾아 나서지 않을 수 없다.

이러한 점에서 우리 온생명을 이루고 있는 복합 질서의 성격을 다시 한번 살펴보자. 이것은 앞에서 소개한 Ω: {U × V × W} 형태의 모형 속에 좀 더 구체적으로 드러나 있다. 여기서 Ω는 자촉 질서의 체계인 {U × V × W}를 가능하게 하는 바탕 체계를 의미하는 것으로, 우리 온생명의 경우에는 태양-지구 체계가 이것의 구실을 한다. 그러므로 예를 들어 태양이 소진되어 더 이상의 에너지를 공급하지 못하게 된다든가, 우리 지구가 어떤 이유 때문에 지금까지 보여왔던 정상적인 성격에서 크게 벗어나게 된다면, 이 모든 질서가 무너지게 될 것이다. 현재 알려진 바로는 우리 태양은 수명이 대략 100억 년에 이르고 현재까지 50억 년간을 존속해왔다. 따라서 앞으로 50억 년 정도 더 별로서 기능하게 될 것이다. 이는 곧 우리 온생명이 이 태양-지구 체계 안에서 앞으로 50억 년 가까운 생존이 가능하리라는 이야기가 된다. 지구 또한 대략 46억 년 전에 형성되어 오늘날에 이르고 있으며 그간 우리 온생명의 소재가 되는 각종 물질들을 제공해왔다. 지구는 그 자체로 별도의 수명을 가진 존재가 아니다. 다만 태양이 소멸되는 마지막 팽창 단계에서는 태양의 화염이 지구 궤도까지 삼켜버리리라는 것이 일반적인 예상이다.

물론 태양과 지구가 그간 여러 가지 우여곡절을 겪지 않은 것은 아니다. 예를 들어 지구 초기에 거의 행성 규모의 외계 물체와 충돌하여 지구의 일부가 떨어져 나가면서 지구 유일의 자연 위성인 달이 형성되었다는 것이 오늘날 정설이 되어가고 있다. 이외에도 지구의 긴 역사를 통해 수많은 운석이나 소행성, 기타 성간물질들이 지구와 충돌하여 지구의 조성과 형태에 큰 변화를 주어왔고, 무수한 지각 변화로 인해 대륙과 해양의 모습이 끊임없이 달라져왔다. 이와 함께 지진과 화산활동을 통해 지구 내부의 물질이 표면으로 솟아오르기도 하고, 무엇보다도 녹색 생물들의 광합성 활동으로 지구 대기의 조성이 크게 변해왔다. 이에 비해 태양의 활동에 따른 영향은 상대적으로 훨씬 더 안정되어 있다. 그러나 태양 역시 흑점의 활동 등 예측하기 어려운 변화로 인해 지구 대기권에 적지 않은 소요를 일으키고 있다.

이것이 대략 태양과 지구로 형성된 바탕 체계의 모습인데, 우리 온생명은 이를 바탕으로 지난 40억 년간을 존속해왔으며 앞으로도 이론상으로는 40~50억 년을 더 존속할 수가 있다. 여기서 한가로운 상상을 하나 더 보탠다면, 태양-지구 체계의 소멸 이후에도, 만일 그 시기까지 오늘의 지적 존재가 살아남는다면, 아마도 우리 온생명은 우주 내의 다른 천체들 안에 적절한 바탕 체계를 발견하고 의미 있는 이주를 감행할 수 있을 것이다. 그리고 어쩌면 아직은 열린 가능성으로만 논의되는 우주의 종말에까지도 어떤 형태로든 존속하여 우주와 더불어 그 마지막 운명을 다할 수도 있을 것이다. 어쨌든 이런 한가로운 상상은 도외시한다 하더라도 앞으로 40~50억 년의 생존 가능성은 우리의 현실 안에 주어져 있다. 이는 쉽게 말해 우리 태양-지구 온생명이 전체로 80~90억 년의 수명을 가졌으며, 현재 대략 40억 년이라는 나이에 도달했다고 할 수 있다. 이를 우리 개체 인간의 수명이 약 80~90년에 이르는 것과 비교해보면 우리 온생명의 '자연 수명'은 인간 수명의 대략 1억 배에 해당한다고 할 수 있다.

이번에는 이런 바탕 질서 위에 형성되고 있는 자촉 질서 체계 {U×V×W}에 대해 생각해보자. 여기에는 개별 자촉 질서, 곧 낱생명들과 이들의 한 계열인 생물종, 그리고 이 생물종들 사이의 관계를 이루는 생태계의 조직들이 포함된다. 여기서 하나하나의 낱생명 U×V×W가 앞에 언급한 바탕 질서에 의존하고 있음은 물론, 여타의 낱생명, 생물종, 그리고 이들 사이의 조직에 결정적으로 의존하고 있음을 우리는 잘 알고 있다. 온생명을 이루는 복합 질서가 바로 이런 상호 의존적 성격을 지칭하는 것이며, 따라서 온생명의 정상적 생리라는 것은 이러한 의존 관계가 정상적으로 유지되고 있음을 말하게 된다. 그러니까 서로가 서로를 위해 필요한 만큼의 낱생명들, 생물종들, 그리고 이들 사이의 관계를 유지하면서 전체적으로 그리고 장기적으로 일정한 변화를 동반하며 '성장'을 이루어 나가는 구조를 이룰 때, 이를 정상적 생리라 할 수 있다.

그렇기는 하나 이들 사이의 어떠한 관계가 적절한 관계이며, 이들에 나타나는 어떠한 변화가 '성장'에 해당하는 정상적 변화인지를 구분하기는 대단히 어렵다. 그래서 우리는 이를 위해 두 가지 방향의 도움을 얻으려 한다. 그 하나는 우리가 익히 경험하는 유기체, 특히 인체가 지닌 정상적 생리를 통해 이를 유추해보는 방식이고, 다른 하나는 지난 40억 년간 겪어온 흔적을 통해 이것의 건강한 생리가 무엇인지를 살펴보는 방식이다.

먼저 인체가 지닌 생리와의 유비를 생각해보자. 사실 온생명의 생리와 인체의 생리 사이에는 많은 유사점이 있다. 온생명의 자족 질서 체계가 서로 의존하는 낱생명들의 모임으로 구성되었다면, 인체의 조직 역시 서로 의존하는 세포들의 모임으로 구성되어 있다. 실제로 세포 하나하나가 가장 기본적인 낱생명들이므로 인체의 생리는 이러한 낱생명들이 모여 더 큰 조직체인 유기체를 성공적으로 형성해내고 있는 하나의 대표적 사례라 할 수 있다. 그러므로 이러한 유기체를 성공적으로 구성해내는 조직의 원리가 바로 더 큰 형태의 조직인 온생명을 구성하는 조직의 원리와 많은 유사점을 가지리라는 것은 쉽게 상정해볼 수 있다. 따라서 상대적으로 잘 알려진 인체의 생리를 통해 온생명의 생리의 몇몇 단서를 찾아보는 것은 그 자체로 매우 적절한 일이다.

그러나 이와 함께 우리가 유의해야 할 것은 이들 사이에는 몇몇 중요한 차이가 있다는 점이다. 그중 가장 중요한 것은 낱생명과 달리 온생명은 자족적 체계라는 점이다. 낱생명으로서의 인체는 외부 상황에 결정적으로 의존하는 의존적 성격을 가지는 반면, 온생명의 경우는 더 이상 외부에 의존하지 않고 그 자체만으로 생존해가야 하는 자족성을 가진다. 낱생명의 경우 외부와 물질과 에너지를 끊임없이 교환하지만, 온생명은 자체 안에서 제공되는 에너지를 활용할 뿐 아니라 사용하는 모든 물질적 요소들도 모두 자체 안에서 공급하므로 거의 완벽한 순환 구조를 이루게 된다. 인체의 경우에도 혈액 등의 순환 구조에서 보듯이 매번 새로운 물질들을 만들기보다는 있는 것을 거듭 사용하는 사례가 적지 않지만 기본적으로는 외부와의 관계를 통해 중요한 물질 성분을 얻게 되는 데 반해, 온생명의 경우는 그 엄청나게 긴 생애를 통해 항상 자체 내의 소재를 적절히 재사용하지 않으면 안 된다. 그러기 위해 이것은 매우 효율적인 순환 체계를 마련해야 하며, 실제로 그러한 체계가 놀랍게도 잘 작동되고 있다.

한 가지 예를 들어보자. 온생명 안에서 이루어지는 가장 기본적인 작업이 태양에서 에너지를 흡수한 후 이를 각종 낱생명의 생리 활동 에너지로 활용하는 일인데, 이 작업에 소요되는 물과 이산화탄소는 다음의 도식이 말해주는 바와 같이 하나의 이상적인 순환 체계를 이루고 있다.

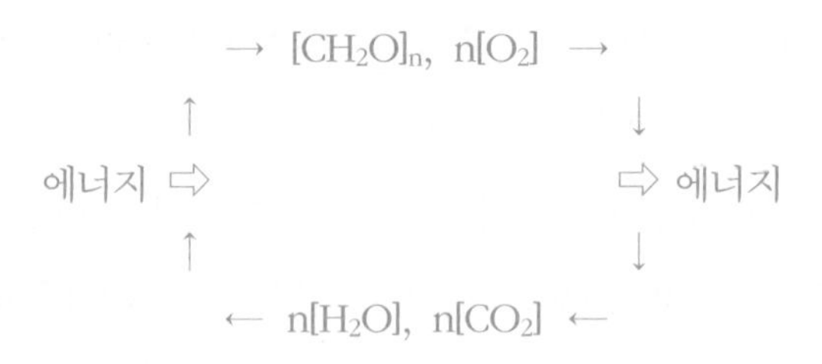

즉, 에너지를 흡수하는 광합성 과정에서 물(H_2O)과 이산화탄소(CO_2)가 결합하여 높은 에너지를 함유하는 유기물질($[CH_2O]_n$)과 산소(O_2)로 전환되고, 이들이 다시 각종 생물들의 생리 활동을 위한 에너지로 활용되는 과정에서 처음의 물(H_2O)과 이산화탄소(CO_2)로 되돌아간다.• 그러나 이것은 지극히 이상화된 사례를 말하는 것으로, 모든 물질이 이런 완벽한 순환 체계를 이루고 있는 것은 아니다. 중요한 점은 이러한 순환 체계를 잘 갖추고 있을수록 지속적 생존을 보장하는 정상적 생리에 가까운 것이며, 그렇지 못할수록 장기적 생존을 보장하기가 어려워진다는 사실이다. 이 점은 특히 온생명적인 삶을 추구하는 사람들이 온생명의 건강을 도모하기 위해 명심해야 할 중요한 사항이기도 하다.

• 여기서 유기물질을 $[CH_2O]_n$으로 표기한 것은 하나의 전형적 형태의 예시일 뿐이며, 실제로는 훨씬 다양한 탄소화합물의 중합체가 된다. 그러나 물과 이산화탄소의 순환 과정을 말하기 위해서는 이것으로 충분하다.

온생명의 생리와 인체의 생리 사이에 나타나는 또 한 가지 중요한 차이는 인체의 주된 구성단위가 세포들인 데 비해 온생명의 주된 구성단위는 생물종이라는 사실에 있다. 일반적으로 생물종의 생존 양식은 인체 내의 세포들이 지닌 생존 양식과 많이 다르며, 따라서 온생명 생리와 인체 생리 사이에 나타나는 차이를 살피기 위해서는 이 점에 대한 세심한 고려가 필요하다. 인체 내의 세포들은 그 활용 가능한 에너지를 주로 외부에서 흡수되는 영양물질에 의존하며 내부에서는 오직 이를 적절한 방식으로 분배하는 데에 그치는 반면, 온생명 안의 생물종들은 많은 경우 타 생물종들의 신체를 그 먹이로 한다. 특히 동물의 경우 거의 전적으로 식물 또는 여타 동물의 신체가 먹이로 활용된다. 이는 인체 세포들의 관점에서 보거나 사회 구성원인 인간의 관점에서 볼 때 매우 잔인한 생존 투쟁의 현장으로 인식될 수도 있다.

그러나 조금 넓은 관점, 즉 온생명 생리의 관점에서 보면, 이것 자체가 하나의 질서이자 조화일 수 있다. 여기서 개체의 신체는 반드시 노쇠를 거쳐 자연 수명을 다하는 것이 정상이거나 바람직한 것이 아니다. 오히려 생태적 조화를 위해서는, 심지어 자기 종의 번영을 위해서라도, 비교적 건강한 시기에 적절히 수명을 바치는 것이 최선일 수 있다. 원론적으로 이야기하자면 이것은 인간 사회에도 해당되며 신체 안의 세포 사회에도 적용되겠지만, 이 어느 것 하나를 기계적으로 다른 경우에 적용하는 것은 많은 위험이 있다.

이제 이러한 점들을 염두에 두고 이번에는 인체의 생리와 온생명 생리 사이의 공통점을 살펴보자. 우선 이들은 모두 독자적 정체성을 지닌 개체들의 정교한 협동을 통해 유지되고 있다. 사실 유기체를 이루는 하나하나의 세포들은 모두 그 자체로서 살아 있는 낱생명이므로 사람의 몸이라는 것은 이들 세포로 이루어진 하나의 사회나 다름이 없다. 그럼에도 이들 사이의 놀라운 협동을 통해 신체의 모든 기능이 정교하게 서로 맞물리면서 한 단계 높은 상위 개체로서의 정체성을 지탱해가는 것이 바로 건강한 유기체의 정상적 생리이다. 이와 유사하게 여러 층위의 낱생명들을 그 구성단위로 지니고 있는 온생명 또한 넓은 의미에서 이들의 사회에 해당하는 존재이며, 따라서 온생명의 건강한 생리 역시 이들 사이의 정교한 협동에 의존하게 된다.

그런데 여기서 주목해야 할 점은 모든 협동은 분업과 조화를 통해 이루어진다는 사실이다. 신체를 이루는 세포들은 모두 한 세포에서 출발한 복제물에 해당하는 것이지만 이들이 모두 적절히 분화되는 과정에서 여러 가지 기능이 다른 기관들을 구성하여 상위 개체를 이루게 된다. 이렇게 될 때 가장 중요한 점은 이들 모두의 관계를 가장 적절한 형태로 유지해야 한다는 것이다. 이것이 바로 각 부위 간에, 그리고 이를 구성하는 각 개체 간의 조화를 어떻게 이루어갈 것인가 하는 문제에 해당한다. 이러한 내외적 조화가 잘 이루어지는 것이 정상적인 생리이며 그렇지 못한 것이 바로 병적인 상황이다.

이 경우 이 유기체를 구성하는 하나하나의 개체 입장에서는 서로 다른 두 가지 요구를 만족시켜야 하는 과제가 부가된다. 그 하나는 일단 개체로서의 자신의 존재를 지속시켜 나가야 한다는 점이고, 다른 하나는 경우에 따라 자신의 존재를 포기하면서까지 전체 체계를 유지시키는 데 기여해야 한다는 점이다. 이것이 흔히 서로 상반되는 이기적·이타적 성품으로 나타나기도 하고, 경쟁과 협동이라는 서로 모순되는 행위로 표출되기도 하지만, 정상적 생리의 입장에서 보자면 이 둘은 결국 선과 악으로 나뉘는 성격이 아니라 두 가지가 다 필요한 것이며, 필요에 따라 이 둘이 각각 선택적으로 제 기능을 수행하게 된다. 여기서 중요한 것은 오직 이들 사이의 조화이다. 이 조화가 적절히 유지될 때 건강한 것이고, 그렇지 못할 때 병적인 상황이 된다.

8-3 온생명의 병리적 상황

이러한 맥락에서 우리는 유기체와 온생명의 정상적 생리와 병리적 상황을 구분해볼 수 있다. 유기체의 입장에서 보자면 정상적 생리에 문제가 발생했을 때 병리적 상황이 발생한다. 예를 들어 각 기능을 담당하는 어느 한 부위에 결함이 발생했을 때 두 가지의 가능한 결과가 뒤따를 수 있다. 그 하나는 이를 곧 보완하여 정상화 방향으로 이끌어갈 메커니즘이 작동하는 경우이며, 다른 하나는 이러한 기능의 결함이 정상적 생리를 방해하여 점점 더 불안정해지는 경우이다. 정상적 생리 상태에서는 약간의 결함을 자체의 능력으로 회복시킬 수 있으나, 그렇지 못할 경우에는 외부의 도움을 받아 병리적 치유를 시도하거나 아니면 사멸하게 된다.

인체의 생리와 온생명 생리 사이에서 찾아볼 수 있는 또 한 가지 중요한 유사점은 이 체계 안에 일정한 내적 안정성이 유지되어야 한다는 것이다. 실제로 유기체들이나 온생명이 놓이게 되는 바탕 상황은 늘 동일한 것이 아니며 때로는 주기적으로, 때로는 불규칙하게 일정한 폭 안에서 변하고 있다. 그러므로 유기체의 경우에는 자신의 생리적 구조 안에 이러한 외적 변화에 대응하여 스스로 내적 안정성을 유지하게 하는 여러 가지 메커니즘들이 작동되고 있다. 이를 흔히 동적 평형 또는 항상성homeostasis이라 부른다.

그 대표적인 사례가 인간을 비롯한 온혈동물이 자신들의 신체 안에 내장하고 있는 특이한 형태의 체온 유지 방식이다. 사람 몸에는 말하자면 혈액을 덥히는 보일러가 마련되어 있어서 거의 모든 계절에 이른바 체온이라는 특정의 온도를 유지하게 되어 있다. 이것이 중요한 것은 신체 내의 모든 활동이 이 안에 있는 다양한 화학반응에 의존하고 있는데, 이들 화학반응은 모두 온도에 민감해서 온도가 조금 달라지면 필요한 만큼의 반응을 일으키지 못할 뿐 아니라 심지어 역방향의 반응을 일으킬 수도 있기 때문이다. 물론 온혈동물이 아닌 경우에도 온도에 민감하기는 마찬가지지만, 이들은 거의 대부분 계절에 맞추어 그 활동을 달리하는 수동적 전략을 취한다.

그런데 이러한 온도 의존성은 온생명의 경우에도 그 정도만 달리할 뿐 예외가 아니다. 온생명 또한 온도에 의존하는 각종 자연현상에 바탕을 두고 있기 때문이다. 러브록은 그의 가이아 이론에서 온생명의 신체에 해당하는 가이아 역시 이러한 항상성을 지닌다고 하는 '가이아 가설'을 제기한 바 있다.[103] 이는 지구 생태계 안에는 태양으로부터의 에너지에 기복이 있는 경우에도 이를 자동적으로 조정하여 기온의 차이를 줄여주는 메커니즘이 작동한다는 것이며, 그는 이러한 메커니즘이 진화 과정을 통해 어떻게 출현했는지를 간단한 모형을 통해 설명하고 있다. 여기서 중요한 점은 이러한 가이아 가설의 입증 여부와 무관하게, 온생명의 생리 또한 온도에 크게 의존하고 있으며, 또 그럴 수밖에 없다는 사실이다.

다시 인체와의 유비를 생각하면, 인체의 경우 건강에 이상이 생기면 많은 경우 체온에 변화가 발생한다. 체온의 변화가 건강에 이상을 초래하지만, 건강의 이상이 체온을 변화시키기도 한다. 이것이 바로 환자가 병원에 들어서면 우선 체온부터 재게 되는 이유이다. 그런데 우리 온생명 안

표 8-1 1880년 이후 10번의 가장 더웠던 해들

연도	지구 전역	육지 표면	바다 표면
2010	0.6590	1.0748	0.5027
2005	0.6523	1.0505	0.5007
1998	0.6325	0.9351	0.5160
2003	0.6219	0.8859	0.5207
2002	0.6130	0.9351	0.4902
2006	0.5978	0.9091	0.4792
2009	0.5957	0.8623	0.4953
2007	0.5914	1.0886	0.3900
2004	0.5779	0.8132	0.4885
2012	0.5728	0.8968	0.4509

주: 1901년부터 2000년까지의 평균 온도인 13.9°C로부터의 °C 편차이며, 기록상 가장 추웠던 해는 1911년이었다.

자료: NCDC(National Climate Data Center) 기록.

에서 최근에 나타나는 매우 불길한 사태는 온생명체의 체온이라고 할 지구의 평균 기온이 크게 상승하고 있다는 사실이다. 사실 20세기 초까지만 해도 지구의 평균 기온에는 커다란 변화가 없었지만 20세기에 들어와 이른바 온실가스의 배출량이 크게 늘어나면서 지구의 평균 기온이 상승하기 시작했고, 특히 1980년 이후 가파른 상승 곡선을 그리고 있다. 예를 들어 지구 전체의 평균 기온을 체계적으로 관측하기 시작한 1880년 이후 2012년에 이르기까지 연평균 기온이 가장 높았던 해를 순위별로 나열해 보면 가장 더웠던 해 10개가 거의 모두 지난 몇 년 안에 들어 있음을 알 수 있다(〈표 8-1〉 참조).

이것이 바로 요즘 전 세계적인 관심사로 떠오른 지구 온난화 문제이다. 이것이 걱정스러운 것은 일차적으로 이러한 온도 변화가 전 지구적인 기후 변화를 초래해 생태계의 교란은 물론 농업을 비롯한 인간의 생존 기반에 막대한 영향을 미치리라는 것 때문이며, 그 구체적인 사례들이 최근에 빈번한 이상 기후를 통해 피부로 느껴질 만큼 나타나고 있다. 현재 초미의 관심사로 떠오른 것은 이러한 기온 상승이 더 이상 돌이킬 수 없는 한계선을 돌파할 것이냐 아니냐 하는 데에 모아지고 있다.

알려진 바에 따르면 현재 지구의 평균 표면 온도는 20세기 초에 비해 약 0.8°C 상승했고, 그 가운데 대략 2/3에 해당하는 상승이 1980년 이후에 나타났다. 이는 곧 지난 20~30년 동안에 가장 크게 상승했음을 말해주는 것이며, 역사상 가장 더웠던 해가 2010년이었다는 사실이 말해주듯이 지금도 급격한 상승의 과정에 있음을 알 수 있다. 이러한 문제에 대한 과학자들의 관심 또한 깊어서, 유엔의 지원 아래 전 세계의 과학자 수백 명이 참여하는 '기후 변화에 관한 정부 간 협의체IPCC: Intergovernmental Panel on Climate Change'에서는 그간 네 차례(1990년, 1995년, 2001년, 2007년)에 걸쳐 이 문제에 관한 매우 광범위한 보고서들을 제출해왔고, 현재는 2014년에 제출할 것을 목표로 제5차 보고서를 준비하고 있다.

특히 지난 2007년에 제출된 제4차 보고서에서는 앞으로의 기온 상승에 대한 두 가지 시나리오를 제시하고 있는데, 온실가스 방출을 최대한 자제할 경우 21세기 말까지 기온이 (20세기 초에 비해) 대략 1.1~2.9°C 상승할 것으로 보고, 그렇지 못할 경우에는 2.4~6.4°C까지 상승할 것으로 예상했다. 과학자들은 지구의 평균 기온이 (20세기 초에 비해) 2.0°C 상승하는 것을 돌이킬 수 없는 위험선으로 보는 데에 대체로 의견이 일치하고 있다. 이에 따라 각국 정부들 사이의 국제 협약 기구인 유엔기후변화협약UNFCCC에서도 기온 상승치를 최소한 2.0°C 이내로 줄일 것을 목표로 국제적인 노력을 기울이고 있지만, 각국 정부의 미온적인 협조 등으로 인해 그 실현 가능성에 이미 강한 의문이 제기되고 있다.

이처럼 지구 온난화 문제는 현재 발등에 떨어진 불과 같은 존재이지만 온도 상승을 막는 것만으로 문제가 해결되는 것은 아니다. 예를 들어 기온 상승의 주된 원인으로 꼽히는 것이 이산화탄소의 과잉 방출로 인한 대기 중의 이산화탄소 농도 증가인데, 이것의 효과는 비단 기온 상승에만 있는 것이 아니다. 대기 중에 이산화탄소의 농도가 높아지면 해수면에서의 이산화탄소 흡수율이 커지게 되고, 따라서 바닷물의 이산화탄소 함유율이 크게 증가한다. 바닷물의 이러한 이산화탄소 흡수는 대기 중의 이산화탄소 농도를 줄여주는 효과를 가져오기는 하지만, 동시에 바닷물의 산성화를 촉진시켜 산성에 약한 해양 생물들을 멸종시키는 효과를 가져온다. 이러한 효과는 다시 이를 먹고 사는 다른 해양 생물들을 멸종시켜 연쇄적인 멸종의 계기를 만들기도 한다. 최근에는 이러한 현상이 북극해에서 이미 가시화되고 있다는 보고가 나오고 있다.

상자 8-1 공룡의 멸종 사건

오랫동안 사람들은 공룡의 멸종 사건을 커다란 수수께끼로 생각했다. 수억 년에 걸쳐 지상에 번창하던 공룡이 대략 6,500만 년 전에 갑자기 멸종했는데, 그 이유가 도무지 분명하지가 않았다. 몸집에 비해 머리가 너무 작아 불균형을 이루어 멸종했다는 설도 있었고, 천재지변에 의해 멸종했다는 설, 심지어 인간의 선조인 당시의 소형 포유류들이 공룡의 알을 깨 먹는 기술을 개발해 이들을 멸종시키고 말았다는 설까지 있었다. 그러다가 약 30여 년 전인 1980년대에 이르러, 그 경위가 비로소 아주 소상히 알려지게 되었다. 그 내용의 줄거리를 요약하면 다음과 같다.

약 6,500만 년 전 어느 날, 직경이 10km에 이르는 초대형 운석이 무서운 속도로 날아와 우리 지구와 충돌을 일으켰다. 이 충돌로 인해 소행성(asteroid)이라고도 불리는 이 초대형 운석은 곧 산산조각이 나 먼지 가루가 되었고, 얻어맞은 지점 근처의 흙과 바위들도 함께 먼지 가루가 되어 지구 상공으로 날아올랐다. 이 충돌로 인해 주변에 넓게 퍼져 있던 나무들에 대규모 산불이 발생해 모두 불에 타버리면서 엄청난 연기가 대기 중으로 내뿜어졌다. 이렇게 발생한 흙먼지와 연기는 수년간이나 대기 중에 머물면서 태양에서 날아오는 햇빛의 대부분을 상공에서 흡수해버렸다. 햇빛의 90% 이상을 차단당한 지구 표면은 대낮에도 한밤중같이 어두워졌고, 기온은 날이 갈수록 떨어져 한여름에도 겨울과 같은 냉기가 맴돌았다.

이렇게 몇 년이 지나가면서 지구 전체는 얼음 덩어리처럼 차가워지고 식물의 생육이 거의 정지되고 말았다. 이렇게 되자, 몸집이 가장 크고 많은 먹이를 먹어야 하는 공룡부터 기아와 추위에 견디지 못해 사멸하게 되었고, 이들과 함께 수를 헤아리기 어려운 많은 생물종들이 멸종하고 말았다. 한 가지 분명한 것은 우리의 직계 선조들은 최소한 멸종은 피해 후손을 남겼고, 그렇기에 오늘 우리가 이 땅에 살아남아 이 엄청난 사건을 밝혀내는 데까지 성공했다. 그러나 당시 우리의 선조들은 오늘날의 우리 모습과는 전혀 달랐다. 그저 오늘날 우리가 보는 생쥐 정도 크기의 빈약한 초기 포유류로서, 체온을 자체적으로 공급하는 온혈 체계를 갖추고 있었던 덕에 살아남은 것이 아닐까 추측되고 있다.

그렇다면 오늘의 과학자들은 도대체 무엇을 근거로 공룡 멸종의 경위를 이렇게 시원스럽게 풀어낸 것일까? 수수께끼의 결정적 단서는 지구 전체에 깔려 있는 얇은 이리듐(iridium) 퇴적층을 확인하는 데서 나왔다. 원자번호가 77번인 이리듐(Ir^{77})이라는 원소는 지구상에서는 거의 볼 수 없는 희귀 원소이지만, 외계 천체들 가운데에는 이 원소를 듬뿍 담고 있는 것들이 더러 있다. 이제 가정을 해보자. 만일 6,500만 년 전에 지구와 충돌했던 외계 천체가 이리듐을 많이 함축한 천체였더라면, 충돌 후 이것이 가루가 되어 상공을 떠돌 때 그 먼지 속에는 상대적으로 많은 양의 이리듐 원소가 섞여 있었을 것이고, 그것이 몇 년의 기간에 걸쳐 천천히 지구 표면에 가라앉았을 것이다. 그러고는 그 후 오랜 세월이 지나면서 그 위에 다른 물질들이 쌓이고 당시의 흔적은 땅속 깊이 묻혔을 것이다. 만일 이것이 사실이라면 공룡이 마지막으로 묻혀 화석을 이루는 6,500만 년 전의 지층에는 지금도 이 이리듐 흔적이 남아 있으리라는 추정을 해볼 수 있다.

그런데 현대 지질학자들이 지층을 탐색해본 결과, 놀랍게도 전 세계의 모든 지점에서 6,500만 년 전 지층에 이리듐 함량이 높은 얇은 층이 균일하게 깔려 있다는 것을 알게 되었다. 또 이 얇은 층에서는 탄소 함량이 비정상적으로 높다는 사실도 확인되었는데, 이것은 당시 대형 화재에 의한 연기가 공기 중을 떠돌다가 함께 가라앉은 흔적이다. 그리고 곧이어 이 소행성이 충돌한 지점까지 확인되었다. 북아메리카 유카탄 반도에 있는 멕시코 만에 초대형으로 움푹 파여 나간 지점이 있는데, 과학자들은 이것이 바로 그 충돌 지점이라고 말하고 있다.

8-4 생물종의 멸종과 온생명의 생존 위기

우리가 지구상에서 겪고 있는 이러한 현상들은 우리 온생명이 현재 정상적 생리를 벗어나 병리적 상황에 놓이게 된 것이 아닌가 하는 강한 의구심을 가지게 한다. 이 점을 확인하기 위해 인체의 생리와 온생명의 생리 사이에 존재하는 또 다른 유사점을 살펴보기로 하자.

인체를 비롯한 유기체를 이루는 주된 구성단위들이 세포라고 한다면, 이에 해당하는 온생명의 주된 구성단위는 생물종이다. 그러나 유기체를 이루는 세포들은 일반적으로 유기체처럼 긴 수명을 가지는 것이 아니다. 세포의 종류에 따라 다르기는 하지만 성숙한 유기체 안의 세포들은 일정한 시간이 지나면 노쇠하여 사멸하고 새로 생긴 다른 것으로 교체된다. 그러나 건강한 신체 안에서는 이러한 세포들이 사멸하는 비율과 새로 생겨나는 비율이 대체로 비슷하여 상당한 기간 동안 전체 세포의 숫자에는 커다란 변동이 없다. 만약 성인의 신체 안에서 이러한 사멸과 생성의 비율에 커다란 변화가 생긴다면 이는 거의 틀림없이 병적인 상황이라 할 수 있다.

표 8-2 생물의 분류 체계

생물의 분류 단위는 종(種) 이외에도 이보다 상위 단위로 속(屬), 과(科), 목(目), 강(綱), 문(門), 계(界) 등 여럿이 있다. 이것에 대해서는 일반인들도 알고는 있으나, 이를 늘 기억하기는 어려워 혼란을 겪는 일이 종종 있다. 따라서 여기서는 국문과 영문으로 이를 순차적으로 정리하고 그 하나의 사례로서 인간이 속한 단위의 명칭을 제시하여 이해를 돕고자 한다.

계(界, kingdom)	동물계(Animal Kingdom)
문(門, phylum, division)*	척색동물문(Chordata)
강(綱, class)	포유강(Mammalia)
목(目, order)	영장목(Primates)
과(科, family)	사람과(Hominidae)
속(屬, genus)	호모속(Homo)
종(種, species)	사피엔스종(sapiens)

* 식물학에서는 'phylum' 대신 'division'을 쓴다.

이 점은 온생명의 경우에도 비슷하다. 일정한 정도로 성숙한 단계에 있는 온생명 안에서는 이미 존재하던 생물종이 멸종하기도 하고 또 없던 생물종이 새로 출현하기도 한다. 이것은 자연스러운 일이며 건강한 온생명 안에서는 이 비율이 대체로 비슷하여 상당한 기간 동안 생물종의 전체 숫자는 크게 달라지지 않는다. 그러니까 만일 생물종들이 급격히 줄어들어 전체의 생태적 균형이 깨진다면 이는 곧 병적인 상황을 의미한다. 그리고 만일 전체 생물종 가운데 상당한 비율, 예컨대 70~80%에 해당하는 생물종이 상대적으로 짧은 시간 안에 멸종해버린다면, 이는 온생명 자체의 생존에 위협을 느낄 극히 위험한 상황이라 할 수 있다.

그런데 우리 온생명의 경우, 지난 수억 년의 시간을 거쳐 오는 가운데 이러한 의미의 초대형 멸종 사건을 적지 않게 겪어왔다. 지구상의 생명은 대략 40억 년 전에 출현된 것으로 보고 있지만 지금부터 약 6억 년 전인

캄브리아 시기 이전에는 오늘날과 같이 각양각색의 형태를 갖춘 생명체들이 아니라 대략 단세포 생물에 가까운 모습을 지니고 존재했다. 그러다가 캄브리아 시기 이후 본격적인 다세포 생물들이 등장하면서 수많은 다양한 생물종으로 분화하여 오늘에 이르고 있다. 그러나 알려진 바에 따르면 이 기간에 생물종들은 항상 연속적인 변화만을 거쳐 온 것이 아니라 적어도 다섯 번에 걸친 초대형 멸종 사건들이 있었다.

다음의 〈그림 8-1〉은 해양 동물들이 그동안 겪어온 멸종 사건들을 보여준다. 여기서 가로 축은 지나간 시간을 100만 년 단위로 나타낸 시간 축이며, 세로 축은 일정 기간의 구간 안에 멸종한 해양 동물 과科의 수이다. 이 데이터는 화석 기록에 나타난 것들만으로 한정되었지만 이것만으로도 역사상에 나타난 멸종 사건들의 규모를 미루어 짐작할 수 있다.

〈그림 8-1〉에서 보는 바와 같이 이들 가운데 가장 컸던 멸종 사건은 대략 2억 5,000만 년 전에 있었던 이른바 P-Tr 멸종 사건이다. 이로 인해 당시 해양 동물 종의 90%, 지상 척추동물 종의 70%, 지상 식물 종의 90% 이상이 멸종한 것으로 여겨지고 있다. 이것은 초대형 운석이 지구에 충돌하고 이것이 다시 지진과 화산 등을 유발해서 발생한 것으로 보이지만 아직 충돌한 운석의 크기라든가 충돌 지점 등은 밝혀지지 않고 있다.

그다음 두 번째로 컸던, 그리고 사실상 가장 유명한 대참사는 6,500만 년 전에 있었던 이른바 K-T 멸종 사건인데, 이때 공룡을 비롯한 수많은 생물종들이 이 땅에서 영구히 사라졌다. 이 사건의 경과는 비교적 상세히 밝혀지고 있는데(〈상자 8-1〉 참조), 이것은 직경 10km에 이르는 대형 운석이 멕시코 동남부 유카탄 반도 앞바다에 충돌하면서 발생했다. 이 엄청난 큰 충돌과 연달아 일어난 화재로 인해 대기 중에는 짙은 먼지 구름이 끼어 수년간 햇빛의 90% 이상을 차단했고, 이 때문에 지구 전체가 꽁꽁 얼어붙

그림 8-1 시간에 따른 해양 동물 과(科)의 수 변화

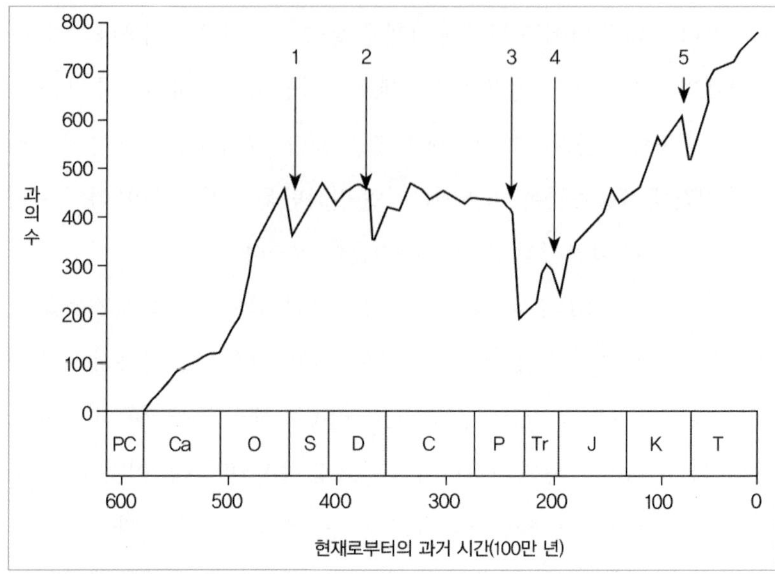

주: 셉코스키가 지질시대별로 해양 동물 과의 수를 그래프로 제시한 모식도이다.
선캄브리아대: PC(선캄브리아대)
고생대: Ca(캄브리아기), O(오르도비스기), S(실루리아기), D(데본기), C(석탄기), P(페름기)
중생대: Tr(트라이아스기), J(쥐라기), K(백악기)
신생대: T(제3기)

자료: J. John Sepkoski, Jr., "Ten Years in the Library: New Data Confirm Paleontological Patterns," *Paleobiology*, Vol.19, No.1(1993), pp.43~51. Michael Boulter, *Extinction: Evolution and the End of Man* (Columbia University Press, 2002), p.51 [마이클 볼터, 『인간, 그 이후: 진화와 인간의 종말』, 김진수 옮김(잉걸, 2005), 96쪽] 재인용.

어 식물의 생육이 어려워졌다. 그 결과 이들을 먹고 살아가던 많은 생물 종들은 더 이상 버텨낼 수가 없게 된 것이다. 그나마 한 가지 다행스러운 일은 우리 인간의 직계 선조들은 이러한 대참사 속에서 용케 살아남아 오늘날 우리가 이 땅에서 이렇게 살아가게 해주었다는 점이다. 6,500만 년 전 이 멸종 사건 당시, 우리의 직계 선조는 요즘의 생쥐 정도의 크기밖에 되지 않은 연약한 포유류였는데, 이들에게는 오히려 이 사건이 전화위복

의 계기로 작용했다. 이로 인해 그 무섭던 공룡들이 사라지고 이후 포유류의 전성시대가 도래했기 때문이다.

이런 두 개의 대형 멸종 사건 외에도 4억 9,000만 년 전, 3억 7,000만 년 전, 2억 800만 년 전에 이것들에 버금가는 멸종 사건들이 있었고, 그 외에도 크고 작은 멸종 사건들이 있었음을 우리는 지금 화석 기록들을 분석해 밝혀내고 있다. 그렇다면 이것들은 외계 물체와의 충돌을 비롯한 우연한 사고에 의해 발생한 온생명의 단순한 외과적 질환이었는가, 아니면 이러한 어려움을 겪어야 할 좀 더 심층적인 이유가 있었던 것인가?

이 점과 관련해 우리가 생각해봐야 할 의미 있는 단서가 최근에 나왔다. 그것은 온생명의 생리적 구조 안에 이미 이러한 일이 발생하게 될 근본적 취약성이 들어 있다는 이야기이다. 앞(6-4절)에서 말한 것처럼 온생명 또한 자기 조직화 임계성의 적용을 받는 구조를 지니고 있으며, 이 임계성이 지닌 고유한 특성에 의해 사소한 충격이나 불균형에도 막대한 격변을 겪게 될 운명을 지녔다는 것이다. 결국 온생명이 겪어온 이러한 재앙적 사건은 단순히 외형적 사고에 의한 외과적 질환만이 아니라 온생명 자체가 지닌 구조적 취약성의 결과라는 점을 받아들이지 않을 수 없다.

그렇다면 우리는 이를 오직 숙명적으로만 받아들여야 할까? 반드시 그렇지는 않다. 이러한 대격변은 전체 계의 광역적 속성에 기인하는 광역적 규모의 현상이지만, 이것이 근본적으로는 그 계를 구성하는 성분들 사이의 국소적인 상호작용에 기초를 두고 있다. 그렇기 때문에 광역적 현상의 통계적 특성에는 달라지는 것이 없다 하더라도 국소적인 상황은 참여하고 있는 행위자들의 내적인 조작에 의해 크게 바뀔 수가 있다. 가령 인간 종을 포함하는 온생명의 한 주요 부분이 파괴될 것인지, 아니면 그와 상대적으로 멀리 떨어진 어떤 다른 부분이 비극을 맞게 될 것인지는 지적인 조작이 가능한 국소적 상황에 따라 달라질 수도 있다는 것이다. 그러므로 이미 이런 것을 의식하게 된 인간에게는 최소한 인간이 생각하는 주요 부분만이라도 구제할 길이 열려 있는 셈이다.

그런데 현재의 상황은 인간의 이러한 순기능을 기대하기보다는 오히려 역기능을 더 우려해야 할 처지이다. 인간은 지금 외계로부터 닥쳐올 수 있는 이러한 참사를 막는 작업에 기여하고 있기보다는 오히려 인위적인 대참사를 만들어내고 있다. 우리는 앞에서 6,500만 년 전 K-T 멸종 사건 당시 연약한 포유류였던 인간의 직계 선조가 용케 살아남았을 뿐 아니라 오히려 이 사건이 전화위복의 계기로 작용했다는 이야기를 했다. 보기에 따라서는 오히려 하늘의 뜻이 우리 포유류로 하여금 오늘과 같은 번영을 누리게 하기 위해 그런 과정을 거치게 했던 게 아닌가 하는 생각마저 들 정도이다. 이런 절묘한 사건이 없었던들 인간이 오늘과 같은 삶을 누릴 수 있었을 것이며, 또 오늘과 같은 문명을 이룰 수 있었겠는가? 그런데 최근 놀라운 사실 하나가 드러났다. 이렇게 축복받은 우리 포유류가 빠른 속도로 멸종되고 있다는 사실이다.

약 10년 전에 출간된 마이클 볼터Michael Boulter의 『인간, 그 이후: 진화와 인간의 종말Extinction: Evolution and the End of Man』104이 말해주는 바에 따르면, 지난 30만 년 이후 나타난 우리 포유류의 종 다양성 변화 곡선은 6,500만 년 전 대멸종 사건 때의 공룡의 종 다양성 변화 곡선과 그대로 닮아 있다(〈그림 8-2〉 참조). 이 사실이 놀라운 것은, 공룡의 경우 6,500만 년 전 초대형 운석 충돌이라는 엄청난 사건 때문에 그런 갑작스러운 멸종이 일어났는데, 근대 포유류의 경우 그런 아무런 사건도 나타나지 않았는데도 똑같은 멸종 곡선이 그려진다는 점이다. 물론 기후 변화라든가 크고 작은 천재지변이 없었던 것은 아니지만, 이런 것은 어느 때도 있었고 이

그림 8-2 시간에 따른 포유류 과(科)의 수 변화

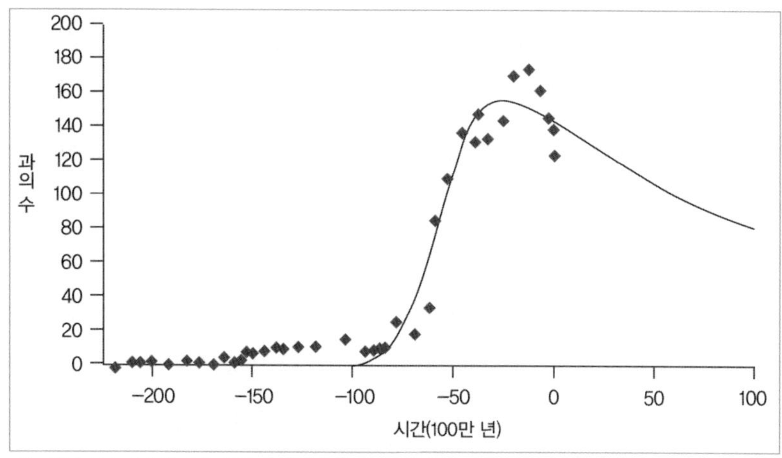

주: 실선으로 나타낸 것은 상황이 정상적일 때의 예측 곡선이다.

자료: Michael Boulter, *Extinction: Evolution and the End of Man* (Columbia University Press, 2002), p.153 [마이클 볼터, 『인간, 그 이후: 진화와 인간의 종말』, 김진수 옮김(잉걸, 2005), 242쪽].

로 인해 나타날 변화의 곡선은 그 모습이 이것과는 전혀 다른 것이다. 그러므로 이것에 대해 가능한 유일한 설명은 이것이 바로 인간의 개입에 의해 나타나는 현상이라는 것이다.

물론 최근 인간이 많은 생물종의 멸종에 기여했다는 것은 누구나 인정해온 사실이지만 이것은 길어야 지난 1만 년 이래의 일이라고 보아왔는데, 지난 30만 년 전부터 이미 인간이 생물종 가운데서도 바로 우리 자신이 속하고 있는 포유류의 멸종에 이렇게 깊이 관여해왔다는 사실은 몹시 놀라운 일이다. 40억 년 생명의 역사상 처음으로 인간은 과거의 초대형 자연 참사가 일으키던 일을 대신하여 자신이 속해 있는 생물 강綱, 즉 포유강哺乳綱 전체를 멸절시키는 생물종이 되고 있다. 여기서 각별히 관심을 기울여야 할 점은 이것이 흔히 거론되고 있는 근대 기술 문명의 소치가 아니라 지난 30만 년에 걸쳐 인간의 문명을 구축해온 인간의 본성 그 자체에 바탕을 두고 있다는 사실이다. 마이클 볼터는 이것이 기본적으로 인간의 공격성과 이기적 성품에 바탕을 두고 있다고 말한다. 이것이 이러한 인간의 본성에 바탕을 두고 있다는 것은 그 자체를 쉽게 수정할 수 없으리라는 점에서 매우 심각한 문제를 야기하고 있다.

사람에 따라서는 이것을 그렇게 심각한 문제로 보지 않을지도 모른다. 우리가 설혹 포유강에 속하는 대부분의 생물종을 모두 멸종시킨다 하더라도 우리 자신이 속한 인류와 우리의 먹이로서 극히 긴요한 몇몇 생물종만은 남겨놓지 않을까 하는 생각이다. 인간의 행위 자체가 본래 인간을 위하자는 것이었고, 또 그 숫자에 있어서도 인류가 지나치리만큼 크게 번성을 하고 있는 상황에서, 이것은 가능한 시나리오로 보일 수도 있다. 그러나 결과는 그 반대로 낙착될 공산이 크다. 이미 포화된 인구로 인해 기후 변화 등 약간의 이변이 발생하더라도 피해를 볼 사람들이 지구상에는 엄청나게 많다. 이것은 곧 많은 지역에서 물 부족(가뭄), 물 과잉(홍수), 기아, 질병, 전쟁 등으로 이어질 것이고, 이렇게 해서 피해를 보는 사람들은 가만히 앉아서 당하지만은 않을 것이다. '우선 사람부터 살고 보자'는 기치 아래 주변 생태계를 손상시키면서라도 생존 수단을 찾으러 나설 것이고, 이렇게 해서 손상된 생태계는 다시 이들의 생존 여건을 더 어렵게 만들 것이다. 다시 사람들은 이것을 극복하기 위해 생태계를 더 쥐어짜게 될 것이고, 이러한 악순환은 결국 더 이상 파손될 생태계가 남지 않을 때까지 가서야 끝이 날 것이다.

근대에 이르러 인간이 얻게 된 산업 기술 능력도 이를 해결하는 데에 별 도움이 되지 않고 있다. 이 기술적 능력에 힘입어 생태계는 오히려 더 크게 변형되고 멸종의 속도는 더 빨라지고 있다. 멸종의 범위도 포유류를 넘어 모든 생물종에 이르고 있으며, 이미 지난 다섯 번에 걸친 초대형 멸종 사건에 버금가는 대규모의 멸종 사건이 진행되고 있다. 생태생물학자 에드워드 윌슨Edward Wilson에 따르면 현재 생물종들의 멸종 속도는 정상적 멸종 속도의 1,000배에서 1만 배에 이른다고 한다. 또 그는 2030년까지 동식물 종의 1/5이 멸종할 것이고, 2100년까지는 동식물 종의 절반이 멸종하리라 예상한다.[105] 이러한 멸종은 지구 생물종의 보고로 알려진 열대우림 속의 생물에게도 예외가 아니다. 윌슨의 추정에 따르면 열대우림 전체 안에 있는 총 1,000만 종의 생물종 가운데 연간 2만 7,000종, 하루 74종이 멸종하고 있다. 이러한 추세로 간다면 이 또한 400년 이내에 모두 사라진다는 이야기이다.[106]

이 사태가 얼마나 심각한가를 알기 위해 오늘날 이 생물종의 멸종 속도가 얼마나 빠른지를 잠깐 가늠해볼 필요가 있다. 앞에서 온생명의 수명은 인체 수명의 대략 1억 배에 해당한다는 이야기를 했고, 온생명 안에서 생물종들이 하는 역할이 사람 몸 안에서 세포들이 하는 역할과 흡사하다는 말도 했다. 그렇다면 생물종의 이러한 멸종 속도는 인간 세포의 사멸 속도와 비교할 때 어떠한 정도에 해당할까? 오늘날의 추세로 간다면 길게 잡아 400년 이내에 모든 생물종이 사라진다고 하는데, 온생명 생애에서 400년이란 시간은 사람 생애에서 2분에 해당하는 기간이다. 그러니까 이를 사람의 몸으로 보자면 앞으로 2분 이내에 살아 있는 세포가 모두 사라진다는 이야기이다. 이는 아직 수명 50년을 더 남겨두고 있는 사람에게 얼마나 엄청난 선고인가?

흔히 오늘날의 이 멸종 사태를 두고 여섯 번째 초대형 멸종 사건이라 부르기도 하는데, 이번 멸종 사건은 분명히 앞선 다섯 번의 멸종 사건들과 그 성격을 달리한다. 앞선 다섯 번의 경우 대체로 초대형 외계 운석의 충돌 또는 이에 버금가는 지구상의 자연재해에 일차적인 원인이 있으나, 오늘의 이 멸종은 그 원인이 오로지 인간의 행위에 있다. 그러니까 온생명이 겪은 기존의 질환은 모두 외부 충격에 따른 외상外傷에 해당하는 것이었다고 한다면, 오늘의 질환은 온생명의 어엿한 한 구성원인 인간의 과잉 번영에 의한 내과적內科的 질환에 해당하는 것이다.

물론 이런 급격한 멸종 사건이 바로 온생명의 사멸로 이어진다는 것은 아니다. 지난 다섯 번에 걸친 멸종 사건들을 우리 온생명은 대체로 잘 견뎌냈다. 그러나 앞선 다섯 번의 경우는 모두 외상에 해당하는 것이었으므로 급격한 상처를 입고 또 비교적 신속히 회복되었지만, 지금 우리의 경우는 그 원인이 내부에 있는데도 이런 급격한 멸종이 진행된다는 점에 주목해야 한다. 앞에서 잠깐 이야기한 것처럼 이는 암세포들의 과잉 번영에 따른 암적인 질환에 해당한다. 암세포들이 과잉으로 성장하면서 주변의 거의 모든 정상 세포들을 소멸시켜 나가는 무서운 상황에 도달한 것이다. 이것이 바로 내과적 질환이 가지는 특징이며, 이것이야말로 내과적 처방이 마련되지 않고는 치유되기 어려운 예외적인 사건이다.

8-5
새 생명 윤리의 모색

그렇다면 이러한 문제에 대한 해결 방안은 없을까? 앞에서 말했던 것처럼 이러한 일들은 인간의 단순한 실수가 아니라 인간 안에 깊숙이 내재된 본성에 바탕을 두고 있다는 점에서 단순한 일깨움을 통해 해결될 문제는 아닌 듯하다. 그래도 우리가 여기서 한 가지 기대를 걸어볼 수 있다면, 인간은 자신의 본성까지 반성적으로 검토할 수 있는 지적 능력을 지니고 있다는 점이다. 이러한 능력을 잘 활용한다면 인간은 본능적 행위마저 규제할 인위적 장치를 마련해낼 수도 있을지 모른다. 이런 점에서 우리가 떠올릴 수 있는 것이 바로 생명 윤리이다. 생명 윤리라 함은 우리가 생명을 대할 때 우리 본성 안에 잠재하는 공격적이고 이기적인 성품을 자제시킬 사회적으로 합의된 행위 규범을 말한다. 그러나 단순한 사회적 합의만으로는 실효성을 지닌 생명 윤리를 기대하기 어렵다. 이것이 우리 모두가 함께 느낄 수 있는 보편적 가치 의식에 바탕을 두지 않고는 이를 함께 수행해낼 실천 의지를 모으기가 어렵기 때문이다.

그렇다면 우리는 이러한 가치 의식을 어디서 찾을 것인가? 여기서 우리는 누구도 부정할 수 없는 기본 가치로서 우리 각자가 이미 지니고 있는 생명 가치에 주목하게 된다. 자신의 생명 가치를 부정하고는 그 어떤 가치도 이루어낼 수 없을 것이므로 이 가치야말로 모든 가치에 우선하는 선행 가치라 할 수 있다. 그리고 일단 우리가 자신의 생명 가치를 인정한다면 다른 이의 생명 가치도 인정하지 않을 수 없다. 남과 나 사이에 차별을 둘 합리적 이유가 없기 때문이다. 하지만 심정적으로는 여전히 남의 생명을 내 생명만큼 소중히 여기기가 어렵기 때문에 우리는 이러한 격차를 윤리적 당위를 통해 메워 나간다.

그러나 낱생명 중심의 생명관에 바탕을 둔 이러한 생명 가치는 곧바로 자기모순에 빠지면서 윤리적 당위로서의 힘을 잃고 만다. 먼저 낱생명 중심의 생명 가치가 사람이 아닌 동식물의 생명에도 적용될 수 있는지 생각해보자. 우리가 낱생명을 본질적 의미의 생명이라 인정하는 한, 살아 있는 모든 것의 생명에 대해 어떤 원칙적인 차별도 가할 수 없다. 그런데 여기에는 당장 두 가지 어려움이 놓이게 된다. 하나는 도대체 어떤 것이 생명을 가진 것이고 어떤 것이 생명을 가지지 않은 것인가 하는 점이고, 다른 하나는 좀 더 현실적인 문제로서 우리는 기본적으로 생명을 지닌 다른 생명체들을 '식품'으로 취해야 살아갈 수 있다는 점이다.

사실 이러한 문제는 지금까지 무의식적으로 받아들여온 낱생명 중심의 생명관을 통해서는 풀어낼 방법이 없다. 적어도 현대 과학의 시각에서 보면 동물과 식물, 심지어 박테리아까지도 대등한 생명체라고 봐야 하는데, 이들을 모두 대등한 존재로 보아 동등한 취급을 할 수도 없고, 그렇다고 그렇게 하지 않을 어떤 원칙적인 이유도 찾을 수 없는 난감한 처지에 놓이게 된다. 하나의 대안으로 취한다는 것이 고작 인간의 생명만이 진정으로 소중하고 나머지는 모두 도구적 가치만을 가진다고 보는 인간 중심적 관점이지만, 이것이 바로 오늘의 생명 위기를 불러온 주범임을 우리는 이미 잘 알고 있다. 그뿐만 아니라 생명 가치에 대한 이러한 임의적 구분은 다시 어디까지를 인간으로 봐야 하느냐를 문제로 놓고 끝없는 분쟁에 시달리고 있다.

말할 것도 없이 이러한 혼란은 결국 우리가 지금까지 생명의 모습을 잘못 파악했던 데서 온다. 생명이라는 것은 하나하나의 낱생명들 안에 들어 있는 그 무엇이 아니라 이 전체를 연결하는 온생명 안에 들어 있는 것인데, 지금까지는 이 점을 제대로 파악하지 못했던 것이다. 이미 여러 번 지적했듯이 생명의 바른 모습을 보기 위해서는 온생명과 이 안에서 이에 의존해 생명 활동을 해나가는 낱생명들을 함께 보아야 한다. 사람의 생명이 사람 세포 하나하나 안에 들어 있다고 보는 것이 적절하지 않듯이, 진정한 의미의 '생명'은 하나하나의 낱생명들 안에 들어 있는 것이 아니라 온생명 안에 들어 있는 것이다.

이제 우리가 이 점을 인정한다면, 우리는 생명의 가치에 대해서도 지금까지와는 다른 새로운 이해에 도달하게 된다. 우리가 자신의 생명, 즉 자신에게 부여된 낱생명에 대해 그 어떤 기본적 가치를 인정한다면, 이를 포함하는 더 큰 의미의 생명인 온생명에 대해서는 최소한 이보다 한 차원 높은 가치를 인정하지 않을 수 없다. 내 손가락 하나의 안위가 중요하다면 내 몸 전체의 안위는 그것보다 더 중요한 것으로 인정해야 하는 것이다. 이렇게 말한다고 해서 '생명'으로서의 '내' 가치가 조금도 줄어드는 것이 아니다. 온생명 그 자체가 내 밖에 있는 그 무엇이 아니라 '작은 나'를 포함하는 더 큰 의미의 '나'이므로, 온생명 가치가 고양될수록 내 생명 가치가 고양되는 것이다.

이처럼 우리가 일단 상위 가치로서의 온생명 가치를 인정하고 나면 개별 낱생명들이 지니는 기능적 차이도 인정할 수 있게 된다. 이들은 모두 온생명 안에 들어 있는 것이어서 온생명이 지닌 상위 가치를 공유하고 있으면서도, 그 역할에 있어서 서로 간에 차이를 지니게 되기 때문이다. 예를 들어 어떤 낱생명은 다른 낱생명들을 돕거나 심지어 그들의 먹이가 되어주면서도 온생명 안에서 다 함께 소중한 것으로 인정받게 된다. 온생명의 주체 입장에서 볼 때, 이 모두는 소중한 내 몸의 부분들이다. 내 몸의 일부이므로 몸을 관리하는 입장에서는 각 부위에 대해 그 기능에 따른 적절한 대우를 해주게 된다. 경우에 따라 몸의 일부를 도려내는 작업도 하게 되지만, 이때에도 '몸을 자르는 아픔'을 수반하면서 하게 된다.

우리가 일단 온생명 중심의 이러한 생명 가치를 받아들인다면 생명 윤리 또한 이를 바탕으로 새롭게 설정할 수 있다. 지금까지 우리는 개별 낱생명 가치에 바탕을 둔 윤리 규범을 생각해왔다면 이제는 온생명 가치, 곧 온생명의 안위에 초점을 맞춘 윤리 규범을 설정해야 한다. 이렇게 볼 때 우리가 우려해야 할 가장 심각한 문제는 온생명을 파손하는 인간의 행위 그 자체이다. 멸종 위기의 생물들을 남획하는 행위를 포함하여 이들의 서식처를 파괴하는 행위, 그리고 이 모두가 함께 살아갈 환경 여건을 훼손하는 행위가 모두 여기에 속하는 것이다. 물론 우리는 이러한 일들이 우리의 물질적 생존 여건을 향상시키기 위해 불가피하다는 이유를 제시할 수도 있다. 그러나 우리는 과연 이러한 물질적 여건 향상이 생명 그 자체를 희생시키고 얻어야 할 만큼 소중한 것인지를 되물어야 한다. 인류는 몇십만 년을 자동차 없이 살아왔고 지구 생명은 몇십억 년간 태양에너지만으로 생존을 유지해왔다. 그런데 우리는 지금 몇십억 년의 기간을 거쳐 이루어낸 소중한 생태적 질서를 인공 에너지와 인공 이동 수단을 위해 무너뜨리고 있다. 여기서 과연 어느 것이 더 소중한지를 우리는 현명하게 판단해야 한다. 만일 이 판단 자체가 잘못되면 인류는 물론이고 지구상의 주된 생명붙이들이 영구히 사라져버리고 말 것이기 때문이다.

여기서 우리가 주의해야 할 점은 이러한 새 가치관을 정착시킬 때 낱생명의 경우와는 다른 온생명 자체의 생리에 대한 철저한 이해가 수반되어야 한다는 것이다. 우리는 앞에서 온생명 생리와 유기체 생리 사이의 유사성에 주목하여 온생명의 생리에 대한 몇몇 유익한 단서들을 찾아냈지만, 이것 못지않게 이들 사이의 차이점에 주목하여 부당한 일반화의 오류에 빠지지 말아야 한다. 예를 들어 자족적 성격이 강한 온생명에서는 소요되는 모든 물질적 소재를 자체 공급해야 하므로 되도록 완벽한 순환 구조를 이루어가야 하는데, 이러한 점 또한 생명 가치와 생명 윤리 안에 반영되어야 한다.

그리고 또 온생명의 주된 구성단위가 단순한 세포나 유기체들이 아니라 생물종들이라는 사실에 유의하여 이들에 적합한 생명 가치와 생명 윤리를 찾아내야 한다. 이미 언급했듯이 생물종들은 타 생물종들의 신체를 그 먹이로 한다. 이를 인간이나 사회 구성원들의 관점에서 보면 잔인한 생존 투쟁으로 볼 수 있지만, 온생명 생리의 관점에서 보면 이것 자체가 하나의 질서이자 조화이며 나름의 협동 방식이기도 하다. 예를 들어 작물을 보살피는 농부의 경우, 그는 작물을 사랑하되 사람을 사랑하는 방법으로가 아니라 작물이 살아가기 좋을 방법으로 보듬어야 한다.

이 점과 관련하여 성경에 나오는 '선한 목자'의 비유를 보자. 언뜻 생각하면 양을 사랑하는 목자의 사랑은 위선으로 보인다. 목자가 아무리 양들을 사랑한다고 말하더라도 결국 그는 양을 잡아 식품이나 가죽으로 활용할 것이기 때문이다. 그러나 생태적 관점에서는 이를 꼭 '선하지 않은' 행위로만 볼 수 없다. 오히려 건강하고 '행복한' 생애를 보내다가 최적의 순간에 가장 보람된 일로 그 생애를 마감하도록 하는 것이 가장 '자애로운' 자세일 수도 있기 때문이다. 사실 우리가 '생명 윤리'라는 것을 온생명에 대한 고려 없이 낱생명 중심의 단일한 행동 규범으로 설정할 경우 많은 문제가 발생한다. 온생명을 고려한 생명 윤리를 생각한다면, 이 모든 생명을 '내 몸'으로 생각하면서도 각각의 생물종에 대해 그 본연의 생태적 성격을 최대한 존중하여 이에 가장 적절한 대우를 해나갈 방책을 마련해야 한다.

상자 8-2 생명 조작과 인공생명

이제 이러한 고찰을 바탕으로 요즘 관심사가 되고 있는 생명 조작의 문제를 어떻게 봐야 할지 잠시 생각해보자. 생명 조작이라는 것은 온생명의 자연스러운 생리에 반하여 인간이 의도적으로 특정 형태의 낱생명을 유전자 차원에서 조작해내는 행위로 규정할 수 있다. 어느 면에서 인류는 최근의 유전공학적 생명 조작 이전에도 이미 간접적으로 이러한 조작들을 해왔다. 농경 생활이 시작된 이래 인간은 우연히 발생한 특정의 생물종들을 선택적으로 사육함으로써 오늘날 우리가 식품 등으로 활용하는 대부분의 사육 동식물들이 생겨나는 데 기여했으며, 좀 더 근래에는 육종학이라 하여 의도적인 교배 기법 등을 활용해 많은 '신종'들을 좀 더 효과적으로 만들어낸 것이 사실이다. 최근의 유전공학적 생명 조작이 이것과 다른 점이 있다면, 이는 오직 유전자의 분자 배열을 직접 조정해가며 이러한 작업을 수행한다는 것이다.

그러므로 만일 최근의 생명 조작이 문제가 된다면 같은 이유로 인간이 정착하여 동식물들을 사육해온 모든 과정이 문제가 될 것이고, 사실상 인류의 '원죄'는 거기에까지 뻗친다고 볼 수도 있다. 온생명 차원에서 보자면 생물종의 변전(變轉) 그 자체가 문제되는 것은 아니다. 생물종은 어차피 변전할 수밖에 없는 것이며, 적정의 변전을 통해 온생명이 성장해가는 것 또한 사실이다. 그러나 이러한 변전 자체가 온생명의 전반적인 생리에 거슬린다면 문제가 된다. 따라서 우리가 던지게 되는 물음은 인간의 농경 생활 이후 발생한 엄청난 생태계적 변형이 과연 온생명의 건강한 생리에 부합되는 것인가 하는 점이다. 이에 대한 확실한 대답은 온생명의 생리에 대한 좀 더 깊은 연구에 미루어야 하겠지만, 현시점에서 이러한 관행이 결코 정당한 것이었다고 말할 수 없을 정황들이 속속 드러나고 있다.

무엇보다도 최근의 유전공학적 생명 조작 문제와 관련하여 특별히 유의해야 할 점은 바로 속도의 문제이다. 생명 체계에서 변화의 속도는 사활에 관계되는 요인이다. 속도가 적정할 경우 얼마든지 생리적으로 적응할 수 있는 일들도 사건의 진전 속도가 클 경우 치명적 교란을 발생할 수가 있고, 따라서 회복불능의 상황에 빠질 수 있다. 그런데 유전자 차원의 조작 기법을 활용할 경우, 자연적인 과정을 통해서는 수백만 년에 한 번 일어날까 말까 한 변화가 삽시간에 수없이 일어날 수 있다. 이는 곧 온생명의 자연스러운 생리 리듬에 비추어 지나치게 급속한 진전에 해당할 것이며, 따라서 이것이 건강한 생리 속으로 자연스럽게 수용될 수 있을 것인지 대해서는 매우 큰 의문이 제기된다.

다음으로는 이런 유전자 조작에 의해 인간이 태어날 경우, 이들에 대한 '대우'를 어떻게 해야 할 것인가 하는 문제를 생각해보자. 단적으로 말해 이들을 기계의 일종으로 봐야 할지, 아니면 여타의 사람과 동등한 존재로 봐야 할지 하는 문제이다. 이러한 문제들은 우리의 기존 가치관이 어디에 바탕을 두고 있었는가 하는 점에 대한 좋은 반성의 계기로 작용할 수도 있다. 기존의 인간 중심적 가치관에서는 이들이 과연 인간인가 아닌가를 중요한 기준으로 삼겠지만, 이렇게 되면 인간의 정의가 한층 어려워진다는 데에서 문제가 발생한다. 그렇기에 우리는 오히려 인간에게는 왜 높은 가치를 부여하고 인간이 아닌 것에게는 왜 그러한 가치를 부여하지 않는지에 대해 좀 더 심각하게 생각해봐야 할 것이다. 인간이 단지 '인간으로 태어났기에' 가치 있는 것이 아니라 온생명 안에서 인간답게 살아가기에 또는 인간답게 살아갈 수 있는 존재이기에 가치 있다고 해야 할 것이다. 만일 그러하다면 자연스러운 방식으로 태어났건 유전자 조작을 통해 태어났건 그 어떤 출생 과정상의 문제가 중요한 것이 아니라 온생명 안에서 인간답게 살아갈 수 있는 존재인가 아닌가 하는 점이 중요한 것이며, 이들에 대한 대우도 이에 근거해 이루어져야 할 것이다.

우리는 이러한 구분에 혼란을 일으킬 것이 우려되어, 또는 그 어떤 선험적 가치 이념 때문에, 생명 조작적 존재의 출현을 반대하기보다는, 이런 위험스러운 '장난'이 초래할 온생명적 생리의 교란을 우려해야 한다. 만에 하나 예상하지 못한 결과가 나타나 생명 질서에 치명적인 손상을 초래한다면 30~40억 년을 성공적으로 이끌어온 이 우주사적 과업이 비극적인 파탄으로 종말을 맞을 것이기 때문이다. 그리고 이 파탄의 위험은 이러한 생명 조작적 존재들을 통해서뿐만 아니라 정상적인 과정을 거쳐 태어났다고 보는 우리 자신을 통해서도 가능하다는 점을 함께 생각해야 한다. 그러니까 이 시점에서 우리에게 더 긴요한 물음은 우리 자신이 바로 이러한 비극적 파탄을 초래할 장본인이 아닌가 하는 것이다.

8-6 궁극적 의미와 궁극적 지향

현재 온생명으로서의 삶이나 그 안에 속한 한 개인으로서의 삶에 있어서 곤혹스럽다고밖에 말할 수 없는 한 가지 사실이 있다. 이것은 거의 누구나 자신이 일정한 방향에 따라 삶을 영위하고 있으면서도 왜 그러한 방향에 따라 살아야 하는지를 명확히 말할 수가 없다는 점이다. 우리는 모두 무엇이 선한 것이고 무엇인 악한 것인지, 무엇이 아름답고 무엇이 추한 것인지, 무엇이 참이고 무엇인 허위인지에 대해 나름의 판단을 가지고 있으며, 이 가운데 하나를 택하고 다른 하나를 배제하려는 노력을 기울이고 있다. 물론 선한 것과 악한 것, 아름다운 것과 추한 것, 참된 것과 참되지 않은 것이 담고 있는 구체적 내용은 사람에 따라 많이 다르겠지만 일단 이러한 판단이 내려지면 굳이 그의 판단에 의해 악한 것, 추한 것, 참되지 않은 것으로 판정된 방향으로 살아가야겠다는 사람은 아마 거의 없을 것이다. 세계를 부정적으로 보는 사람 가운데에는 일종의 보복 심리에 따라 이러한 선택을 하는 사람들이 있겠지만, 이들 또한 더 큰 의미에서는 세상이 정의롭지 못하다고 하는 내면의 판단에 따라 나름의 정의를 수행한다고 스스로 생각할 수 있다.

그러나 이 모든 것이 궁극적인 이유는 될 수 없다. 나는 왜 선한 행위를 해야 하나, 나는 왜 아름다움을 추구해야 하나, 나는 왜 참된 것을 추구해야 하나, 나는 왜 불의보다는 정의를 택해야 하나 하고 다시 물어보면 더 이상의 합리적 답이 나오지 않는다. 우리는 물론 이 모두를 포괄하면서 이 모두에 대체로 부합하는 온생명의 장기적 보존이라는 대의를 생각할 수도 있다. 그러나 우리가 왜 온생명을 보존해야 하나 하고 다시 묻는다면, 여전히 답이 없다. 어떤 절대적 진리나 절대적 확실성을 추구하는 사람들에게는 이것이 참 곤혹스러운 일이다. 이러한 상황에 만족하지 못하는 적어도 일부의 사람들은 인위적으로나마 그 대답을 만들어내려 한다. 즉, 그 어떤 궁극적 지향점이 있음을 존재론적으로 설정하고 이러한 것이 모두 그 지향점에 부합하는 것이어야 한다고 생각한다. 예를 들어 이 우주는 어떤 궁극적 목적 아래 만들어졌거나 만들어지고 있으며 우리는 모두 이 목적에 부합하는 삶을 살아야 한다는 것이다.

물론 우리는 이 목적이 무엇인지 모른다. 그러나 우리가 바르다고 생각하는 모든 삶의 지향점들을 무제한으로 연장시켜 나간다면 어떤 하나의 원점으로 수렴될 수도 있을 것이며, 이렇게 수렴된 원점이 찾아진다면 이것이 궁극적 목적이라 생각할 수 있다. 설혹 이런 수렴된 원점을 아직 분명히 읽어내지는 못한다 하더라도 이러한 것이 존재하리라는 가정은 건전한 것이며, 이를 찾으려는 노력 또한 숭고한 작업이라 할 수 있다. 사실 사람들은 알게 모르게 이러한 작업들을 해왔으며, 그 결과 거기에 신神이라든가 신의 섭리攝理 또는 니르바나(열반涅槃) 등의 이름을 붙여왔다. 그러나 이러한 존재의 성격 자체에 대해 단정적으로 어떤 규정을 설정하고 거꾸로 그 규정을 지나치게 강요하거나 스스로 이에 구속된다면 이 또한 심각한 부작용을 일으킨다. 역사적으로, 그리고 오늘날에도 종교라는 이름 아래 발생하는 수많은 분쟁들이 대부분 이러한 성격의 것이다.

한편 우리가 생명, 그리고 이 안에 있는 우리 자신의 모습을 좀 더 깊이 이해하고 파악하면 할수록 우리는 이러한 부작용에서 좀 더 자유로울 수 있다. 이러한 규정들이 많은 경우 생명과 자신들의 모습에 대한 그릇된 이해와 연관되어 나타나기 때문이다. 반대로 우리가 이러한 이해를 깊이 하면 할수록 어떤 근원적 섭리에 접근해가고 있다는 느낌을 지울 수 없다. 이 우주가 적어도 어떤 숭고한 방향성을 가진 것으로 보이기 때문이다. 20세기에 이러한 큰 그림을 그려보려던 과학자이자 종교사상가인 테야르 드샤르댕은 생명과 인간에 관한 큰 그림을 조망한 후 그 궁극적 지향점으로 오메가 포인트(Ω-point)라는 개념을 제시하기도 했다.[107] 그러나 우주와 생명에 대한 이 놀라운 실재에 관한 우리의 이해가 아직 크게 부족함을 인정하면서 이러한 궁극적 개념에 대한 열린 자세를 취하는 것이 현재로서는 현명하리라 생각된다.

이 점과 관련하여 우리는 20세기의 생명 철학자 한스 요나스Hans Jonas의 다음과 같은 '신화'를 떠올려보는 것도 흥미롭다.[108] 생명 현상을 깊이 통찰한 그는 신적 존재the Divine라고도 불릴 수 있고 또 존재의 근원the ground of being이라고도 불릴 수 있는 그 어떤 존재가 태초에 끝없는 '되어나감becoming' 속에 자신을 내맡겼다고 하는 결론에 이른다. 그가 보기에 이 신적 존재는 기회와 위험을 동시에 지닌 이 모험적 과업의 진행에 대해 직접적인 아무런 영향도 행사하지 않는다. 오히려 이를 통해 나타나는 결과에 따라 기쁨과 괴로움을 스스로 감수하면서 그 결과를 스스로 지켜보고 있다. 결국 이 사업이 성공을 할 것인가, 혹은 비참한 실패로 끝날 것인가 하는 것은 이 안에서 빚어진 생명인 우리 자신이 결정할 문제라는 것이다. 이러한 사실을 그는 "신이 우리를 구하는 것이 아니라, 우리가 신을 구해야 한다"라는 한마디 말로 압축하고 있다.

사실 요나스가 이러한 신화를 제시할 수밖에 없었던 것은 신의 전능성을 가정할 경우 좀처럼 피하기 어려운 우주론적 역설과 부딪히기 때문이다. 즉, 전능한 신이 왜 불완전한 인간을 창조했는가 하는 점이다. 설혹 신의 계획을 불완전한 인간이 최후의 승리를 향해 나가는 구도로 이해한다 하더라도, 이 최후의 승리가 전능한 신에 의해 보장된다고 하면 인간의 행위는 여전히 꼭두각시 이상의 것이 될 수 없다. 이미 그렇게 운명이 지어진 존재이기 때문이다. 그러므로 인간의 삶에 진정한 의미와 책임을 부여하기 위해서는 신은 한 걸음 물러서야 한다. 그러나 장난으로 물러설 수가 있을까? 이것이 만일 장난이 아니라면, 적어도 요나스가 보기에는 신이 인간을 구하는 것이 아니라 인간이 신을 구해낼 처지에 있는 것이다.

이것은 의미심장한 신화이다. 인간의 삶, 그리고 온생명으로의 삶이 진정한 의미를 지니기 위해서는 이를 의식적으로 운영해 나가는 삶의 주체 이외에 그 어떤 존재도 이를 강제해서는 안 된다. 우리가 진정 삶의 주체라면 우리는 이것을 당당히 요구해야 한다. 우리가 이 점을 인정한다면, 우주적 섭리는 여기에 맞게 이루어져야 하며, 생명과 인간을 창조한 창조주는 이것을 가능하게 하는 우주를 만들었어야 한다. 그런데 만일 이러한 삶이 그 지향할 바른 가치에서 벗어날 경우, 이 우주적 실재는 요나스가 상정하듯이 이를 오직 안타깝게 지켜만 보고 있을 것인가? 그렇게 생각할 필요는 없을 것 같다. 이러한 생각 또한 우주적 실재를 의인화해보는 데에서 오는 역설일 수 있기 때문이다. 우주적 실재야말로 생명 내적인 가치마저 초월해 있는 존재가 아닐까? 우주의 섭리는 오히려 가치 창출이라는 이러한 흥미로운 구도를 작동하고 있는, 그러면서도 이것조차 넘어서고 있는 상위의 존재일 수 있다. 이 존재가 인간의 탈을 쓰고 비켜나 있으면서, 자기를 구해주기를 바란다는 요나스의 이 시나리오는 그러니까 상황의 신화적 '각색'이라 봄이 타당할 것이다. 이러한 의미로 그의 사상을 다시 음미해본다면, 우리가 지금 나서서 신을 구해내야겠다는 이 자세야말로 오늘 우리가 온생명의 주체로서 우주 안에 놓인 우리의 자리를 신에게조차 양도할 수 없다는 깊은 자성의 목소리가 아닌가 한다.

생 각 해 볼 거 리

➲ 아침에 도를 깨달으면 저녁에 죽어도 좋다?

공자는 "아침에 도를 들어 깨달음이 있으면 저녁에 죽어도 좋다(朝聞道 夕死 可矣)"라고 했다. 이 말은 온생명을 '나'로 깨달은 사람은 낱생명 '나'가 죽더라도 진정한 '나', 곧 온생명이 살아 있으므로 죽음을 맛보지 않는다고 해석할 수 있다. 그렇더라도 이 소중한 깨달음의 내용을 혼자만 간직하고 사라진다면 온생명으로는 큰 손실이 아니겠는가? 그러니까 깨달음의 순간부터 죽음의 순간까지 곧 아침과 저녁 사이에 깨달음을 얻은 사람은 무엇인가를 해야 하지 않겠는가? 과연 깨달음을 얻은 사람이 온생명을 위해 해야 할 일은 무엇인가?

➲ 생존경쟁 문제는 어떻게 보아야 하는가?

바가바드기타(Bhagavad Gita)에는 "모든 것이 진정 하나라는 것을 본 사람은 남을 해침으로써 자기를 해치는 일은 하지 않는다(When a man sees that all is really one, he hurts not himself by hurting others)"라는 말이 있다. 이 말은 온생명을 자신으로 깨달은 사람의 정황을 잘 지적하고 있다. 그렇다면 온생명 안에 나타나는 이른바 '생존경쟁'이란 것은 어떻게 보아야 하는가? 자기를 해치지 않는 곧 온생명을 해치지 않는 건강한 생존경쟁과 자기를 해치는 곧 온생명을 해치는 병적인 생존경쟁을 어떻게 구분해야 하는가?

➲ 나는 지금 생명을 이해하고 있는가?

생명에 대한 이해를 추구한 이 책의 주된 내용은 무엇인가? 나는 지금 그것을 얼마나 수용하고 있는가? 수용하지 못한다면 그 이유는 무엇인가?

맺는말: 우주가 밝혀질수록 신비는 깊어진다

이 책의 머리말에서 내가 젊은 시절 크게 공감했던 앨프레드 테니슨의 시 한 편을 소개했다. 이 시에서 테니슨은 "갈라진 벽 틈에 피어난 꽃 한 송이"를 뽑아들고 간절한 염원을 하나 내비치고 있다. "내 만일 네가 무엇인지를 이해할 수 있다면, 뿌리까지 모두, 속속들이 모두, 이해할 수 있다면, 나는 신이 그리고 인간이 무엇인지를 알 수 있으련만"이라고 하면서 못내 안타까워한다. 이 말 속에는 두 가지 의미가 함축되어 있다. 하나는 표현 그대로 내가 만일 "네가 무엇인지"를 이해한다면 신과 인간마저 이해할 것이라는 긍정적·직설적 의미이고, 다른 하나는 "갈라진 벽 틈에 피어난 꽃 한 송이"조차도, 신과 인간이 무엇인지를 알지 않는 한, 따로 이해할 수 없으리라는 전체론적인, 그러면서도 다소 부정적인 뉘앙스를 지닌, 숨은 의미이다.

당시 내가 이 두 번째 의미를 간취하지 않았던 것은 아니지만, 우선 첫 번째 의미에 깊이 공감했고, 두 번째 의미에 대해서는 이를 통해 내가 동원할 보편적 이론이 결국은 이 모두를 포괄할 것으로 전망하여 크게 우려하지 않았다. 이러한 공감 아래 나는 지난 40년 가까운 세월 동안 나름의 문제의식을 가지고 생명 문제에 도전했고, 이 책에 그간 얻어낸 주요 내용들을 적어보았다. 그렇다면 현재의 나는 이 점에 대해 어떻게 생각하는지 간단히 그 요지만을 정리해보기로 한다.

우선 테니슨의 시는 하나의 중요한 방법론적 절차를 제시하고 있다. 그는 꽃 한 송이를 주저 없이 뽑아내어 뿌리까지 몽땅 자신의 손안에 들고 있다. 고찰 대상을 확고하게 선정하여 이를 고립시킨 후 그 안에 들어 있는 것을 속속들이 들여다보려 하고 있다. 이것이야말로 근대 과학이 성공적으로 채용해온 대표적인 방법론이다. 이미 데카르트René Descartes가 그의 『방법서설Discours de la méthode』에서 잘 말해주듯이 우선 문제를 잘게 나누어 가장 간단한 것에서 출발해야 한다는 것인데, 테니슨은 가장 보잘것없어 보이는 단순한 대상으로 '갈라진 벽 틈에 피어난 꽃 송이'를 선택했던 것이다. 오늘의 시각에서 보면 이보다 더 단순한 대상으로 박테리아나 바이러스 같은 것들을 택할 수 있으며, 실제로 많은 생명 연구자들이 이들을 대상으로 삼는다. 그리고 과학자들은 이들을 속속들이 들여다보고 있고 그 분자생물학적인 내용들을 거의 완벽할 정도로 파악하고 있다.

그렇다면 우리는 지금 테니슨이 말한 대로 이 꽃 한 송이가 무엇인지를 속속들이 이해하는 단계에 왔다고 할 수 있는가? 테니슨의 말을 다시 들어보자. 그는 "어린 꽃이여 — 내 만일 네가 무엇인지를 이해할 수 있다면, 뿌리까지 모두, 속속들이 모두, 이해할 수 있다면"이라고 읊고 있다. 우리는 분명히 "뿌리까지 모두, 속속들이 모두" 들여다보기는 했지만 이것만을 통해서는 "네가 무엇인지를 이해"한다고는 말하기 어렵다. 테니슨도 이 점을 어렴풋이나마 짐작하고 있었을 것이다. 만일 그렇지 않았더라면 그는 그다음 구절, 즉 "나는 신이 그리고 인간이 무엇인지를 알 수 있으련만"이라는 말을 가볍게 하지 않았을 것이다. 그러니까 테니슨의 이 시는 역설적으로 우리가 꽃 한 송이를 "뿌리까지 모두, 속속들이 모두" 들여다

볼 수 있더라도 이것이 곧 생명이 무엇인지, 그리고 신과 인간이 무엇인지를 말해주는 것이 아님을 지적한 것이라고도 할 수 있다.

이러한 점은 현대 한 시인의 다음과 같은 시 안에 좀 더 직설적으로 나타난다.[109]

생명은
자기 자신만으로는 완결이 안 되도록
만들어진 것인 듯.
꽃도
암술과 수술로 되어 있는 것만으로는
불충분하고
벌레나 바람이 찾아와
암술과 수술을 연결하는 것.
생명은
제 안에 결여를 안고
그것을 타자가 채워주는 것.

물론 우리는 이 시인이 노래하듯이 생명이란 이처럼 불충분한 어떤 것 또는 열려 있는 어떤 것이라 규정하고 그 무엇이 와서 이 결여를 채워주길 기다릴 수도 있다. 그러나 우리는 좀 더 적극적으로 이것이 어떻게 해야 충분한 것이 될 수 있는지, 채워야 할 이 결여의 내용이 무엇인지를 찾아 나설 수도 있다.

이 책에서 우리가 취한 것이 바로 이 적극적 자세이다. 채워야 할 결여의 내용이 바로 '보생명'이며, 이렇게 하여 생명으로의 충분한 조건을 갖춘 것이 바로 '온생명'이다. 그리고 우리는 다시 이 온생명 안에서 인간이 차지하는 바른 자리를 발견하게 된다. 특히 인간의 이해를 위해서는 우리는 생명이 지닌 매우 독특한 성격인 '주체적 양상'을 말하지 않을 수 없으며, 이것이 바로 '삶'으로 이어지는 핵심 고리가 된다.

여기서 놀라운 가능성으로 떠오르는 것이 바로 온생명의 자의식, 곧 삶의 주체로서의 온생명이며, 이것은 저 밖에 있는 어떤 새로운 존재가 아니라 바로 내가 깨달은 나 자신의 모습이다. 나는 '작은 나'로서의 내 개체성을 유지하면서도 '큰 나'로서의 온생명의 삶을 함께 영위해가는 존재임을 발견한다. 물론 작은 나로서의 내 개체는 조만간 끝이 날 것이지만, 큰 나로서의 온생명은 좀 더 길게 지속될 것이며 어쩌면 영구히 존속할 것이다. 이는 단순히 운명이 지어진 것이 아니라 이미 주체가 되어 내 삶을 스스로 영위하고 있는 나 자신이 어떻게 하느냐에 따라 그 경로가 정해질 살아 있는 현실이다. 나는 단순히 존재하는 것이 아니라 존재를 지어 나가고 있다. 작은 나로서도 그러하지만 큰 나로서도 그러하다. 내가 지금 큰 나를 어떻게 짓느냐에 따라 이 큰 나는 영구히 존재할 수도 있고 조만간 사라질 수도 있다.

이러한 자리에 왜 내가 서게 된 것인지, 그리고 이것이 필경 어디로 갈 것인지, 이건 나도 모른다. 우주가 밝혀지면 질수록 그 바탕에 놓인 신비는 더욱 깊어지고, 내 정체가 자각되면 될수록 내 삶은 더 큰 신비로 이끌려 간다. 나에게 신의 존재는 바로 이 신비와의 교섭 속에 있다. 나는 끝없이 이 신비의 정체를 묻고 더 큰 신비를 찾아 나서지만 설혹 그 답변을 받지 못한다 하더라도 이 신비에 대한 경건한 자세만은 유지해가려 한다.

나는 아직 "갈라진 벽 틈에 피어난 꽃 한 송이"를 통해 "신이 그리고 인간이 무엇인지를 안다"는 경지에 이르렀다고 말할 수는 없다. 하지만 나는 더 이상 "갈라진 벽 틈에 피어난 꽃 한 송이"를 부질없이 뽑아들고 이것이 무엇인지를 살피기보다는, 이 꽃 한 송이를 피워내는 우주의 신비 앞에 겸허히 내 몸과 마음을 맡기려 한다.

감사의 말

이 책의 내용을 구상하고 집필하는 과정에서 여러 사람들의 도움을 받았다. 그간 여러 해 동안 정기적으로 모여온 녹색아카데미 회원들, 그리고 천안의 온생명 공부모임 회원들과의 격의 없는 대화가 소재를 구상하는 데 큰 도움이 되었고, 특히 필요할 때마다 많은 도움을 제공한 김재영 박사, 그리고 원고를 검토하고 좋은 제안을 해주신 이수재 박사께 감사의 뜻을 표한다. 그리고 이 작업은 간접적으로 템플턴(Templeton) 재단의 '생명과학의 큰 문제들(Big Questions in Life Science)'이란 과제(Project)의 지원을 받았다. 마지막으로 책의 출판을 제안하고 성심껏 맡아 제작해주신 도서출판 한울의 관련자 여러분께 깊은 감사를 드린다.

주

1 그중 몇 가지만 소개하면 다음과 같다. 1994년 서울대민주화교수협의회 주최, 재단법인 향산재단 후원 제4회 학술토론회에서 내가 '삶과 과학: 현대사회와 기술문명' 세미나에서 「'온생명'과 현대문명」이란 주제로 발표했고, 이에 대해 김남두, 김승조, 오성환, 황상익 교수의 논평이 있었다. 이 내용은 다음 해 ≪과학사상≫ 제12호(1995년 봄)에 지상 세미나 형태로 소개되었으며, 김남두 교수와의 토론 내용도 같은 학술지 다음 호(≪과학사상≫ 제13호, 1995년 여름)에 실렸다. 그리고 1995년 해방 50년의 한국 철학을 회고하는 학술 행사에 초대되어 「생명을 어떻게 볼 것인가」라는 제목 아래 온생명을 소개했고, 그 결과는 이듬해에 나온 『해방 50년의 한국철학』(철학과 현실사, 1996)에 게재되었다. 1998년에는 『삶과 온생명』의 출간을 계기로 서평 형태로 여러 사람들의 의견을 들은 바 있으며, 그 가운데 특히 논문 형태로 발표된 소흥렬 교수의 글은 학술지(≪과학철학≫ 제2권, 1999년)에 발표되었고, 이에 대한 답글 또한 같은 학술지(≪과학철학≫ 제3권, 1999년)에 게재하여 작은 토론을 벌렸다. 2000년에는 ≪동아시아 문화와 사상≫ 제4호(2000년 5월)의 특집 주제로 선정되어 「온생명과 인류문명」이란 제목의 논문이 관련 논문들과 함께 집중적인 조명을 받은 일이 있다. 또 2001년과 2002년에 걸쳐 ≪교수신문≫이 연재한 연중학술기획 '우리 이론을 재검토한다'에서 '온생명 사상'이 조명된 바 있으며, 그 결과물은 『오늘의 우리 이론 어디로 가는가: 현대 한국의 자생이론 20』(생각의 나무, 2003) 제7장에 수록되었다. 그리고 2003년에는 나의 정년 퇴임을 기념해 『온생명에 대하여: 장회익의 온생명과 그 비판자들』(동나무, 2003)이란 제목의 책이 출간되기도 했다. 여기에는 내 글뿐 아니라 다른 10여 명의 학자들이 온생명을 보는 관점이 소개되어 있다. 최근에 나는 『과학과 메타과학』 개정판을 내면서 이 책에 실린 온생명 관련 글들을 일부 수정 또는 보충했으며, 그 부록에 두브로브니크에서 발표한 글 "The Units of Life: Global and Individual"의 원본을 게재했다.

2 Erwin Schrödinger, *What is Life?* (Cambridge University Press, 1944).

3 Walter Moore, *Schrödinger: Life and Thought* (Cambridge University Press, 1989).

4 *Time*, April 5, 1943. Moore, *Schrödinger: Life and Thought*, p.395 재인용.

5 Moore, *Schrödinger: Life and Thought*, p.403.

6 1992년에 도서출판 한울에서 출간된 번역본은 2011년 9월 현재 초판 9쇄, 중판 8쇄의 기록을 가지고 있으며, 2007년에는 궁리출판에서 또 다른 역자에 의해 새로운 번역본이 출간되었다. 에르빈 슈뢰딩거, 『생명이란 무엇인가』, 서인석·황상익 옮김(한울, 1992); 에르빈 슈뢰딩거, 『생명이란 무엇인가』, 전대호 옮김(궁리, 2007).

7 Schrödinger, *What is Life?*, p.3.

8 Schrödinger, *What is Life?*, p.4.

9 Schrödinger, *What is Life?*, p.82.

10 Schrödinger, *What is Life?*, pp.84~85.

11 Schrödinger, *What is Life?*, p.23.

12 Ed Regis, *What is life?* (Oxford University Press, 2008), p.40.

13 Schrödinger, *What is Life?*, p.74.

14 Schrödinger, *What is Life?*, p.73.

15 Schrödinger, *What is Life?*, p.76.

16 Richard Dawkins, *The Selfish Gene* (Oxford University Press, 1976), p.2 [리처드 도킨스, 『이기적 유전자』, 홍영남 옮김(을유문화사, 1993), 20~21쪽].

17 Dawkins, *The Selfish Gene*, p.22 [도킨스, 『이기적 유전자』, 49쪽].

18 Dawkins, *The Selfish Gene*, p.23 [도킨스, 『이기적 유전자』, 49쪽].

19 Dawkins, *The Selfish Gene*, p.24 [도킨스, 『이기적 유전자』, 51쪽].

20 Dawkins, *The Selfish Gene*, p.24 [도킨스, 『이기적 유전자』, 51쪽].

21 *The Oxford Dictionary of Quotations* (Oxford University Press, 1999), 761-14.

22 Dawkins, *The Selfish Gene*, p.2 [도킨스, 『이기적 유전자』, 20쪽].

23 Linn Margulis and Dorion Sagan, *What is life?* (Simon & Schuster, 1995), p.192 [린 마굴리스·도리언 세이건, 『생명이란 무엇인가』, 황현숙 옮김(지호, 1999), 342~343쪽].

24 Erasmus Darwin, *Zoonomia; or the Laws of Organic Life* (1794). Margulis and Sagan, *What is life?*, p.176 [마굴리스·세이건, 『생명이란 무엇인가』, 311쪽] 재인용.

25 Vladimir I. Vernadsky, *The Biosphere: Complete Annotated Edition* (Springer-Verlag, 1998).

26 Margulis and Sagan, *What is life?*, p.47 [마굴리스·세이건, 『생명이란 무엇인가』, 85쪽].

27 Paul R. Samson and David Pitt(eds.), *The Biosphere and Noosphere Reader* (Routledge, 1999). p.97.

28 Vladimir I. Vernadsky, *Sorbonne lectures* (1922-23), cited by Jacques Grinevald, "Introduction," in Vernadsky, *The Biosphere: Complete Annotated Edition*.

29 Vladimir I. Vernadsky, "Problems of biogeochemistry II," *Transactions of the Connecticut Academy of Arts and Sciences*, Vol.35(June 1944), cited in Samson and Pitt(eds.), *The Biosphere and Noosphere Reader*, p.38.

30 Vernadsky, *Sorbonne lectures* (1922-23), cited by Jacques Grinevald, "Introduction," in Vernadsky, *The Biosphere: Complete Annotated Edition*.

31 Vernadsky, *The Biosphere: Complete Annotated Edition*, Section 22.

32 Vernadsky, *The Biosphere: Complete Annotated Edition*, Section 42.

33 Vernadsky, "Problems of biogeochemistry II," *Transactions of the Connecticut Academy of Arts and Sciences*, Vol.35(June 1944), cited in Samson and Pitt(eds.), *The Biosphere and Noosphere Reader*, p.37.

34 Margulis and Sagan, *What is life?*, p.45 [마굴리스·세이건, 『생명이란 무엇인가』, 83쪽].

35 Robert Rosen, *Life Itself* (Columbia University Press, 1991), pp.109~113.

36 Rosen, *Life Itself*, p.112.

37 Rosen, *Life Itself*, p.112.

38 Rosen, *Life Itself*, p.112.

39 Rosen, *Life Itself*, p.254.

40 H. R. Maturana and F. J. Varela, *Autopoiesis and Cognition* (Kluwer, 1980).

41 Maturana and Varela, *Autopoiesis and Cognition*, p.xvii.

42 H. R. Maturana and F. J. Varela, *The Tree of Knowledge* (Shambhala, 1998), pp.48~49.

43 Maturana and Varela, *Autopoiesis and Cognition*, p.xvii.

44 H. R. Maturana and B. Poerksen, *From Being to Doing* (Carl-Auer Verlag, 2004), pp.97~98.

45 Maturana and Varela, *Autopoiesis and Cognition*, p.81.

46 Maturana and Varela, *Autopoiesis and Cognition*, p.81, p.135.

47 Maturana and Varela, *Autopoiesis and Cognition*, p.81.

48 Fritjof Capra, *The Web of Life* (Harper Collins, 1996), pp.95~99.

49 Margulis and Sagan, *What is life?*, p.23 [마굴리스·세이건, 『생명이란 무엇인가』,

38쪽].

50 Margulis and Sagan, *What is life?*, p.14 [마굴리스·세이건, 『생명이란 무엇인가』, 18쪽].

51 Stephen Wolfram, *A New Kind of Science* (Wolfram Media, 2002).

52 M. A. Bedau, "How to Understand the Question 'What is Life?'" in M. Bedau, P. Husbands, T. Hutton, S. Kumar and H. Suzuki, *Workshop and Tutorial Proceedings, Ninth International Conference on the Simulation and Synthesis of Living Systems*, ALife IX (Boston, 2004).

53 Édouard Machery, "Why I Stopped Worrying About the Definition of Life … and Why You Should as Well"(manuscript, 2006). Regis, *What is Life?*에서 재인용.

54 예컨대 이는 1975년판 브리태니커 백과사전 매크로피디아(Macropaedia) 10권 893~894쪽에 나오는 'Life' 항목에서 찾아볼 수 있다.

55 이것은 2012년 2월 20일 현재 영문 브리태니커 백과사전 온라인판 'Life' 항목에 기재된 내용의 일부이다.

56 Pier Luigi Luisi, *The Emergence of Life: From Chemical Origins to Synthetic Biology* (Cambridge University Press, 2006), pp.23~26.

57 Luisi, *The Emergence of Life: From Chemical Origins to Synthetic Biology*, p.26.

58 Luisi, *The Emergence of Life: From Chemical Origins to Synthetic Biology*, p.25.

59 Luisi, *The Emergence of Life: From Chemical Origins to Synthetic Biology*, p.155.

60 Maturana and Poerksen, *From Being to Doing*, pp.97~98.

61 Luisi, *The Emergence of Life: From Chemical Origins to Synthetic Biology*, p.160.

62 Luisi, *The Emergence of Life: From Chemical Origins to Synthetic Biology*, p.161.

63 Addy Pross, *What is life? How chemistry becomes biology* (Oxford University Press, 2012).

64 Pross, *What is life? How chemistry becomes biology*, p.177.

65 Pross, *What is life? How chemistry becomes biology*, p.179.

66 Pross, *What is life? How chemistry becomes biology*, pp.179~180.

67 Carl Woese, "On the evolution of cells," *PNAS*, Vol.99, No.13(2002).

68 Kapa Ruiz-Mirazo and Alvaro Moreno, "The Need for a Universal Definition of Life in Twenty-first-century Biology," in George Terzis and Robert Arp(eds.), *Information and Living Systems: Philosophical and Scientific Perspectives* (MIT Press, 2011).

69 이 글은 다음 문헌에서 재인용한 것이다. E. Broda, *Ludwig Boltzmann* (Woodbridge, Connecticut: Ox Bow Press, 1983), pp.79~80.

70 장회익, 『물질, 생명, 인간』(돌베개, 2009); 장회익, 『과학과 메타과학』(현암사, 2012).

71 A. Cassan et al., "One or more bound planets per Milky Way star from microlensing observations," *Nature*, Vol.481, Issue 7380 (2012), pp.167~169.

72 여기에 대해서는 많은 문헌들이 있으나 비교적 쉽게 접근할 수 있는 책으로 브라이언 그린(Brian Greene)의 책을 참고할 만하다. Brian Greene, *The Fabric of the Cosmos* (New York: Knopf, 2004).

73 최근 가장 신뢰할 만한 추정치에 따르면 우주의 나이는 137.5(± 1.1)억 년이다. N. Jarosik et al., "Seven-year Wilkinson Microwave Anisotropy Probe(WMAP) Observations: Sky Maps, Systematic Errors, and Basic Results," *The Astrophysical Journal Supplement Series*, Vol.192, No.2, Issue 14(2011).

74 "CERN experiments observe particle consistent with long-sought Higgs boson," CERN Press release, 2012.7.4.

75 Per Bak, *How nature works: the science of self-organized criticality* (New York: Springer-Verlag, 1996).

76 Tracey A. Lincoln and Gerald F. Joyce, "Self-Sustained Replication of an RNA Enzyme," *Science*, Vol.323, No.5918(2009), pp.1229~1232.

77 William Paley, *Natural Theology*, with introduction and notes by M. D. Eddy and D. M. Knight(Oxford University Press, 2006).

78 리처드 도킨스, 『눈먼 시계공』, 과학세대 옮김(민음사, 1994), 21쪽.

79 Ruiz-Mirazo and Moreno, "The Need for a Universal Definition of Life in Twenty-first-century Biology".

80 Hwe Ik Zhang, "The Units of Life: Global and Individual," Paper presented at Philosophy of Science Conference in Dubrovnik(1988) [장회익, 『과학과 메타과학』(현암사, 2012)에 재수록]. Hwe Ik Zhang, "Humanity in the World of Life," *Zygon: Journal of Religion and Science*, Vol.24, No.4 (December, 1989), pp.447~456 참조.

81 Ray Jayawardhana, *Strange New Worlds: The Search for Alien Planets and Life beyond Our Solar System* (Princeton University Press, 2011), chapter 9, Signs of Life: A Little Help from the Moon.

82 D. Wacey, M. R. Kilburn, M. Saunders, J. Cliff and M. D. Brasier, "Microfossils of sulphur-metabolizing cells in 3.4-billion-year-old rocks of Western Australia," *Nature Geoscience*, Vol.4, No.10 (2011), pp.698~702.

83 S. J. Mojzsis, G. Arrhenius, K. D. McKeegan, T. M. Harrison, A. P. Nutman and C. R. L. Friend, "Evidence for life on Earth before 3,800 million years ago," *Nature*,

Vol.384, No.6604 (1996), pp.55~59.
84 Margulis and Sagan, *What is life?*, p.69 [마굴리스·세이건, 『생명이란 무엇인가』, 130쪽].
85 Pross, *What is Life? How chemistry becomes biology*, p.91.
86 Pross, *What is Life? How chemistry becomes biology*, pp.92~104.
87 S. L. Miller, "A Production of Amino Acids Under Possible Primitive Earth Conditions," *Science*, Vol.117, No.3046 (1953), pp.528~529.
88 G. Wächtershäuser, "Groundworks for an evolutionary biochemistry: The iron-sulphur world," *Progress in Biophysics and Molecular Biology*, Vol.58, Issue 2 (1992), pp.85~201.
89 A. G. Cairns-Smith, *Genetic Takeover and the Mineral Origin of Life* (London: Cambridge University Press, 1982).
90 L. E. Orgel, "The Origin of Life on the Earth," *Scientific American*, October 1994, pp.77~83.
91 M. W. Powner, B. Gerland and J. D. Sutherland, "Synthesis of activated pyrimidine ribonucleotides in prebiotically plausible conditions," *Nature*, Vol.459, No.7244 (2009), pp.239~242.
92 G. F. Joyce, "The antiquity of RNA-based evolution," *Nature*, Vol.418, No.6894 (2002), pp.214~221.
93 K. Schoning, P. Scholz, S. Guntha, X. Wu, R. Krishnamurthy and A. Eschenmoser, "Chemical Etiology of Nucleic Acid Structure: The Alpha-Threofuranosyl-(3'→2') Oligonucleotide System," *Science*, Vol.290, No.5495 (2000), pp.1347~1351.
94 K. E. Nelson, M. Levy and S. L. Miller, "Peptide nucleic acids rather than RNA may have been the first genetic molecule," *PNAS*, Vol.97, No.8 (2000).
95 Pross, *What is Life? How chemistry becomes biology*, pp.100~101.
96 Robert A. Wallace, Gerald P. Sanders and Robert J. Ferl, *Biology: The Science of Life* (Harper Collins, 1991), pp.1134~1138.
97 James Lovelock, *Gaia: A new look at life on Earth* (Oxford University Press, 1979) [제임스 러브록, 『가이아: 생명체로서의 지구』, 홍욱희 옮김(범양사 출판부, 1990)].
98 Bak, *How nature works: the science of self-organized criticality*, chapter 8.
99 J. John Sepkoski, Jr., "Ten Years in the Library: New Data Confirm Paleontological Patterns," *Paleobiology*, Vol.19, No.1 (1993), pp.43~51.
100 Margulis and Sagan, *What is life?*, p.49 [마굴리스·세이건, 『생명이란 무엇인가』,

90쪽].

101 장회익, 『과학과 메타과학』, 제5장.

102 Pierre Teilhard de Chardin, *The Phenomenon of Man* (William Collins, 1959) [피에르 테야르 드샤르댕, 『인간현상』, 양명수 옮김(한길사, 1997)]; Pierre Teilhard de Chardin, *Toward the Future* (William Collins, 1975).

103 James Lovelock, *The Age of Gaia: A Biography of Our Living Earth* (Norton, 1988) [제임스 러브록, 『가이아의 시대: 살아 있는 우리 지구의 전기』, 홍욱희 옮김(범양사 출판부, 1992)].

104 Michael Boulter, *Extinction: Evolution and the End of Man* (Columbia University Press, 2002).

105 Edward Wilson, *The Future of Life* (Alfred Knope, 2002), p.98, p.102.

106 Edward Wilson, *The Diversity of Life* (Harvard University Press, 1992), p.268.

107 Teilhard de Chardin, *The Phenomenon of Man* [테야르 드샤르댕, 『인간현상』]; Teilhard de Chardin, *Toward the Future*.

108 Hans Jonas, *The Phenomenon of Life: Toward Philosophical Biology* (New York: Harper & Row, 1966).

109 요시노 히로시(吉野弘)가 지은 「생명(生命)은」이라는 시의 일부이다. 吉野弘, 『北入曾(詩集)』(青土社, 1977).

참고문헌

도킨스, 리처드. 1993. 『이기적 유전자』. 홍영남 옮김. 을유문화사.

_____. 1994. 『눈먼 시계공』. 과학세대 옮김. 민음사.

러브록, 제임스. 1990. 『가이아: 생명체로서의 지구』. 홍욱희 옮김. 범양사 출판부.

_____. 1992. 『가이아의 시대: 살아 있는 우리 지구의 전기』. 홍욱희 옮김. 범양사 출판부.

마굴리스, 린·세이건, 도리언. 1999. 『생명이란 무엇인가』. 황현숙 옮김. 지호.

볼터, 마이클. 2005. 『인간, 그 이후: 진화와 인간의 종말』. 김진수 옮김. 잉걸.

장회익. 2009. 『물질, 생명, 인간』. 돌베개.

_____. 2012. 『과학과 메타과학』. 현암사.

테야르 드샤르댕, 피에르. 1997. 『인간현상』. 양명수 옮김. 한길사.

吉野弘. 1977. 『北入曾』(詩集). 青土社.

Bak, Per. 1996. *How nature works: the science of self-organized criticality*. New York: Springer-Verlag.

Bedau, M. A. 2004. "How to Understand the Question 'What is Life?'" in M. Bedau, P. Husbands, T. Hutton, S. Kumar and H. Suzuki, *Workshop and Tutorial Proceedings, Ninth International Conference on the Simulation and Synthesis of Living Systems*, ALife IX. Boston.

Boulter, Michael. 2002. *Extinction: Evolution and the End of Man*. Columbia University Press.

Broda, E. 1983. *Ludwig Boltzmann*. Woodbridge, Connecticut: Ox Bow Press.

Cairns-Smith, A. G. 1982. *Genetic Takeover and the Mineral Origin of Life*. London: Cambridge University Press.

Capra, Fritjof. 1996. *The Web of Life*. Harper Collins.

Cassan, A. et al. 2012. "One or more bound planets per Milky Way star from microlensing observations." *Nature*, Vol.481, Issue 7380.

CERN. 2012.7.4. "CERN experiments observe particle consistent with long-sought Higgs boson." Press release.

Dawkins, Richard. 1976. *The Selfish Gene*. Oxford University Press.

Greene, Brian. 2004. *The Fabric of the Cosmos*. New York: Knopf.

Jarosik, N. et al. 2011. "Seven-year Wilkinson Microwave Anisotropy Probe(WMAP) Observations: Sky Maps, Systematic Errors, and Basic Results." *The Astrophysical Journal Supplement Series*, Vol.192, No.2, Issue 14.

Jayawardhana, Ray. 2011. *Strange New Worlds: The Search for Alien Planets and Life beyond Our Solar System*. Princeton University Press.

Jonas, Hans. 1966. *The Phenomenon of Life: Toward Philosophical Biology*. New York: Harper & Row.

Joyce, G. F. 2002. "The antiquity of RNA-based evolution." *Nature*, Vol.418, No.6894.

Lincoln, Tracey A. and Gerald F. Joyce. 2009. "Self-Sustained Replication of an RNA Enzyme." *Science*, Vol.323, No.5918.

Lovelock, James. 1979. *Gaia: A new look at life on Earth*. Oxford University Press.

_____. 1988. *The Age of Gaia: A Biography of Our Living Earth*. Norton.

Luisi, Pier Luigi. 2006. *The Emergence of Life: From Chemical Origins to Synthetic Biology*. Cambridge University Press.

Margulis, Linn and Dorion Sagan. 1995. *What is life?* Simon & Schuster.

Maturana, H. R. and B. Poerksen. 2004. *From Being to Doing*. Carl-Auer Verlag.

Maturana, H. R. and F. J. Varela. 1980. *Autopoiesis and Cognition*. Kluwer.

_____. 1998. *The Tree of Knowledge*. Shambhala.

Miller, S. L. 1953. "A Production of Amino Acids Under Possible Primitive Earth Conditions." *Science*, Vol.117, No.3046.

Mojzsis, S. J., G. Arrhenius, K. D. McKeegan, T. M. Harrison, A. P. Nutman and C. R. L. Friend. 1996. "Evidence for life on Earth before 3,800 million years ago."

Nature, Vol.384, No.6604.

Moore, Walter. 1989. *Schrödinger: Life and Thought*. Cambridge University Press.

Nelson, K. E., M. Levy and S. L. Miller. 2000. "Peptide nucleic acids rather than RNA may have been the first genetic molecule." *PNAS*, Vol.97, No.8.

Orgel, L. E. 1994. "The Origin of Life on the Earth." *Scientific American*, October.

Oxford University Press. 1999. *The Oxford Dictionary of Quotations*.

Paley, William. 2006. *Natural Theology*, with introduction and notes by M. D. Eddy and D. M. Knight. Oxford University Press.

Powner, M. W., B. Gerland and J. D. Sutherland. 2009. "Synthesis of activated pyrimidine ribonucleotides in prebiotically plausible conditions." *Nature*, Vol. 459, No.7244.

Pross, Addy. 2012. *What is life? How chemistry becomes biology*. Oxford University Press.

Regis, Ed. 2008. *What is life?* Oxford University Press.

Rosen, Robert. 1991. *Life Itself*. Columbia University Press.

Ruiz-Mirazo, Kapa and Alvaro Moreno. 2011. "The Need for a Universal Definition of Life in Twenty-first-century Biology." in George Terzis and Robert Arp(eds.). *Information and Living Systems: Philosophical and Scientific Perspectives*. MIT Press.

Samson, Paul R. and David Pitt(eds.). 1999. *The Biosphere and Noosphere Reader*. Routledge.

Schoning, K., P. Scholz, S. Guntha, X. Wu, R. Krishnamurthy and A. Eschenmoser. 2000. "Chemical Etiology of Nucleic Acid Structure: The Alpha-Threofuranosyl-(3'→2') Oligonucleotide System." *Science*, Vol.290, No.5495.

Schrödinger, Erwin. 1944. *What is Life?* Cambridge University Press.

Sepkoski, J. John Jr. 1993. "Ten Years in the Library: New Data Confirm Paleontological Patterns." *Paleobiology*, Vol.19, No.1.

Teilhard de Chardin, Pierre. 1959. *The Phenomenon of Man*. William Collins.

_____. 1964. *The Future of Man*. translated by Norman Denny. New York: Harper & Low.

_____. 1975. *Toward the Future*. William Collins.

Vernadsky, Vladimir I. 1944. "Problems of biogeochemistry II." *Transactions of the Connecticut Academy of Arts and Sciences*, Vol.35(June).

_____. 1998. *The Biosphere: Complete Annotated Edition*. Springer-Verlag.

Wacey, D., M. R. Kilburn, M. Saunders, J. Cliff and M. D. Brasier. 2011. "Microfossils of sulphur-metabolizing cells in 3.4-billion-year-old rocks of Western Australia." *Nature Geoscience*, Vol.4, No.10.

Wächtershäuser, G. 1992. "Groundworks for an evolutionary biochemistry: The iron-sulphur world." *Progress in Biophysics and Molecular Biology*, Vol.58, Issue 2.

Wallace, Robert A., Gerald P. Sanders and Robert J. Ferl. 1991. *Biology: The Science of Life*. Harper Collins.

Wilson, Edward. 1992. *The Diversity of Life*. Harvard University Press.

_____. 2002. *The Future of Life*. Alfred Knope.

Woese, Carl. 2002. "On the evolution of cells." *PNAS*, Vol.99, No.13.

Wolfram, Stephen. 2002. *A New Kind of Science*. Wolfram Media.

Zhang, Hwe Ik. 1988. "The Units of Life: Global and Individual." Paper presented at Philosophy of Science Conference in Dubrovnik.

_____. 1989. "Humanity in the World of Life." *Zygon: Journal of Religion and Science*, Vol.24, No.4(December).

찾아보기

인명

용어

지은이 **장 회 익**

서울대학교 물리학과를 졸업하고 미국 루이지애나 주립대학교에서 물리학 박사 학위를 받았다. 30여 년 동안 서울대학교 물리학 교수로 재직하면서 대학원 '과학사 및 과학철학 협동과정'에서 겸임교수로도 활동했고, 현재는 서울대학교 명예교수로 있다. 한국 물리학계의 중진 학자로서 물리학뿐만 아니라 철학적·인문학적 주제와 관련된 책도 여러 권 펴냈으며, 특히 오랜 성찰의 결과로 탄생한 그의 '온생명' 이론은 우리에게 생명 본질에 대한 이해를 한층 높여주었다. 학문적 관심사는 물리학 이외에도 과학이론의 구조와 성격, 생명의 이해, 동서 학문의 비교연구 등에 걸쳐 있으며, 지은 책으로는『과학과 메타과학』(1990, 2012),『삶과 온생명』(1998),『이분법을 넘어서』(2007),『공부도둑』(2008),『온생명과 환경, 공동체적 삶』(2008),『물질, 생명, 인간』(2009),『공부의 즐거움』(2011),『장회익의 자연철학 강의』(2019),『양자역학을 어떻게 이해할까』(2022) 등이 있다.

청년지성 총서 5
한울아카데미 1650

생명을 어떻게 이해할까?
생명의 바른 모습, 물리학의 눈으로 보다

지은이 | 장회익
펴낸이 | 김종수
펴낸곳 | 한울엠플러스(주)

초판 1쇄 발행 | 2014년 1월 17일
초판 2쇄 발행 | 2025년 1월 10일

주소 | 10881 경기도 파주시 광인사길 153 한울시소빌딩 3층
전화 | 031-955-0655
팩스 | 031-955-0656
홈페이지 | www.hanulbooks.co.kr
등록 | 제406-2015-000143호

Printed in Korea.
ISBN 978-89-460-5650-3 03400

* 책값은 겉표지에 표시되어 있습니다.